"十三五"职业教育规划教材

食品包装技术

刘士伟　王林山　许月明　主编

化学工业出版社
·北京·

《食品包装技术》共分为九部分内容，包括绪论、食品包装的技术要求、食品变质与包装原理、食品包装材料及包装容器、常用的食品包装技术、专用食品包装技术、食品包装实例、食品包装安全与测试、食品包装标准与法规等。

本教材的编写内容具有“全”“新”“实用”等特性，即内容全面；最大限度地反映了现代食品包装领域的新材料、新技术、新工艺；大量的食品包装实例突出了“实用性”。本书配有电子课件，可从www.cipedu.com.cn下载使用。教材中全面贯彻党的教育方针，落实立德树人根本任务，有机融入党的二十大精神。

本书可作为高职高专院校食品类相关专业、包装专业的教材，也可供食品、包装等行业的相关技术人员和管理人员参考。

图书在版编目（CIP）数据

食品包装技术/刘士伟，王林山，许月明主编.—2版.—北京：化学工业出版社，2019.9（2024.12重印）

“十三五”职业教育规划教材

ISBN 978-7-122-34694-0

Ⅰ.①食… Ⅱ.①刘… ②王… ③许… Ⅲ.①食品包装-包装技术-高等职业教育-教材 Ⅳ.①TS206

中国版本图书馆CIP数据核字（2019）第118892号

责任编辑：迟　蕾　梁静丽　张春娥　　装帧设计：王晓宇

责任校对：王鹏飞

出版发行：化学工业出版社（北京市东城区青年湖南街13号　邮政编码100011）

印　　刷：三河市航远印刷有限公司

装　　订：三河市宇新装订厂

787mm×1092mm　1/16　印张13¾　字数352千字　2024年12月北京第2版第9次印刷

购书咨询：010-64518888　　售后服务：010-64518899

网　　址：http://www.cip.com.cn

凡购买本书，如有缺损质量问题，本社销售中心负责调换。

定　　价：39.80元

前　言

在食品工业高速发展的今天，包装对食品流通起着极其重要的作用，包装的好坏直接影响到食品能否以完美的状态传递到消费者手中，并且包装的设计和装潢水平也直接影响到企业形象乃至食品本身的市场竞争。可以说，食品包装已成为食品生产和人们日常生活消费中必不可少的内容之一。

食品包装是以食品为核心的系统工程，涉及食品科学、食品包装材料和包装容器、食品包装技术方法、食品包装标准法规及质量控制等具体内容。随着食品工业的发展，食品包装行业对高技能人才的需求越来越多，对人才的要求也越来越高。

本书根据市场对人才的需求和高职教育的特点，本着以应用为目的、以必需够用为度的原则，在内容深浅程度和编排方式上，力求体现食品包装作为系统工程技术科学的认识规律和高等职业技术教育的特色。

本书内容丰富，力求形成食品包装的完整学科体系，在书中系统而全面地介绍了食品包装材料、食品包装原理、食品包装技术与设备、食品包装实例、食品包装标准与法规等，突出一个“全”字；而且第二版在一版的基础上，增加了反映现代食品包装领域的新材料、新技术、新工艺，突出一个“新”字，使教材内容能够与时俱进，保持先进性；另外，大量的食品包装实例是在学习了包装材料与包装技术之后的综合运用，对改良现有的食品包装或者设计新的食品包装都有很好的参考作用，突出了“实用性”。

本书可作为高职院校食品与包装相关专业的教学用书，也可作为食品、包装行业的有关科研、生产方面的工程技术人员和商贸流通领域有关管理人员的实用工具书。本书配有电子课件，可从 www. cipedu. com. cn 下载参考。教材中全面贯彻党的教育方针，落实立德树人根本任务，有机融入党的二十大精神。

参加本书编写工作的有河南质量工程职业学院郭杰（绪论，第八章），黑龙江农业职业技术学院的张术丽（第一章，第五章），河南牧业经济学院的刘士伟（第二章，第四章），漯河职业技术学院王林山（第三章），湖北大学知行学院章焰（第六章第 1～6 节），芜湖职业技术学院许月明（第六章第 7、 8 节，第七章）。全书由刘士伟、王林山、 许月明统稿。

本书在编写过程中，参考了许多资料和文献，在此对相关作者表示诚挚的谢意。

由于我们学识水平有限，书中疏漏与不妥之处在所难免，敬请同行专家和读者批评指正。

编　者

目　录

绪　论

【学习目标】 …… 001
第一节　食品包装的基本概念 …… 002
一、 食品包装的定义 …… 002
二、 食品包装的作用 …… 002
三、 食品包装的类别 …… 003
第二节　食品包装技术的研究对象及主要内容 …… 005
一、 食品包装技术的研究对象 …… 005
二、 食品包装技术的主要内容 …… 005
第三节　食品包装技术的发展简况 …… 007
一、 食品包装的历史 …… 007
二、 食品包装的现状和发展趋势 …… 008
第四节　食品包装的安全及对策 …… 010
一、 食品包装呈现的安全性问题 …… 010
二、 应对食品包装安全问题的措施 …… 012
【思考题】 …… 013

第一章　食品包装的技术要求

【学习目标】 …… 014
第一节　食品包装的内在要求 …… 014
一、 食品包装的强度要求 …… 014
二、 食品包装的阻隔性要求 …… 015
三、 食品包装的呼吸控制 …… 017
四、 食品包装的营养控制 …… 018
五、 食品包装的耐温控制 …… 019
六、 食品包装的避光控制 …… 019
七、 其他要求 …… 019
第二节　食品包装的外在要求 …… 020
一、 食品包装设计的安全性要求 …… 020
二、 食品包装设计的促销性要求 …… 020

三、食品包装设计的便利性要求 …… 022
【思考题】 …… 022

第二章 食品变质与包装原理

【学习目标】 …… 023
第一节 生物污染变质与包装原理 …… 024
一、食品中常见细菌及危害 …… 024
二、食品中常见霉菌及危害 …… 026
三、病毒与酵母菌 …… 028
四、控制生物污染的包装原理 …… 029
第二节 环境因素对包装食品品质的影响 …… 032
一、光对包装食品品质的影响 …… 032
二、气体对包装食品品质的影响 …… 033
三、湿度或水分对包装食品品质的影响 …… 035
四、温度对包装食品品质的影响 …… 035
【思考题】 …… 036

第三章 食品包装材料及包装容器

【学习目标】 …… 037
第一节 纸包装材料及包装容器 …… 037
一、纸类包装材料的特性及其性能指标 …… 037
二、包装用纸和纸板 …… 040
三、常用纸类包装容器 …… 044
第二节 塑料包装材料及包装容器 …… 055
一、塑料的组成、分类和主要包装性能 …… 055
二、常用塑料包装材料 …… 058
三、复合软包装材料 …… 063
四、塑料包装容器及制品 …… 065
第三节 玻璃包装材料及包装容器 …… 068
一、玻璃的化学组成及包装性能 …… 069
二、常用玻璃包装容器 …… 070
三、玻璃容器的发展趋势 …… 072
第四节 金属包装材料及包装容器 …… 073
一、金属的包装性能 …… 073
二、常用金属包装材料 …… 074

三、常用金属包装容器 …… 078
第五节 功能性包装材料 …… 082
一、功能性包装材料和传统功能材料的关系 …… 082
二、可溶性包装材料 …… 082
三、可食性包装材料 …… 084
四、保鲜包装材料 …… 085
五、绿色包装材料 …… 087
【思考题】 …… 088

第四章 常用食品包装技术

【学习目标】 …… 089
第一节 防潮包装技术 …… 089
一、食品包装内湿度变化的原因 …… 090
二、防潮包装原理 …… 091
三、防潮包装设计 …… 092
第二节 食品无菌包装技术 …… 094
一、被包装物的灭菌技术 …… 095
二、包装材料（容器）的灭菌技术 …… 098
第三节 收缩包装与拉伸包装技术 …… 099
一、收缩包装 …… 100
二、拉伸包装 …… 103
三、收缩包装与拉伸包装的比较 …… 105
第四节 防氧化包装技术 …… 106
一、真空和充气包装 …… 106
二、脱氧包装 …… 110
【思考题】 …… 114

第五章 专用食品包装技术

【学习目标】 …… 116
第一节 微波食品包装技术 …… 116
一、微波加热特性与包装要求 …… 117
二、微波食品包装材料 …… 118
三、典型的微波食品包装 …… 121
第二节 绿色包装技术 …… 122
第三节 食品防伪包装和防盗包装技术 …… 126

一、防伪包装 …… 126
二、防盗包装 …… 130
【思考题】 …… 132

第六章 食品包装实例

【学习目标】 …… 133
第一节 蛋类食品的包装 …… 133
一、鲜蛋的特性 …… 134
二、鲜蛋的包装 …… 134
三、蛋制品的包装 …… 135
第二节 乳类食品的包装 …… 135
一、乳制品的特性 …… 135
二、乳制品的主要种类 …… 136
三、乳制品的包装 …… 137
第三节 饮料的包装 …… 139
一、软饮料的性质与包装 …… 140
二、酒精饮料的性质与包装 …… 143
第四节 粮谷类食品的包装 …… 145
一、粮谷的性质与包装 …… 145
二、面条、方便面的性质与包装 …… 146
三、面包的性质与包装 …… 147
四、饼干、糕点的性质与包装 …… 148
第五节 新鲜肉类的包装 …… 149
一、生鲜肉的性质 …… 149
二、生鲜肉的包装要求 …… 150
三、生鲜肉的包装方式 …… 150
第六节 熟肉制品的包装 …… 151
一、熟肉制品的性质 …… 152
二、熟肉制品的包装要求 …… 153
三、熟肉制品的包装 …… 153
第七节 果蔬的包装 …… 156
一、新鲜果蔬的保鲜包装 …… 157
二、果蔬制品的包装 …… 160
三、典型果蔬包装实例 …… 161
第八节 糖类、茶叶和咖啡食品的包装 …… 163
一、糖果包装 …… 163

二、茶叶包装 …… 164
三、咖啡包装 …… 167
【思考题】 …… 169

第七章 食品包装安全与测试

【学习目标】 …… 170
第一节 食品包装安全的危害源 …… 171
一、纸包装材料与容器危害源 …… 171
二、塑料包装材料与容器危害源 …… 172
三、陶瓷包装容器危害源 …… 173
四、金属包装材料与容器危害源 …… 174
五、玻璃包装容器危害源 …… 174
六、橡胶类包装材料危害源 …… 175
第二节 食品包装中的有害物迁移及控制 …… 175
一、塑料包装中有害物质的迁移 …… 175
二、纸类包装材料中有害物质的迁移 …… 179
三、金属类包装材料中有害物质的迁移 …… 180
四、玻璃、陶瓷类包装材料中有害物质的迁移 …… 180
五、其他有害物质的迁移 …… 180
六、食品包装材料中有害物质迁移控制 …… 181
七、对食品包装材料安全性的建议 …… 181
第三节 食品包装有害物质的测定 …… 182
一、包装材料油墨中有毒有害残留物的检测方法 …… 182
二、塑料食品包装材料中污染物的检测方法 …… 184
三、包装材料中重金属的检测 …… 185
四、模拟溶剂溶出试验 …… 189
【思考题】 …… 192

第八章 食品包装标准与法规

【学习目标】 …… 193
第一节 食品包装标准 …… 193
一、国际标准化组织有关食品包装的标准 …… 193
二、国际食品法典委员会有关食品包装的标准 …… 196
三、中国的食品包装标准 …… 197
第二节 食品包装法规与食品包装标识 …… 199

一、 食品包装法规 …… 199
二、 食品包装上常见的标识 …… 203
【思考题】 …… 208
参考文献

绪　论

学习目标

1. 掌握食品包装的定义、作用及分类。
2. 了解食品包装的研究对象和主要研究内容。
3. 了解食品包装的现状与发展。
4. 熟知食品包装的安全性问题及应对措施。

食品包装被称为“特殊的食品添加剂”，它是现代食品工业的最后一道工序，在一定程度上，食品包装已经成为食品不可分割的重要组成部分，食品安全离不开包装安全。随着生活水平的不断提高，人们对于食品包装的要求也与日俱增，食品包装从以往注重食品“包裹”功能，逐步发展到以“绿色、环保、便捷、安全、时尚”为理念的新型食品包装技术。

食品包装作为产品的附加物而成为商品的组成部分，在市场竞争策略中占据重要的地位，甚至有时作为市场竞争的主要手段。好的食品包装也能提高商品本身的附加值，有资料显示，70%以上的消费者不仅要求商品质优价廉，还要求包装美观、方便实用和安全卫生等。目前市场上的商品众多，大多数同类商品在质量和价格上的差距并不是很大，企业要想让其产品在市场竞争中脱颖而出，首先就要树立独一无二的产品形象，而产品形象的核心之一就是包装。

我国的包装行业兴起于20世纪80年代，经过30余年的快速发展，已经逐渐从单一的低端制造业转型为向下游客户提供包装产品的生产、储藏、运输服务甚至品牌定位、渠道营销等的多元化服务性行业。中国包装联合会2016年数据显示，我国的包装工业总产值接近20000亿人民币，成为仅次于美国的世界第二包装大国，现在我国正从包装大国向包装强国迈进。

食品产业的迅猛发展，对食品包装也提出了更高的要求。科学技术突飞猛进，食品包装日新月异，而食品包装理念也显现出新特色，无菌、方便、智能、个性化是食品包装发展的新时尚，拓展食品包装的功能、减轻包装废弃物对环境污染的绿色包装已成为新世纪食品包装的发展趋势。

第一节 食品包装的基本概念

一、食品包装的定义

根据中华人民共和国国家标准（GB 4122.1—2008），包装是指为在流通过程中保护产品，方便储运、促进销售，按一定技术方法而采用的容器、材料及辅助物等的总体名称。也指为了达到上述目的而采用容器、材料和辅助物的过程中施加一定方法等的操作活动。对包装概念可从两个方面来理解：一是盛装商品的容器、材料及辅助物，即包装物；二是实施盛装和封缄、包扎等的技术活动。

本书所讲的“食品包装”，是指采用适当的包装材料、容器和包装技术，把食品包裹起来，以使食品在运输、贮藏和销售等流通过程中保持其价值和原有形态。

二、食品包装的作用

在现代商品社会中，包装对商品流通起着极其重要的作用，包装的好坏直接影响到商品能否以完美的状态传递到消费者手中，包装的设计和装潢水平直接影响到企业形象乃至商品本身的市场竞争。现代食品包装的作用主要体现在以下几方面。

1. 保护食品

食品包装最重要的作用就是要保护食品。食品在贮存、运输、销售和消费等流通过程中常会受到各种不利条件及环境因素的破坏和影响，采用合理的包装可使食品免受或减少这些破坏和影响，以达到保护食品的目的。

对食品能产生破坏的因素主要有两大类：一是自然因素，包括微生物、温度、水和水蒸气、氧气、光线、昆虫及尘埃等，可对食品造成破坏，主要表现为食品的腐败变质、变色、变味及食品污染；二是人为因素，包括冲击、振动、跌落、承压载荷、人为盗窃、污染等，引起内装物变形、破损和变质等。

不同食品、不同的流通环境，对包装保护功能的要求是不一样的。例如：饼干易碎、易吸潮，其包装应防潮、耐压；油炸食品极易氧化变质，要求其包装能阻氧和避光；生鲜食品的包装应具有一定的氧气、二氧化碳和水蒸气的透过率。这就要求食品包装根据包装产品的定位，分析产品的特性及其在流通过程中可能发生的质变及其影响因素，选择适当的包装材料、容器及技术方法对产品进行包装，保护产品在一定保质期内的质量。

2. 方便贮运

食品包装能为食品的生产、流通、消费等环节提供诸多方便，如方便厂家及运输部门搬运装卸；方便仓储部门堆放保管；方便商店陈列销售；方便消费者的携带、取用和消费。现代食品包装还注重包装形态的展示方便、自动售货方便及消费时的开启和定量取用的方便等。

3. 促进销售

随着经济与社会的发展，现代食品工业也日新月异。市场上商品琳琅满目，竞争十分激烈，而产品之间的竞争不仅是质量与价格的竞争，已逐渐发展为以产品文化为特征的品牌竞争。如世界著名品牌苹果、可口可乐、康师傅等，其产品形象已深入人心，这些知名品牌稳持大部分市场份额，为企业带来了巨大的经济效益与社会效益。精美的包装能在心理上征服购买者，增加其购买欲望。在超市内，包装更是充当着无声推销员的角色。因此，包装是提高商品竞争力、促进销售的重要手段。

现代包装设计已成为企业营销战略的重要组成部分。企业竞争的最终目的是使自己的产品为广大消费者所接受，而产品的包装包含了企业名称、企业标志、商标、品牌特色以及产品性能、成分容量等商品说明信息，因此包装形象相比较于其他广告宣传媒体，可更直接、更生动、更广泛地面对消费者。消费者在产生购买动机时能从产品包装上得到直观精确的品牌和企业形象。

食品作为一种商品，它所具有的普遍性和日常消费性等特点，使其通过包装来传递和树立企业品牌形象显得更为重要。

4. 提高商品价值

食品包装是食品生产的继续，食品通过包装才能免受各种损害从而避免降低或失去其原有价值。因此，投入包装的价值不但在食品出售时得到补偿，而且能给食品增加价值。

包装的增值作用不仅在于包装直接给食品增加价值（这种增值方式最直接），而且更体现在通过包装塑造名牌所体现的品牌价值这种无形的增值方式。当代市场经济倡导名牌战略，同类商品是否名牌导致其差值很大。品牌本身不具有商品属性，但可以被拍卖，通过赋予它的价格而取得商品形式，而品牌转化为商品的过程可能会给企业带来巨大的直接或潜在的经济效益。食品包装的增值策略运用得当将会取得事半功倍的效果。

三、食品包装的类别

现代食品包装种类很多，因分类角度不同形成多种分类方法。

1. 按包装结构形式分

食品包装可分为贴体包装、泡罩包装、热收缩包装、可携带包装、托盘包装、组合包装等。

（1）贴体包装　它是将产品封合在用塑料片制成的、与产品形状相似的型材和盖材之间的一种包装形式。

（2）泡罩包装　它是将产品封合在用透明塑料片材料制成的泡罩与盖材之间的一种包装形式。

（3）热收缩包装　它是将产品用热收缩薄膜裹包或装袋，通过加热使薄膜收缩而形成产品包装的一种形式。

（4）可携带包装 它是在包装容器上制有提手或类似装置，以便于携带的包装形式。

（5）托盘包装 它是将产品或包装件堆码在托盘上，通过扎捆、裹包或黏结等方法固定而形成包装的一种包装形式。

（6）组合包装 它是同类或不同类商品组合在一起进行适当包装，形成一个搬运或销售单元的包装形式。

此外，还有悬挂式包装、可折叠包装和喷雾包装等。

2. 按流通过程中的作用分

（1）运输包装 运输包装又称大包装，应具有很好的保护功能以及方便贮运和装卸的功能，其外表面对贮运注意事项应有明显的文字说明或图示，如“防潮”“防压”“不可倒置”等。运输包装主要包括：瓦楞纸箱、木箱、金属大桶和集装箱等。

（2）销售包装 销售包装又称小包装或商业包装。它不仅具有对商品的保护作用，而且更加注重包装的促销和增值功能，通过包装装潢设计手段来树立商品和企业形象，吸引消费者，提高竞争力。销售包装主要包括：瓶装、罐装、盒装、袋装及其组合包装等。

3. 按包装材料和容器分

这是一种传统的分类方法，将食品包装材料及容器分为七类，分别为：纸、塑料、金属、玻璃陶瓷、复合材料、木材、其他，表 0-1 列举了七类食品包装材料及其典型产品。

表 0-1 按包装材料和容器分类一览表

包装材料	典型产品
纸	羊皮纸、半透明纸、茶叶滤纸、纸盒、纸袋、纸罐、纸杯、纸质托盘、纸浆模塑制品等
塑料	塑料薄膜（袋）、复合膜（袋）、片材、编织袋、塑料容器（塑料瓶、桶、罐、盖等）、食品用工具（塑料盒、碗、杯、盘、碟、刀、叉、勺、吸管、托等）等
金属	马口铁、钢板、铝等制成的罐、桶、软管、金属炊具、金属餐具等
玻璃陶瓷	瓶、罐、坛、缸等
复合材料	纸、塑料、铝箔等组合而成的复合软包装薄膜、袋、软管等
木材	木质餐具、木箱、木桶等
其他	麻袋、布袋、草或竹制品等

4. 按包装技术方法分

食品包装可分为：真空和充气包装、控制气氛包装、脱氧包装、防潮包装、冷冻包装、软罐头包装、无菌包装、缓冲包装、热成型及热收缩包装等。

5. 按销售对象分

食品包装可分为出口包装、内销包装、军用包装和民用包装等。

6. 按食品形态、种类分

食品包装可分为固体包装、液体包装、农产品包装、畜产品包装、水产品包装等。

总之，食品包装分类方法没有统一的模式，可根据实际需要选择使用。

第二节 食品包装技术的研究对象及主要内容

一、食品包装技术的研究对象

食品工业是将食品原料大规模地进行加工处理，使其不仅在物理性质上发生变化，而且在化学性质上也发生变化生成新物质，从而成为所需产品的工业。为了能使食品工业所生产的产品有一个较好的存在形式，并且为了保护食品、方便贮运、促进销售和提高其商业价值，食品工业所生产的产品就要经过有效的包装。由此可见，食品包装在食品工业生产过程中具有重要地位。

本课程——食品包装技术的研究对象，就是研究食品工业生产过程中所使用的各种食品包装材料、包装技术及包装原理和设备等。

二、食品包装技术的主要内容

本书中介绍的食品包装技术内容主要有以下几方面。

1. 食品包装的技术要求

要做好食品包装工作，一方面要研究食品本身的特性及其防护条件，即了解食品的主要成分、特性及其在加工和贮藏、运输过程中可能发生的内在反应，掌握影响食品中主要成分的敏感因素：光线、氧气、温度、湿度、微生物及物理、机械力学等；另一方面还要熟知流通环境对食品质量的影响因素。

食品包装的技术要求主要包括包装的内在要求和外在要求两方面。食品包装的内在要求是指通过包装，使食品在其包装内实现保质保量的技术性要求，内在要求主要包括：强度要求、阻隔性要求、呼吸要求、营养性要求、耐温性要求、避光性要求等；食品包装的外在要求是利用包装反映出食品的特征、性能、形象，是食品外在形象的表现形式与手段，外在要求主要包括：安全性设计研究、促销性要求、便利性要求、提示性要求、趣味性说明要求及情感性说明要求等。

2. 包装食品腐败变质与包装原理

食品品质包括食品的色香味、营养价值、应具有的形态、质量及应达到的卫生指标。食品包装在保证食品加工、流通过程中的质量稳定以及有效延长食品保质期方面发挥重要作用。

本部分主要介绍食品腐败变质的影响因素以及包装的原理与方法，主要内容有：食品从原料加工到消费的整个流通环节是复杂多变的，它会受到生物性和化学性的污染，受到流通过程中出现的诸如光、氧、水分、温度、微生物等各种环境因素的影响，从而导致食品腐败变质。通过介绍包装食品中的微生物及其控制以及包装食品的品质变化及其控制来进一步讲述食品包装的原理与方法。

3. 食品包装材料和容器

食品包装材料和容器是食品包装学的重要学习内容，它在食品包装中占据着极其重要的地位，主要内容包括：①纸包装材料及包装容器，如纸类包装材料的特性及其性能指标、包装用纸和纸板、包装纸和包装纸盒及其他纸类包装容器等；②食品包装用塑料材料及其包装容器，如塑料的组成、分类和主要包装性能以及食品包装常用的塑料树脂、软塑包装材料、塑料包装容器及制品等；③玻璃包装材料及容器，如玻璃容器的特点、种类、常用材料、结构设计和容器的成型方法等；④功能性包装材料，如功能性包装材料和传统材料的关系、可溶性包装材料、可食性包装材料、保鲜包装材料和绿色包装材料等。

4. 食品包装技术

对于给定的食品，除需要选取合适的包装材料和容器外，还应采用最适宜的包装技术方法。同一种食品往往可以采用不同的包装工艺而达到相同或相近的包装要求和效果。包装技术是食品包装的关键，也体现了一个企业的技术水平和经济实力。因此，各种食品包装技术及其应用也就成了食品包装中最主要的内容。

(1) 无菌包装技术 它是指把包装食品、包装材料、容器分别进行杀菌，并在无菌环境条件下完成充填、密封的一种包装技术。目前这种技术广泛应用于果蔬汁、液态乳类、酱类食品等中。

(2) 防潮包装技术 它是指采用具有一定隔绝水蒸气能力的防潮包装材料对食品进行包装，隔绝外界湿度对产品的影响；同时使食品包装内的相对湿度满足产品的要求，在保质期内控制在设定的范围，以保护内容物的质量。

(3) 改善和控制气氛包装技术 它是指采取改善和控制食品周围气体环境从而限制食品的生物活性的一种包装方法。目前最常用的方法是真空和充气包装。

(4) 微波食品包装技术 它是指对食品为适应微波加热的要求而采用的包装方式。微波是指波长在1mm～1m、频率为300MHz～300GHz之间的电磁波。这种技术主要用于速食汤料、熟肉类调理食品、汉堡包及冷冻调理食品等。

(5) 收缩和拉伸包装技术 收缩包装就是利用有热收缩性能的塑料薄膜裹包产品或包装件，然后经过加热处理，包装薄膜即按一定的比例自行收缩、贴紧被包装件的一种包装方法。拉伸包装是利用可拉伸的塑料薄膜在常温下对薄膜进行拉伸，来对产品或包装件进行裹包的一种方法。

(6) 绿色包装技术 它是指包装材料及包装制品从设计、制造、使用到废弃及其处理均对环境无害，或者说在包装的全过程中对环境的影响降低到最低限度，且能够循环使用、再生利用或降解腐化的适度包装。简单而言，绿色包装就是无害包装或环保包装。

(7) 其他包装技术 如：防伪包装技术、纳米包装技术、智能包装技术、活性包装技术等。

5. 食品包装实例

本部分以实例再现了食品包装材料、容器及包装技术在各类食品中的应用，包括蛋类和乳类食品的包装；饮料的包装，如：软饮料的包装和含醇饮料的包装；调味品类的包装；粮食谷物及粮谷类食品的包装，如：面条或方便面的包装、面包的包装、饼干的包装、糕点的包装和米类食品的蒸煮袋包装技术；肉类食品的包装，如：新鲜肉类的包装和熟肉制品的包装；果蔬包装，如：新鲜果蔬的包装和果蔬制品的包装；糖类、茶叶和咖啡食品的包装，如：糖果的特点及包装要求、茶叶的包装和咖啡的包装方法等。

6. 食品包装的安全与测试

简述了影响食品包装安全的危害源。食品包装引起的食品安全问题主要是由于使用了有害物质超标的食品包装材料，长期存放过程中材料中的物质发生迁移和扩散，以及高温、高压等外界环境因素导致材料变形而释放出有害物质。

合格的商品必须有合格的包装，商品检测除对产品本身进行检测外，对包装也必须进行检测，两项均合格后方能进入流通领域。包装测试项目很多，大致可分为以下两类。

（1）包装材料或容器的检测　包括包装材料和容器的 O_2、CO_2 和水蒸气的透过率以及透光率等的阻透性测试；包装材料的耐压、耐拉、耐撕裂强度、耐折次数、软化及脆化温度、黏合部分的剥离和剪切强度的测试；包装材料与内装食品间的反应，如印刷油墨、材料添加剂等有害成分向食品的迁移量的测试；包装容器的耐霉试验和耐锈蚀试验等。

（2）包装件的检测　包括跌落、耐压、耐振动、耐冲击试验和回转试验等，主要解决贮运流通过程中的耐破损问题。

具体包装要进行哪些项目的测试，主要应视内装食品的特性及敏感因素、包装材料的种类及其国家标准和法规要求而定。例如，罐头食品用空罐常需测定其内涂料在食品中的溶解情况，而防潮包装应测定包装材料的水蒸气透过率等。

7. 食品包装标准与法规

包装操作的每一步都应严格遵守国家标准和法规，符合食品包装标准、食品包装法规分类及实施要求。标准化、规范化操作需贯穿整个包装过程，以保证从包装的原材料供应、包装作业、商品流通直至国际贸易等顺利进行。

需要指出的是，随着市场经济和国际贸易的发展，包装的标准化越来越重要，只有在掌握和了解国家和国际的有关包装标准的基础上，才能使我们的商品走向世界，参与国际市场的竞争。

第三节 食品包装技术的发展简况

一、食品包装的历史

在远古的时候人们就开始了食品包装探索。古时候人们为使食物得以长期保存或便于携带，将食品装入树叶或树藤所制的篮中，或装入瓦罐、竹筒里。我国几千年来一直沿用竹叶包粽子，直到包装新材料、新技术迅猛发展的今天仍在沿用。闻名于世的陶坛包装，用于酒的包装可保持酒质几十年至几百上千年不变，且陈放得越久越香，故有“酒是陈的香”之说。

食品包装与保鲜技术以及各种新型包装材料与技术在促进人类饮食文化进步、改善人类食物结构、满足人类食用需要、促进人类健康方面经历了一个漫长的发展历程。从上古时代到近代历史的长河中，食品贮藏保鲜出现了两次重大技术革命，并由此而产生了食品包装材料与包装技术一系列的革新。

历史上两次重大食品包装与保鲜技术革命：第一次是 19 世纪后半期的罐藏、人工干燥和冷冻三大主要贮藏技术的发明与应用；第二次是 20 世纪以来出现的快速冷冻及解冻、冷藏气调、辐射保藏和化学保鲜等技术的出现。食品包装与保鲜技术的第二次革命则是质与量叠加的二维飞跃，19 世纪的发明技术在 20 世纪得到了丰富与完善，同时一些新的技术与方法也被发明并得以应用，从下面一些实例便足以证明：

① 1902 年世界上首次开发出了钢桶容器。

② 1905 年美国普遍采用瓦楞纸箱运输食（物）品。

③ 1916 年德国的普兰克提出了食品速冻方法，并于 1929 年设计出了多极冷冻式装置，结合食品的冻结贮藏和解冻方法的研究，进一步提高了冷冻食品的质量。

④ 1922 年英国的凯德研究了气体贮藏法，将其与冷藏方法相结合，称为 CA 贮藏，该法对于贮藏蔬菜、水果等新鲜食品有良好效果。

⑤ 1940 年美国开始研究蒸煮食品的软包装，到 1972 年以蒸煮袋包装食品实现了商品化。

二、食品包装的现状和发展趋势

1. 我国食品包装现状及发展趋势

随着人类社会的进步，人民生活水平的提高，现在的食品包装越来越引起人们的重视，从厂家推销自己的产品到消费者选择商品，包装都成为了衡量商品价值的一个尺度。我国的食品包装虽然也有了较大的发展，但是与国外发达国家相比，目前仍处于起步阶段。

(1) 我国食品包装需注意问题

① 包装需注意小型化、拆零化　在杭州，炒货业流传着小核桃“一锤砸出 3000 万元”的故事。传统的小核桃吃起来费时费力，去壳留肉制成小包装后，杭州小核桃一年销售增加 3000 万元；淀粉包装不是 250g 装就是 500g 装，何不制成每包 10g、20g 左右的小包装，一次两次就能用完呢？

② 产品包装设计需注人文化理念　中国酿造厂的“上海老酒”一改老面孔，采用富含上海人文特色的石库门图案作为外包装设计，一炮打响；沪产某品牌盒装巧克力，每一块上印制了不同的上海名胜，成为走俏的旅游商品。而有一些食品的外包装设计，人云亦云，要么过于写实、粗俗。

③ 包装适度、绿色包装的理念有待加强　保健品包装里三层、外三层，月饼包装盒一

年比一年奢华精美，过度包装现象依然严重。不少“绿色食品”的包装居然也采用不可降解的塑料制品。月饼包装也有使用中密度板材包装盒，但专家指出，中密度板含有甲醛，甲醛对人体的危害已经众所周知，这样的材质难以实现环保。

④ 食品安全监督检测有待加强　包装作为食品的“贴身衣物”，其在原材料、辅料、工艺方面的安全性将直接影响食品质量，继而对人体健康产生影响。目前，用来包装食品的材料多数仍使用塑料制品，在一定的介质环境和温度条件下，塑料中的聚合物单体和一些添加剂会溶出，并且极少量地转移到食品和药物中，从而造成人体健康隐患。有关方面必须尽快加强油墨、胶黏剂、印刷、复合加工新技术、新工艺的研究，生产出安全、环保的食品包装产品。

另外，一些食品包装袋仍以凹印为主，包括饼干、糕点、奶粉等的包装，有的采用氯化聚丙烯类油墨印刷。而欧美等国家大都以采用柔印为主，柔印在网点表现上比凹印稍逊一筹，印刷质量稍逊，但是在环保方面却占尽先机。在我国，柔印等环保技术在市场上的接受度还不够高。因为柔印采用的是凸印原理，比起浓油重彩的凹印，相对上色油墨较少，比较薄，着色度也不是很高，从亮度上来讲不及凹印鲜亮。

(2) 食品工业发展对包装的需求　随着食品工业产品结构的进一步调整和产品的升级更新换代，对包装也提出新的要求，一是食品质量安全保证，对包装技术和包装材料要求更为严格；二是灌装、包装形式和速度、规格更加多样化，并力求包装材料和容器做到标准化、系列化、通用化；三是对包装装潢和包装形象要求更高；四是包装的防伪要有新的突破；五是努力降低包装成本。由于食品工业各行业产品不同，对上述要求有所侧重，如奶类、肉类、水产品加工品、果蔬产品对保鲜、保质要求更为严格，糖果类对包装机械和包装规格要求更加多样化，包装装潢要求更高；而一些高档食品和单一量大的产品对防伪识别要求则更高。

(3) 今后我国食品包装发展方向和趋势　在今后几年中，我国食品包装的发展将是最明显的，其重要性按顺序排列如下：

① 对于大多数的食品包装来说，主要采用新型的安全环保的塑料材料。

② 无菌包装将进一步发展，既可满足饮料的保鲜要求，还可以减少冷藏设备的需要。

③ 柔性包装材料向优质发展。我国柔性版印刷的引进和开发始于20世纪70年代。现在我们已经能自己制造柔性版印刷机及其基材、各种柔性印刷油墨。特别是水性油墨和水性上光剂的正规化生产，可以在其他类型油墨上面再加套一色水性上光，遮住了其余有毒溶剂的挥发；又可直接接触食品，保证了食物安全卫生。如在国际知名品牌“可口可乐”和“百事可乐”等标贴印刷中，柔印质量已达到国际通过水准。

④ 包装轻型化将会继续取得进展。以质量较小的塑料罐、塑料瓶代替玻璃和金属容器，大幅度地减少运输费用，便于取货搬运，需要库存者，由于包装较轻，托盘负荷相应减小。

2. 国外食品包装现状及发展趋势

(1) 追求日益完美的保鲜功能成为食品包装的首要目标　目前，无菌保鲜包装在世界各国尤其是发达国家的食品制造业中极为盛行，英国、德国、法国等已有1/3的饮料使用无菌包装，其应用不仅限于果汁和果汁饮料，而且也用来包装牛乳、矿泉水和葡萄酒等。

日本研制的以一种磷酸钙为原料的矿物浓缩液渗进吸水纸袋中，蔬菜、水果等食品放入这种纸制包装材料中运输，果蔬可从矿物浓缩液中得到营养供给，磷酸钙还能吸收蔬菜、水果释放出的乙烯气体和二氧化碳，抑制叶绿素的分解，起到维持鲜度的效果，并且这种技术已经在日本推广应用。

美国还推出由天然活性陶土和聚乙烯塑料制成的新水果保鲜袋，这种新型保鲜袋犹如一个极细微的过筛，气体和水汽可以透过包装袋流动。试验表明，用新包装袋包装水果、蔬菜，保鲜期可增加一倍以上，且包装袋可以重复使用，便于回收。

而最新的保鲜技术则是英国、德国研制开发的在容器和盖子内壁上采用除氧材料，通过这些除氧材料来“吸掉”容器内部多余的氧气，以达到保鲜和延长产品保存期的目的。

(2) 绿色包装成为一种极为重要的营销工具和手段 食品包装业纷纷采取措施，促进食品包装的生态环保化，发达国家不惜运用高新技术为本国食品行业的绿色包装开创一片新天地，同时，世界各国都把减量、复用回收、可降解作为生态环保包装的目标和手段。

在日本，除番茄、草莓和桃子等外，绝大多数的蔬菜、水果不做销售包装，而采用包装的也只用具有特殊功能的保鲜纸以防止水分渗透。复用回收表现在，一方面积极研制新的可重复使用的新型包装材料，另一方面在包装设计上力求选用单一种类包装材料，不使用异种或复合材料，减少群体包装材料之间的结合，或改进包装设计技术，以便消费者能轻易按环保要求拆卸包装并分别投放处理，有利于包装废品回收的分离作业。美国为了使消费者易于识别塑料包装材料的性质，使废品回收处理更为简便快速，规定一次性塑料包装材料应标示材料名称及分类代码。

目前，许多发达国家均已实现了包装纸模工业的现代化，并且普遍推广纸质包装材料，如日本连食油也多采用纸包装出售；美国利用大豆蛋白质经添加酶和其他材料的处理，制成大豆蛋白质包装膜，还可与食品一起蒸煮食用，避免食品的二次污染。鉴于塑料材料在食品包装方面无与伦比的地位优势，发达国家都在大力研制可降解的塑料包装材料来取代传统的塑料制品，并有不少产品已成功投入使用，实现了包装材料的突破，为解决“白色污染”带来无限希望。

(3) 食品包装开启的便捷程度将更为重要 欧美不少国家在这方面的改进工作主要集中在塑料包装上，其中一个重要的趋势就是在包装诸如优质汤、意大利面酱、果酱和果冻等食品的时候不再使用玻璃瓶，而改为 PET 材料制造的包装罐，这些包装罐使用安全而且不会破碎，同时侧面还带有模制的把手。英美等国则在包装上进行富有创意的改进，推出一系列有利于使用者的设计，如在饮料、矿泉水的瓶上模仿婴儿奶瓶样式的盖子，牛奶盒上设计使用塑料制造的开关式倒出装置，啤酒和饮料罐上端装上有大口的开关揭盖，以便使用者能最大限度地大口饮用。

第四节 食品包装的安全及对策

一、食品包装呈现的安全性问题

我国包装经过 30 余年发展取得了世人瞩目的成就：从 1978 年前基本为零的状态，建成为拥有纸包装、塑料包装、金属包装、玻璃包装、包装材料、包装机械6大现代门类的工业体系，包装产值以每年18%的速度高速增长，品种规格繁多，2014年产值达到14800亿，我国已成为世界包装大国。而包装工业的发展为我国食品包装提供了丰富的资源，食品包装不论在外观设计、材料和功能方面都有了质的飞跃。但是在快速发展的同时，食品包装也面临着巨大的挑战，存在一些急需解决的问题，如包装材料的安全性、产品设计制造能力不足、产品过度包装等，这些问题不仅影响食品包装产业的发展，也直接影响着我国食品产业的发展。

1. 食品包装材料面临的安全性问题

(1) 塑料包装材料　塑料制品具有质量轻、运输方便、化学稳定、易生产等诸多优点，在食品包装中使用十分广泛。通过在塑料中加入一定量的抗氧化剂、防腐剂等辅助性物质，对食品将会产生很好的保护作用。但塑料包装表面容易因摩擦带电吸附微尘杂质导致食品污染，塑料包装材料中未聚合的游离单体会随着接触时间的延长增加向食品迁移的风险，从而造成食品污染。塑料包装制品添加的稳定剂、增塑剂等具有致癌和致畸性，大量使用塑料包装增加了后期回收利用压力，污染环境。

(2) 纸质包装材料　近年来，纸质包装由于其可制成袋、盒、罐、箱等多种形态的优势而被广泛应用到食品包装中。但由于纸质包装原材料大多来源于纸或纸板的回收再利用，其细菌、化学残留物以及一些杂质常常附着于生产出的纸质包装中，增加了纸质包装污染食品的风险。此外，大多纸质包装中使用的油墨、增白剂、荧光化学物质都是食品潜在的污染源。

(3) 玻璃容器　随着人们对包装多样化、个性化的需求，很多使用二氧化硅为原料制成的玻璃容器被广泛应用到食品包装中，为了增加玻璃容器的光泽度，一些生产企业会超标添加澄清剂或非法添加一些禁用的澄清剂。此外，各种色彩的玻璃容器也被用于食品包装中，食品置于其中容易受到玻璃溶出的二氧化硅等物质的污染。

其他材料方面也是如此，随着越来越多的金属、陶瓷、橡胶单体等作为包装或衬垫、密封材料被应用到食品包装中，如果处置不当也会产生潜在危害。

2. 食品包装材料生产管理体系不够完善

据统计，目前我国食品包装生产企业有6000余家，规模和产品质量呈现出良莠不齐的状况。有些企业为了降低成本，使用劣质原材料，甚至非法使用回收的废旧塑料或加入有致癌作用的荧光增白剂掩盖杂质。此外，我国大部分食品生产企业实行外购包装制品，而生产包装制品的企业通常是通用型企业，其生产环境和卫生条件难以保证产品的安全性。我国目前对食品包装材料的安全问题还处于一个被动处理阶段，没有形成一个有效的从源头到使用的全程监控体系，市场准入制度不严格，同时国内食品、饮料行业的塑料包装、纸包装和复合包装的生产企业，其生产工艺比较落后，产品质量不稳定，较发达国家还有一定的距离。我国的管理体系还不够健全，虽然要求食品包装生产企业进行QS认证，但是由于生产企业众多，一些不法企业或小型作坊的无QS认证产品仍然能够进入市场。

3. 食品包装材料监管不到位

到目前为止，我国已颁布了一系列涉及食品包装材料的法律法规和国家标准，如《中华人民共和国食品安全法》《中华人民共和国农产品质量安全法》《食品安全国家标准 食品接触材料及制品通用安全要求》(GB 4806.1—2016)、《食品安全国家标准 食品接触材料及制品用添加剂使用标准》(GB 9685—2016)、《食品安全国家标准 食品接触材料及制品生产通用卫生规范》(GB 31603—2015)、《食品安全国家标准 食品经营过程卫生规范》(GB 31621—2014)、《食品安全国家标准 食品生产通用卫生规范》(GB 14881—2013) 等。但相对于食品本身的安全监管来说，我国食品包装安全监管还稍显薄弱，甚至存在“监管盲区”。我国要求食品生产企业必须获得生产许可，但在包装企业中，却缺乏有效的准入和管理机制，更难以达到全过程的动态监管。这些均需要进一步重视加强。

二、 应对食品包装安全问题的措施

近年来，我国加大了对食品安全的治理力度，食品安全成为关乎民众身心健康的民生工程。因此，针对当前的食品包装安全隐患形势，以及食品安全隐患的因素分析，做好食品包装安全应采取如下措施。

1. 建立健全食品包装材料安全相关法规和标准体系

相关部门应结合我国食品包装发展的情况，更新、健全食品包装材料的相关安全法规和标准，如食品包装材料添加剂、黏合剂、油墨的成分组成标准以及食品标签制度、食品包装材料及器具的市场准入制度等，建立健全食品包装材料的安全保障体系。

2. 开发新型包装材料和包装技术

传统包装材料成本高、安全系数低，因此，功能性包装材料已成为西方各国研究的热点。美国、日本、欧盟等都投入了大量的资金和人力在这方面进行研究。据专家预测，未来用智能包装技术生产的包装袋将占食品包装总数的20%～40%，食品包装材料走向功能化、智能化、环保化已是大势所趋。新型包装材料的研制与开发必定是未来发展的重点，如气调包装、抗菌包装、纳米复合包装材料等，通过新型包装材料和技术来提高食品包装的安全性。

3. 倡导绿色、环保型包装生产

鉴于当前食品包装制品生产环节中滋生的各种安全隐患，迫切需要从生产源头做好食品包装生产环节的安全治理；加大科技、资金的投入力度，开发研制新型绿色、环保包装材料，加强对食品包装工艺的研究。生产企业要对关键工艺进行重点监控，确定关键控制点，编制管理文件并有效实施，各质控点要按相关程序文件及作业指导书进行操作并做记录，切实做好生产环节的安全风险把控；加强宣传，在企业内部普及食品安全知识，增强全体职工“安全第一”的责任意识，增强责任感。此外，国家应给予绿色环保型包装生产企业财政、税收等方面的补贴，鼓励企业开发更多的绿色环保型产品。

4. 完善食品包装检测体系

由于包装材料的分子结构不同、各种助剂及成型工艺不同，致使食品包装材料表现出来的差异性较大，因此对食品包装材料的检测比较复杂，可建立完善的食品包装检测中心，按照国家标准对各类包装材料的性能特点进行检测；同时研发新型检测技术，寻找快速高效的检测方法，提高食品包装中的残留单体、重金属等有毒有害物质的检测水平。

5. 做好食品包装安全监管工作

保障食品安全离不开政府的介入，一方面，要加大对食品包装生产企业的日常监督、检验、抽查频率，坚决打击假冒伪劣产品生产厂商；另一方面，要积极借鉴国际先进管理经验，积极引入 HACCP 食品安全体系，进一步完善 GMP 体系，引入欧美等发达国家对出口食品（包括包装）的追溯、跟踪机制，完善包括食品包装生产在内的预警、监测、应急系统，努力做到从源头生产、销售到回收等各个环节的食品包装监管。

思考题

1. 你是怎样看待食品包装在市场经济中的作用的？
2. 根据食品包装技术的研究对象与主要内容谈一下你对这门课程的认识。
3. 根据当前社会的发展，谈一谈食品包装所存在的问题及对策。

第一章 食品包装的技术要求

学习目标

1. 熟悉食品包装的内在要求和外在要求。
2. 掌握食品包装内在要求的各项指标及其相关因素。
3. 掌握食品包装的安全性要求、促销性要求、便利性要求、环保性要求。

从包装性能来看，食品包装要求可分为内在要求和外在要求两部分，内在要求是指通过包装，使食品在其包装内实现保质保量的技术性要求；外在要求是利用包装反映出食品的特征、性能、形象，是食品外在形象的表现形式与手段。

第一节 食品包装的内在要求

食品包装的内在要求主要包括强度、阻隔性、呼吸、耐温、避光、营养等方面。

一、食品包装的强度要求

1. 食品包装强度要求的概念

强度是物体抵抗外力的能力。食品包装的强度要求是指包装要保护食品在储藏堆码、运输、搬运过程中能抵抗外界各种破坏力。这些破坏力有可能是压力、冲击力或振动力等。强度要求对食品包装而言，就是一种力学保护性。

2. 影响食品包装强度的因素

影响食品包装强度的相关因素较多，主要有运输、堆码和环境三大类。

(1) 运输因素 运输因素包括运输工具、运输距离和装卸方式等转移过程。运输工具主要有火车、汽车、飞机等；装卸方式有机械和人工两种。多数情况下，商品的运输是委托专门的公司和运输商来完成的，一旦产品进入运输环节，就离开了厂家和用户的控制，可能会由对包装物品不了解或缺乏责任心的人来装卸与运输，这就使得商品质量难以得到保证。商品运往目的地的途中所经历的运输条件越恶劣，对商品的运输条件越不了解，越需要对商品包装的强度着重考虑。另外，运输距离远更应考虑包装的强度要求，这是因为远距离运输中商品遭受冲击、振动、碰撞的可能性比短距离运输要大。为使商品的破损减少到最低程度，包装必须要有一定的强度。

(2) 堆码因素 无论是何种包装结构形式（如袋、盒、桶、箱），对所包装物品（食品）的力学保护性都与其堆码方式有关。堆码方式按堆码层数分主要有多层堆码、双层堆码、单层堆码等；按层与层之间的交叉方式分主要有杂乱堆码、交叉堆码、错边堆码、骑缝堆码、井字堆码等。在各种堆码方式中，单层堆码仅用于陈列商品；杂乱堆码很少采用；平齐多层堆码用得较多，这种堆码方式对保持包装强度有利，但稳定性较差；能同时保持包装强度和提高稳定性的理想堆码方式是骑缝堆码和井字堆码。

(3) 环境因素 影响食品包装强度的环境因素很多，主要有运输环境、气候环境、贮藏环境、卫生环境。

运输环境是指运输道路平整程度、路面等级及海运的航海水面条件等。路面或海面条件越差，则食品包装中越需考虑其强度问题。与食品包装强度有关的气候条件有温度、湿度、温差、湿差等，温度越高，湿度越大，食品的包装强度越易减弱。同样，温差与湿差越大，食品包装强度也越易降低，从而影响到包装内食品的变形与变质。

贮藏环境是指食品在贮藏期间仓库或库房的地面及空间的潮湿程度、支撑商品平面的平整性以及通风效果等，只有这些贮藏条件优良，才能保持食品包装的强度。卫生环境是指商品贮藏与陈列等场合中的卫生状况，如有鼠、蚊虫等，虫鼠会损害包装及产品，影响食品包装强度和商品品质。

3. 典型食品的包装强度要求

突出的典型食品主要有酒类、果蔬类、禽蛋类、饼干糕点类、膨化食品类、豆制品类等。酒类多数是瓶装或盒装的，其抵抗外力与瓶内相撞问题也需要有较高强度。果蔬类、饼干糕点及豆制品等食品均需防外力作用，只有在包装的刚性与防潮功能保护下，才能更好地实现产品的运输。禽蛋类、膨化食品类是最易破碎的食品，仅靠包装的强度来保护还不够，只有通过充入气体才能达到其防震、防压、防冲击等目的。啤酒、汽水、可乐饮料等，因其内部有二氧化碳气体作用而导致内压，这类包装要承受内外双重压力，需起到承受内外压力的双重保护作用。以上各类食品的包装，在强度要求上根据自身的特性，针对运输因素、堆码因素和环境因素，采取不同成分、不同结构、不同性能的包装材料进行包装方可满足所要实现的强度要求。

二、食品包装的阻隔性要求

阻隔性是食品包装要求的重要性能之一，很多食品在贮藏与包装中，由于阻隔性差，而使食品的风味和品质发生变化，最终影响产品质量。

食品包装阻隔性要求是由食品本身的特性所决定的。不同食品对其包装的阻隔性要求特性也不相同。食品包装阻隔性特征主要有以下几个方面。

1. 对内阻隔

对内阻隔是指通过食品包装容器（包装材料）的阻隔使所包装的食品所含气味、油脂、水分及其他挥发性物质不致向包装外渗透，即主要是保护包装内食品的各种成分不逸出，不至于损害食品的风味。对内阻隔主要是针对那些自身呼吸速度和呼吸强度很低的食品。这类食品在运输、陈列、销售中所处的环境应较为优良，其环境空间没有不利于食品贮藏的物质和成分。

2. 对外阻隔

对外阻隔就是将食品通过包装容器包装后，使包装外部的各种气味、气体、水分等不能渗入包装内食品中。很多食品都需要用这种对外阻隔的材料进行包装，以保证在一定时间内达到保护食品原有风味的目的。对外阻隔可防止食品受环境空间各种不良成分污染，尤其对食品覆盖面广、市场大、销售和运输环境较为恶劣的场合特别重要。对外阻隔可使包装内物品排出的气体向外渗透，而不让包装外的有关成分与物质向包装内渗入。

3. 互为阻隔

互为阻隔包含的第一层含义是大包装内的小包装食品，而且这些小包装食品各具特征，为了防止不同特征的食品在包装中串味，就要求内包装具有一定的阻隔性；第二层含义是通过包装使包装内食品和包装内外各种物质不相渗透，即包装内物质不向外溢出，而包装外的各种物质也不渗入。互为阻隔效果越好，其货架寿命就越长。

4. 选择性阻隔

选择性阻隔要求根据食品的性能，利用包装材料有选择性地阻隔有关成分的渗透，让某些成分渗透通过，而另外一些成分受阻隔不能通过。实际上这是利用不同物质的不同分子直径，使包装材料起到了分子筛的作用。当某些物质的分子直径大于某个值，则该物质的分子便可被阻隔；当分子直径小于某个值，则该物质可以通过。有很多食品都需要选择性阻隔来达到其包装目的。例如，果蔬类食品的保鲜就需要其包装具有这种特性。

5. 阻隔的成分与物质

食品的品质是通过其自身的成分和加工方式实现并在有效的时间内将其风味予以保存体现出来的。影响食品贮藏品质并需要阻隔的物质有很多，因食品种类和加工方法而异，主要有：空气、湿气、水、油脂、光、热、异味及不良气体、细菌、尘埃等，这些物质一旦渗透到包装内食品中，轻则使食品的外观产生变化，严重时会使食品变味，产生化学反应，形成有害物质，最终使食品腐烂变质。

6. 对阻隔性包装材料的要求

包装材料的阻隔性是保证包装食品品质的重要条件。对食品包装最重要的一点是包装材料与包装容器在具备阻隔性能的同时，还必须保证自身无毒、无挥发性物质产生，也就是要求自身具有稳定的结构成分。另外，在包装工艺的实施过程中，包装材料也不能产生与食品成分发生化学反应的物质和成分。再就是包装材料与包装容器在贮藏和转移过程中，不能因不同气候和环境因素的变化而产生化学变化。

三、食品包装的呼吸控制

1. 呼吸的概念

呼吸是活鲜食品在包装贮藏中所具有的最基本的生理机能，是一种复杂的生理变化过程，也就是其细胞组织中复杂的有机物质在酶的作用下缓慢地分解为简单的有机物质，同时释放出能量的过程。食品呼吸靠吸收氧气、排出二氧化碳来进行。食品的正常呼吸是在包装与贮藏中实现保鲜、延长货架寿命的必要条件。活鲜食品的呼吸可通过包装来控制其强度、供氧量而使之得到很好的保藏。

2. 呼吸强度及作用

呼吸强度是指呼吸作用的强弱或呼吸速率的快慢，一般以 1kg 活性体在 1h 内消耗的氧气或释放出的二氧化碳的量（mg）计量。活鲜食品的呼吸强度太大或太小都会影响食品的贮藏期或货架寿命。与呼吸有关的因素有活鲜食品的成熟度、贮藏环境温度、环境与包装内的气体成分等。

3. 呼吸形式及作用

活鲜食品的呼吸形式可分为有氧呼吸与无氧呼吸两种。

（1）有氧呼吸 有氧呼吸是在有氧供应条件下进行的呼吸。有氧呼吸是正常呼吸形式。活鲜食品靠呼吸作用吸收周围空气中的氧，产生二氧化碳和水，同时放出能量，有氧呼吸放出的能量一部分变成了呼吸热。在通风不良或无降温措施时，这种呼吸热会逐渐积累，使活鲜食品体内温度升高，又会促使呼吸作用加强，进而使所释放的热量增多，呼吸随之进一步加强，如此循环，最终导致活鲜食品的衰老和腐烂变质。由此可见，为了达到较长的保质期，必须控制氧分量，使有氧呼吸处于适当低水平状态。在包装措施上可利用包装透氧量来实现，并利用包装的隔热等功能来降低呼吸热，以延长食品货架寿命。

（2）无氧呼吸 无氧呼吸所提供的能量很少，活性食品为了获得维持其生理活动的能量，只能分解更多的呼吸基质，也即消耗更多的养分，这些养分的消耗使活性食品衰老和腐烂加速。另外，呼吸作用所产生的乙醇和乳酸等积累到一定程度后，会引起细胞中毒而使其死亡及其新陈代谢活动受阻，最后导致活鲜食品的腐烂变质。实际上，无氧呼吸就是发酵。因此，为了较好地贮藏和保护食品，应避免无氧呼吸，或在无氧呼吸包装内加入有关成分控制发酵。

食品在生产和流通过程中，对包装材料或包装容器的透气性以及包装与贮藏环境的温度、气体成分等条件提出了要求。不同的食品对包装的要求，也主要是利用包装来控制呼吸。

四、食品包装的营养控制

食品在包装贮藏过程中，随着时间的推移，会逐渐变化、变质、腐败，最后失去价值。所以，食品对包装有营养性要求，即食品的包装应有利于营养的保存，更理想的是能通过包装对营养加以补充（但难度大）。

1. 食品包装营养控制的依据

（1）食品包装贮藏中发生理化变化就是消耗营养素的过程 食品在贮藏过程中会发生一系列的物理化学变化，例如水分子的散发（失）、糖分的增减（先增加后减少）、有机酸和淀粉的变化、维生素和氨基酸的损失、色素及芳香物质的失去等。所有这些损失或失去的成分均属于食品（尤其是果蔬食品）的营养成分。传统的食品保藏只注重了减少营养损失而未进行补充营养，并通过高温杀菌的方式或密封的方式加以保证。实际上这些方式只是达到了减少营养损失或减少污染的目的，并不具有补充营养的作用。

（2）向食品包装中加入营养补充剂 研究表明，食品在包装时加入具有营养补充作用的保鲜剂，通过相应的技术及工艺、使用具有保鲜作用的包装材料等，都是针对营养消耗进行补充的措施与方法，使食品营养在消耗与外界补充中得以暂时平衡，最终使食品有较长的货架寿命。营养补充的方式是将所需的特别成分直接放入包装内或直接加入包装材料中制取包装，而特别的成分必须是食品所必需的且易于消耗的，主要是糖分、氨基酸、维生素等。

2. 食品营养性要求的有关因素

① 不同的食品在包装贮藏中营养损失的快慢有所不同，但总体而言，随着贮藏时间的增长，其损失也逐渐增加。

② 较低的温度、较弱的光照有利于营养损失的减少。

③ 理想的包装技术与良好的包装材料具有减少或补充营养损失的作用。

④ 加入食品所含的营养成分有利于补充营养和减少营养损失。

⑤ 包装的目的之一是保存食品的营养成分（营养素）。在包装材料中加入营养（补充剂）是最重要的营养补充形式。

3. 现代食品包装的营养控制

① 视觉上的完美并不代表食品内在的营养不被破坏，就像食品在烹饪过程中，有的工艺在注重色、香、味的同时，却把营养成分破坏了，包装也是一样。

② 食品超过保质期后，从包装上看与有效期内的食品并无两样，而实际上很多过期的食品其品质已完全破坏。因此，现代食品必须通过专门的仪器来检测其包装内容物的营养所在。

③ 食品包装的目的已从单一的营养保护转向营养保护与营养补充相结合的双重作用。

④ 食品很多的包装是通过保鲜来实现其保质和营养保护。

⑤ 包装技术、包装材料与包装辅料（加入微量补充元素）相结合是保护食品营养或补充营养的最好办法。

五、食品包装的耐温控制

耐温是现代食品包装的重要特征之一。很多食品在包装加工、贮藏、运输等过程中都可能会因高温而导致变质，为了避免因温度的升高而使包装内的食品变质，常通过选择耐温耐热的包装及其容器进行隔温限热。

(1) 材料耐温隔热 有些包装材料自身具有耐温限热特性，在材料的选择上，可选取这些材料制作耐温包装（容器）。如某些金属、玻璃、陶瓷及其复合材料等。

近年来，美国研究了一种新型包装保温纸，可将太阳能转化为热能，如太阳能聚集器一样，使用其可用来保护包装内的物品，如将它放在有阳光照射的地方，可以把食品加热，只有将包装打开，热量才会散去。日本也研制了一种防腐纸，可用于食品包装、高档茶叶包装等。

(2) 真空耐温隔热 包装容器内抽真空或在包装容器材料夹层中加入真空胶囊型材料粒子，使之具有隔热耐温的作用。

六、食品包装的避光控制

1. 光线对食品的影响

光线直接照射食品会加快食品的营养损失并使之发生腐败变质。光线对食品的影响具有如下表现：使食品中的油脂氧化而导致酸败；使食品中的色素发生化学变化而变色；使食品中的有效营养成分（如维生素等）被破坏；引起食品中的蛋白质和氨基酸变化；引起食品干硬老化或软化溶解。

2. 避光包装技术

为了减少光线对食品的影响，可通过使用包装材料与应用包装技术来加以实现，例如：

① 可以用隔光阻光材料包装食品，利用包装材料对光线的遮挡，或者是将光线吸收或反射，以减少光线直接照射食品；

② 可以在包装材料中加入光吸收剂或阻光剂，或者在包装内加入保护剂，例如在塑料或玻璃等包装材料中加入色素，使其颜色变深，或在包装材料中加入纳米材料，使其对紫外线等具有较强的阻隔作用；

③ 也可在包装表面着色或印刷，即在塑料或纸包装材料表面进行着色、涂布遮光层或进行深色印刷，也可实现遮光。

七、其他要求

关于食品包装的其他要求还有很多，例如食品防碎要求、食品保湿要求、食品防潮要求等。

第二节 食品包装的外在要求

随着社会经济的快速发展，现代食品工业的种类逐渐增多，竞争也更加激烈，而产品之间的竞争不仅限于质量和价格的竞争，并且也逐渐形成了以产品文化为特征的品牌竞争。经过包装的产品与未包装之前相比市场差价很大，由此也反映出了包装的增值效应的重要性。因此，通过对产品进行科学、系统的指导和规划设计，才能有针对性、有目的地对产品量身定做外形包装，以此提升企业形象，提高附加价值。

食品包装的外在要求主要体现在安全性、促销性、便利性及环保性等几方面，以下介绍前三种。

一、食品包装设计的安全性要求

食品包装设计的安全性包括卫生安全、搬运安全和使用安全等方面。

1. 卫生安全

卫生安全是指食品包装材料中不应含有对人体有害的物质，在包装设计技术方面，使处理后的食品在营养成分、颜色、味道等方面尽可能保持不变。食品包装原材料多采用聚乙烯、聚丙烯、聚酯、聚酰胺等高分子材料，这些材料确实适应了食品包装的要求，但这些材料在制作过程中会加入助剂，而食品包装的有害物质大多来源于这些加工助剂。比如聚氯乙烯（PVC）保鲜膜，在保证其具柔软性、透气性的同时，氯乙烯单体可能会残留超标，并且在加工过程中使用了DEHA（二乙基羟胺）增塑剂，而DEHA增塑剂遇到油脂或加热时很容易释放出来，进入食品而影响人体健康。食品包装材料中，玻璃容器应该由钠钙玻璃制作，应注意避免重金属如铅的超标。

2. 搬运安全

搬运安全是指包装设计能保证在运输装卸过程中的安全问题，以及消费者在购物时提取和购买后的携带安全。食品包装要求适于搬运、陈列、放置和购买，消费者使用时，商品不带伤人的棱角或毛刺，尽量设计专门的手提装置，以便携带。

3. 使用安全

使用安全是指保证消费者在开启或食用过程中不至于受到伤害，还要考虑到消费者在打开包装时，不会对消费者造成伤害。

二、食品包装设计的促销性要求

食品包装设计是食品促销的最佳手段之一，通过包装设计，刺激消费者购买，达到促销的目的。食品的性能、特点、食用方法、营养成分、文化内涵可以在包装上加以宣传，这是商品包装的促销性。食品包装设计的促销性包括：必要的信息促销、形象促销、色彩促销、结构促销等。

1. 必要的信息促销

食品外包装上标明了食品的名称、商标、主要成分、生产厂标、净含量、生产日期、产地、保质期等必要的信息。这些信息反映了商品的特性，无形中起到了宣传促销的作用。

2. 形象促销

形象促销是利用包装体现商品特性的促销方法。商品进入市场后，外观包装可吸引消费者，产生购买的欲望。形象促销最重要的环节就是做好商品定位，再确定包装的形象。商品定位就是确定是珍藏品、日常消费品、休闲食品、礼品或是生活必需品等。一般地，软包装塑料不作为高档礼品的外包装选用，更多的是将硬盒包装和木质包装用于高档品或珍藏品。

包装形象还应注意，对于需要再次造型包装的食品（如粉料及面食类）宜选用非透明的软包装或硬包装；形体和颜色都较好的食品适宜选择透明或非透明的硬盒包装；液体食品适合选择单层或多层的硬软包装形式。总之，形象促销要依据食品的不同场合销售及特性，针对消费者不同的购买需求，来确定包装型式。

3. 色彩促销

在当代美学设计中，色彩是最有视觉信息传达能力的要素之一，它不仅具有美化与装饰的作用，还具有语言和文字无法替代的作用，包装设计色彩的功能不仅可吸引顾客视线，也是打开消费者选购食品的“金钥匙”。企业在进行食品包装设计时，应注重设计在市场上能迅速抓住消费者视线的个性化色彩，以吸引消费者注意力。商品包装的色彩可对人的生理、心理产生刺激作用，如在食品包装上，使用色彩艳丽明快的粉色、橙色、橘红等颜色可以强调出食品香甜的嗅觉、味觉和口感；巧克力、麦片等食品，多用金色、红色、咖啡色等暖色给人以新鲜美味、营养丰富的感觉；茶叶包装用绿色，给人以清新、健康的感觉；冷饮食品的包装多采用具有凉爽感、冰雪感的蓝、白色，可突出食品的冷冻和卫生；烟酒类食品常采用典雅古朴的色调，使人产生味美、醇正的感觉。

色彩的主要功能是对商品的外包装材料进行修饰、美化，食品包装的色彩与商品的内容及品质有着相互依存的联系，各类产品在消费者心目中产生了根深蒂固的“常用色”。因此，食品包装色彩直接影响到消费者对商品内容的判定。色彩语言运用在产品包装中主题突出，具有显著的识别效应，使消费者更易辨识和产生亲切感，消费者看到色彩符合就能想到某种商品的品牌。

研究表明，色彩作用于人的视觉器官能使人产生感觉，通过感觉的强烈冲击作用，产生某种复杂的情感和心理活动，并能产生某种心理感受，并在不知不觉中左右消费者的行动和情绪。并且也应注意到不同年龄的消费人群有着不同的色彩喜好，应用色彩促销时要考虑这一点。

4. 结构促销

(1) 整体结构 特殊是食品包装整体结构促销的关键，通过特殊可表现与众不同及引起消费者的注意和感兴趣，从而具有较好的促销作用。例如将包装瓶设计成圆形、腰鼓形、棱形、球形、果物形等，这些都可成为食品包装整体结构促销的关键。

(2) 局部结构 包装的某一部分采用特殊的结构，如包装的封口和出口，某部位设置特殊的提手、开孔，加密于内层的有奖识别或开启方法，以引起购买者的注意而进行购买。即采用与众不同、仿生、仿物、仿古等结构设计，投消费者所好。

(3) 品牌促销 品牌促销是利用包装设计体现食品内涵的促销方法。有些食品品牌名称极其响亮，以致成为该类产品的代名词，例如可口可乐，人们自然而然会想到可乐类饮料。包装品牌促销关键的问题是如何设法在众多的食品或同类的产品中引起消费者注意，通常，商家通过有形的包装在立体与平面相结合的基础上加以实现。例如，对食品品名滑稽化和商标、图案有鲜明的象征性，这些都是食品品牌促销的具体形式。

三、食品包装设计的便利性要求

包装的便利性也是消费者在购买商品时的一个选择要素。包装的便利性包括生产便利、运输便利、销售便利等几方面。包装是一个传递有效信息的媒介，所有的品牌说明都会在包装上充分显示，只有合格的包装才能充分展现这些方面，进而达到销售便利效果。

在食品包装设计中，还要考虑视觉识别的便利性、购买提携的便利性、开启的便利性、拿取与食用的便利性、存储的便利性等。如今，对于消费者而言，更多的便利性已不只是关于食品与饮料的交付、贮存、食用等问题，而是通过食品包装技术还可以实现自加热、微波加热、高阻隔、自动冷却等功能。现在市面上出现的很多种类的自热米饭、自热速食火锅、自热食品鱼香茄子等，这种自加热系统，主要是利用焙烤硅藻土、铁粉、铝粉、焦炭粉、盐组合成一袋状物，经搓揉可发热至 60℃，可用于冬季取暖、医疗热敷，加入生石灰、碳酸钠和水，温度可升至 120℃，用来加热饭菜或蒸煮食物。

此外，还期待更新、更方便的包装技术出现，如具有自动提示温度、产品质量，甚至包装保质期或内容物是否易变质等功能的包装；可根据精确的设定值对内容物进行加热、冷却，甚至可直接按照厨师配方进行烹调加工的产品包装等。

思考题

1. 影响包装强度的因素有哪些？
2. 食品包装的阻隔性要求包括哪些方面？
3. 光线对包装食品的影响有哪些？
4. 影响食品包装安全性的主要因素有哪些？
5. 食品包装的便利性要求包括哪些方面？

第二章 食品变质与包装原理

学习目标

1. 掌握生物污染的含义。
2. 了解食品中常见的微生物种类及其危害。
3. 掌握控制包装食品中微生物的原理。
4. 掌握光对食品质量影响的几个方面。
5. 理解水分活度的含义。

影响食品保质期的因素有很多，概括来说，主要有物理、化学和生物污染变质等几个因素。

引起食物变质的主要原因是微生物作祟。微生物存在于各种环境中，食物在生产、加工、运输、贮存、销售过程中，极易被微生物污染。只要温度适宜，微生物就会生长繁殖，分解食物中的营养素，以满足自身需求。此时食物中的蛋白质被分解成分子量极小的物质，最终分解成肽类、有机酸等。因此食物会产生氨臭味及酸味，同时也会失去原有的坚韧性及弹性，并使颜色异常。所以想要延长食品的保质期，最主要的是要防止微生物引起的食品变质。

化学因素主要是食物的化学反应，油脂分子中含有不饱和的键，这种键很不稳定，容易被氧化，产生一系列化学反应，氧化后的油脂有怪味，如肥肉也由白色变黄；食物中存在多种酶，在酶的作用下，食物的营养素被分解成多种低级产物，日常所见的饭发馊、水果腐烂，就是碳水化合物被酶分解所致的发酵。还有就是食品在贮运过程中，也会受到化学因素的污染；以及食品本身不同的组成成分的影响，水分含量较大的食品相对来说比较容易变质。

物理因素主要包括食品的包装材料，食品运输过程中是否受到挤压、碰撞等，尤其是一些生鲜食品等，还有就是食品的保存温度以及光照等。

变质的食物不仅外观发生变化，失去原有的色、香、味，营养价值下降，还会产生相应毒素危害人体健康。

第一节 生物污染变质与包装原理

致使食品变质的主要生物因素包括微生物、寄生虫、虫卵等，其中有代表性的是细菌及其危害、霉菌及其危害、病毒与酵母菌及其危害等，也就是说，使食品遭受生物污染而变质的因素主要是微生物。食品原料由植物性原料和动物性原料以及合成原料所构成。这些食品原料在收购、运输、加工、贮藏过程中，难免遭受微生物的污染。污染到食品上的微生物，适应环境的便寄生下来，一旦条件适宜，这些微生物的生命活动也就开始，食品的变质也随之出现。食品在微生物的作用下，会失去原有或应有的营养价值和组织结构，以及色、香、味发生变化，从而成为不符合卫生要求的食品，不能食用，严重的还会使人中毒。因此，在食品生产和流通过程中，控制微生物引起的败坏，对食品保质保鲜、食品营养、食品卫生等都具有重要的意义。

一、食品中常见细菌及危害

与食品有关的细菌种类较多，其特点也各不相同。食品一旦受到细菌污染，常常会发生变质。

1. 假单胞菌属

图 2-1 所示为假单胞菌，它们属革兰阴性杆菌，需氧，无芽孢，端鞭能运动。该属细菌在自然界中分布极为广泛，常见于水、土壤和各种植物体内。

假单胞菌属利用碳水化合物作为能源，且只能利用少数几种糖，能利用简单的含氮物质。它们污染食品后且环境适宜，便会在食品表面迅速生长繁殖，产生水溶性荧光色素、氧化物质和黏液，引起食品变味变质。某些菌株还具有强力分解脂肪和蛋白质的能力。另外，本属菌在低温下也能很好生长，因此还可能引起贮藏食品的腐败变质。本属菌的菌种很多，不同菌种对食品的危害表现不同，例如，荧光假单胞菌，可在低温下生长，使肉类食品腐败；生黑色腐败假单胞菌，能在动物性食品中产生黑色素；菠萝软腐假单胞菌，可使菠萝腐烂，并使被污染的组织变黑、枯萎。

2. 醋酸杆菌属

图 2-2 所示为常见的醋酸杆菌，该菌属初期幼龄菌为革兰阴性菌，成熟后的老龄菌为革兰阳性菌，无芽孢，有的能动、有的不能动，需氧繁殖。

该属菌的危害性是它的氧化能力超强，可使粮食发酵、果蔬腐烂，以及使酒类和果汁变质。它的另外一个特点是可以将乙醇氧化成醋酸，对醋酸生产有利，但这对酒类饮料的生产与包装贮藏极为不利。该属菌最常见的菌种有纹膜醋酸杆菌、白膜醋酸杆菌以及许氏醋酸杆菌等。

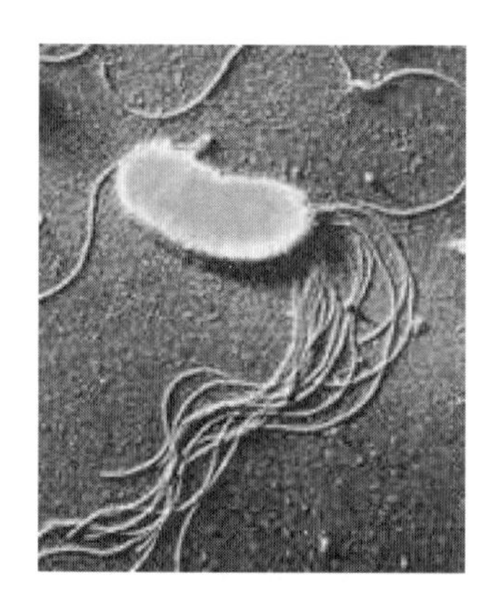

图 2-1　假单胞菌

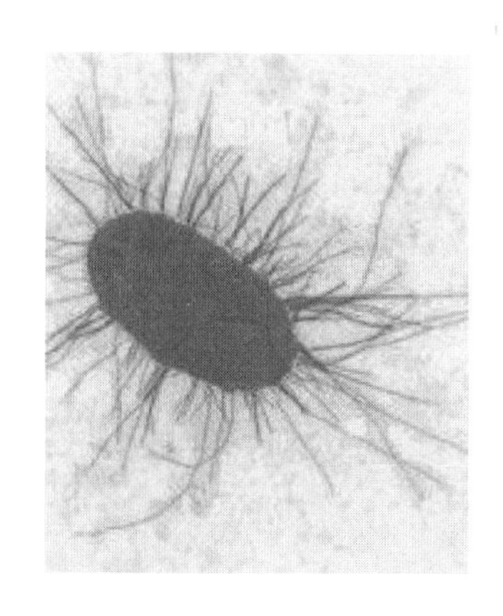

图 2-2　醋酸杆菌

3. 棒状杆菌属

图 2-3 所示为棒状杆菌。该属菌的细胞为杆状或棒状，无芽孢，革兰染色阳性，也有呈阴性反应者，有的好氧，有的厌氧；多数从葡萄糖产酸，少数由乳糖产酸；只有两个厌氧种发酵糖产气，其余均不产气。它们生长最适宜的温度为 26～37℃。其最大的危害性是使葡萄糖、蔗糖、麦芽糖迅速产酸。另外，它们是谷氨酸的高产菌。

4. 芽孢杆菌属

图 2-4 所示为巨大芽孢杆菌。该属菌为革兰阳性杆菌，需氧，能产生芽孢。它们在自然界分布极广，常见于土壤及空气中。该属菌中的炭疽杆菌是毒性很大的病原菌，而且其他菌也是食品中常见的腐败菌，如枯草芽孢杆菌、覃状芽孢杆菌等就属此类。

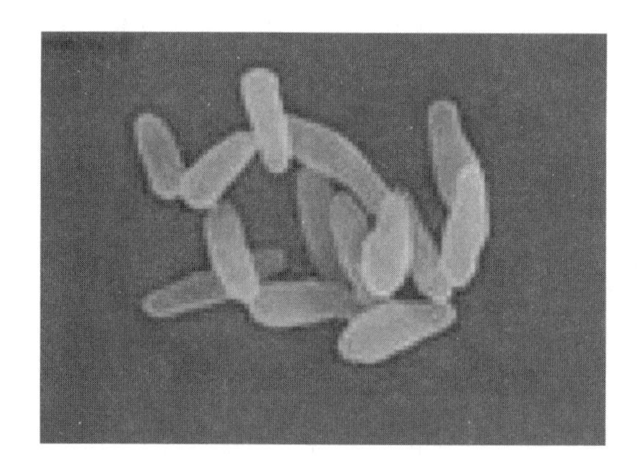

图 2-3　棒状杆菌

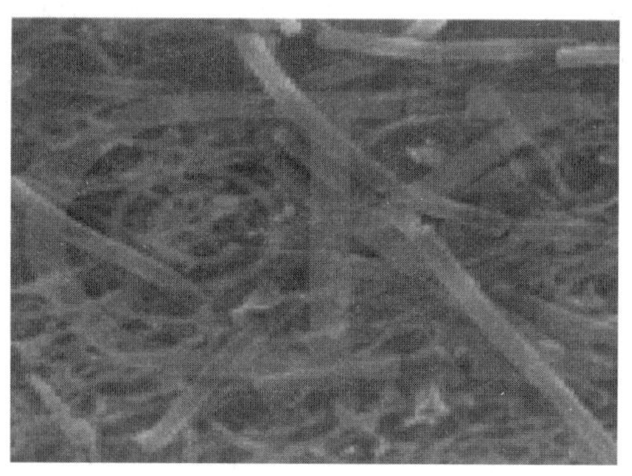

图 2-4　巨大芽孢杆菌

5. 沙门菌属

图 2-5 所示为沙门菌。该属菌为革兰染色阴性，短杆菌，周身鞭毛，能运动，在培养基上不产生色素，发酵葡萄糖和其他单糖，产酸产气。该菌是人类重要的肠道病原菌，能引起人类的传染病和食物变质。

6. 志贺菌属

图 2-6 所示为志贺菌。该属菌为革兰染色阴性，短杆菌，无运动，需氧和嗜温，常存在于污染的水源和人类消化道中。它是人类重要的病原菌，能引起菌痢和肠道功能失调，也能使食品发生污染。

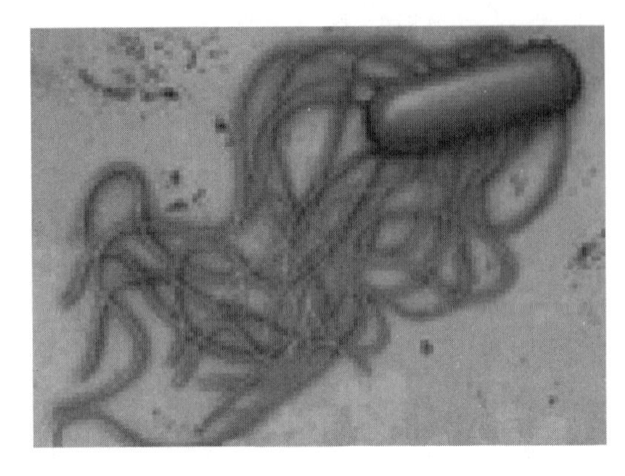

图 2-5 沙门菌

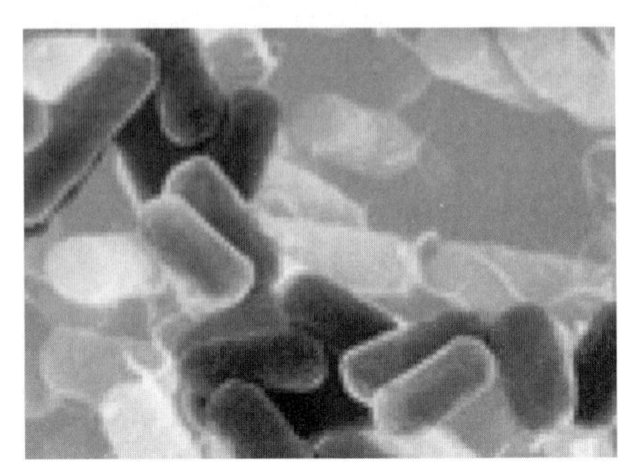

图 2-6 志贺菌

7. 小球菌属和葡萄球菌属

它们为革兰阳性球菌，需氧或兼有厌氧性，广泛分布于自然界，如空气中、水中和不洁器具以及动物的体表。某些菌株能产生色素，其中金黄色葡萄球菌致病力强，可引起化脓性病灶和败血症。受这些细菌感染后的食品会变色。球菌具有较高的耐盐性和耐热性；有些球菌能在低温下生长，引起冷藏食品的腐败变质。葡萄球菌中的金黄色葡萄球菌能产生肠毒素，引起食物中毒，容易感染肠毒素而引起中毒的食品主要为肉、乳、蛋、鱼类及其制品等多种动物性食品。

二、食品中常见霉菌及危害

霉菌分布广、种类多、危害大，多以寄生或腐生的方式生长在阴暗、潮湿和温度较高的环境中，在一定条件下，常引起基质的腐败变质。受霉菌污染的食品，会改变其正常的营养成分，而且会在食品中积累毒性并形成致癌的霉菌毒素，直接危害人、畜健康和生命安全。因此，防止霉菌污染是食品包装与贮存中需重点研究和解决的问题。

食品中常见的霉菌有十多属、几百种。到目前为止，经人工培养查明的霉菌毒素已达100多种，这些霉菌毒素是食品在生产、贮藏、运输、销售中需严加防止和控制的，特别是在食品包装中进行防控显得更为重要。

1. 毛霉属

毛霉在自然界中分布很广，空气、土壤和各种物体上都有存在。该霉菌属呈中温性，适宜生长温度为25～30℃，因其种类不同适温范围差异较大。如总状毛霉最低生长温度为－4℃左右，最高温度为32～33℃。毛霉喜欢高温环境，其孢子萌发的最低水分活度为0.88～

0.94，因此，在水分活度较高的食品和原料中可以分离得到该霉菌。其对蛋白质和糖化淀粉有很强的分解能力。在食品中出现的主要有总状毛霉、大毛霉及卢毛霉种类。如图 2-7 所示。

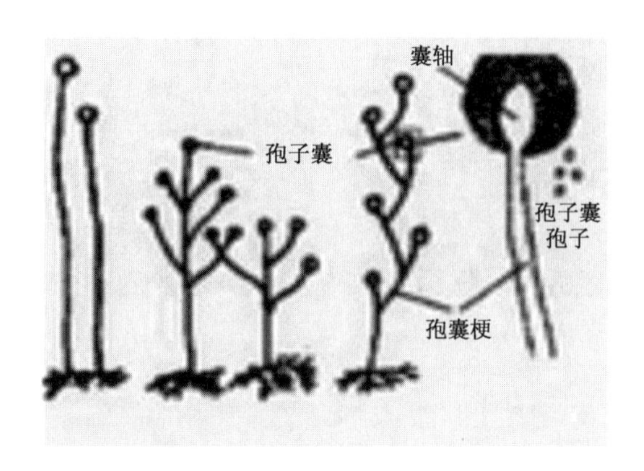

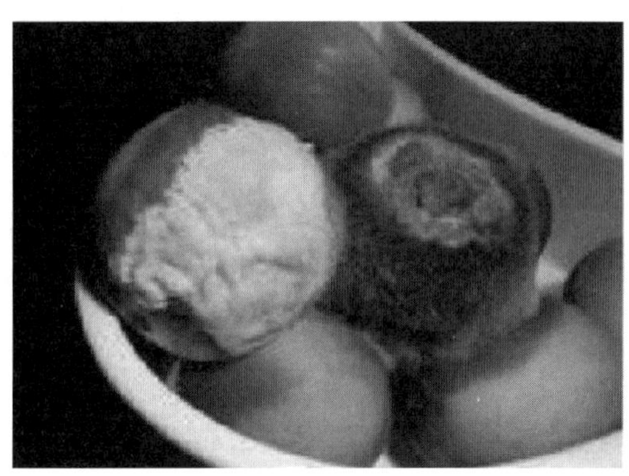

图 2-7　毛霉

2. 根霉属

根霉广泛分布于自然界的空气中，是空气污染菌。其为中温性，喜欢高温，生长适温为25～38℃，其孢子萌发的水分活度为 0.84～0.92。本霉菌属对淀粉、果胶、蛋白质的分解力很强，是污染水分活度较高的食品、粮食及水果的有害菌类，可使被污染的食品霉烂或软腐，其中黑根霉是食品的主要污染菌。

3. 曲霉属

该霉菌属在自然界中分布很广，属中温性菌类；其中有些菌群对环境水分活度要求较低，水分活度在 0.65～0.8 其生命活动便可进行。也因此，该霉菌往往导致一些水分活度低的食品和原料发生霉变；有的霉菌产生毒素，使食品被污染而带毒，其毒素均有较强的致癌、致畸作用。图 2-8 所示为黑曲霉的纯培养物。

4. 青霉属

图 2-9 所示为青霉。该霉菌属在自然界中广泛分布，一般在比较潮湿冷凉的基质上可分离得到。该霉菌对有机质有很强的分解力，食品一旦受其污染，将产生霉腐变质，有的还会产生毒素，引起人、畜中毒。最近的研究表明，该属霉菌共分为 4 个大组、41 个系，包括 137 个种和 4 个变种。

5. 交链孢霉属

该霉菌是粮食种子皮下重要的寄生菌，在新收获的各类种子上有很多，寄生在粮食上的主要是该属中的细交链孢菌，它的生长最低温度为 6℃，最适温度为 25～30℃，最低水分活度为 0.85～0.94，呈绿色、黑色、暗褐色等，其中有些菌群如互隔交链孢菌可引起蔬菜食品变质。

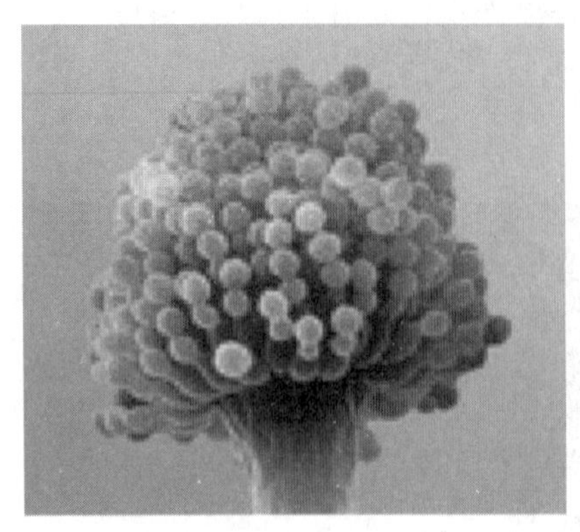

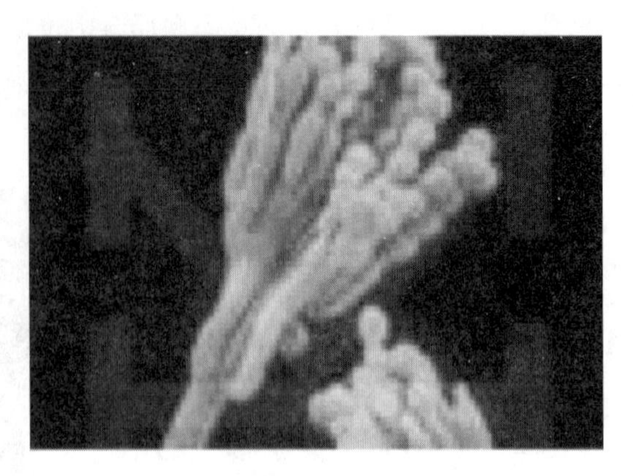

图 2-8 黑曲霉

图 2-9 青霉

6. 葡萄孢属

该属菌又称灰霉，腐生或寄生在许多植物上引起“灰霉病”。其在植物种子尤其是玉米籽粒及其枯死籽粒表面常存在；属低温湿生性霉菌（代表菌有灰色葡萄孢霉）；发育最低温度为−5℃，最低水分活度为0.93～0.94，呈灰色、褐色等。该霉菌属是蔬菜食品上常见的腐败菌，同时还可以引起水果败坏。

三、病毒与酵母菌

1. 病毒

病毒是目前所知最小的生物，无细胞结构，主要由蛋白质和核酸组成。只有在电子显微镜下才能看到病毒的形状，其形状有砖形、球形、线形、蝌蚪形等。病毒能通过细菌滤器，所以又称滤过性病毒。

病毒因缺乏完整的酶系而不能独立生活，不能在人工合成的培养基上生长，靠寄生生长，它必须在活的宿主细胞中才能复制繁殖，利用宿主细胞的核苷酸和氨基酸来自主地合成自身的一些组件，装配下一代个体。

病毒按照寄生对象来分，可分为细菌病毒（噬菌体）、植物病毒、人及动物病毒；按结构分，可分为单链RNA病毒、双链RNA病毒、单链DNA病毒和双链DNA病毒。

病毒的生命过程大致分为：吸附，注入（遗传物质），合成（反转录/整合入宿主细胞DNA），装配（利用宿主细胞转录RNA、翻译蛋白质再组装），释放五个步骤。

2. 酵母菌

酵母是人类发现和应用最早的微生物之一。早在4000年前的殷商时代，人类祖先就利用酵母进行酿酒；6000年前埃及人就用其做出酸啤酒。酵母菌是一类单细胞真核微生物。酵母不是分类上的名词，而是人们的俗称，一般指以芽殖或裂殖方式进行无性繁殖的单细胞真菌。酵母菌多数属于腐生菌，少数是寄生菌，在自然界中分布于含糖质较高的偏酸性环境中，如果实、蔬菜、花蜜、谷物及果园的土壤中，如图2-10所示为酵母菌。

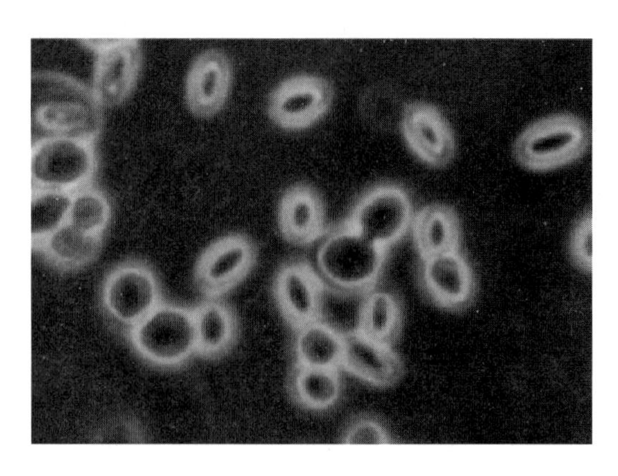

图 2-10 酵母菌

酵母菌除为数不多的几种有害外，大部分都是食品工业上有益的菌种，现对几种有害的酵母加以介绍。

① 红酵母 以黏红酵母和胶红酵母为代表的红酵母，在肉和酸菜及泡菜上形成红斑而使食品着色；在粮食上也可分离得到。另外还有几种红酵母是人及动物的致病菌。

② 鲁氏酵母和蜂蜜酵母 它们能在高浓度糖溶液的食品中生长，可引起高糖食品（如果酱）的变质；也能抵抗高浓度的食盐溶液，如果出现在酱油中，酱油表面即生成灰白色粉状的皮膜，时间长后皮膜增厚变成黄褐色，这种酵母是引起食品败坏的有害酵母。

③ 汉逊酵母 该酵母是常见的酒类饮料污染菌，它可在饮料表面生成干皱的菌膜。它也是酒精发酵工业的有害菌。

四、控制生物污染的包装原理

在食品腐败变质过程中，微生物起着决定性的作用。人类的生活环境，如土壤、空气、水及食品中都存在着无数的微生物；猪肉火腿和猪肉香肠，在原料肉以及腌制加工后的肉中所含的活菌数一般为 10^5～10^6 个/g，其中大肠杆菌为 10^2～10^4 个/g，几乎不存在微生物的食品可能只限于蒸馏酒、罐头食品和经过无菌处理的清凉饮料等少数几种食品。虽然大多数微生物对人体无害，但食品中的微生物的繁殖量超过一定限度时，食品就会发生腐败。因此，抑制微生物在食品中的繁殖，有效地贮存食品，是食品包装需要解决的首要问题。

1. 影响微生物生长繁殖的因素

影响食品中微生物生长繁殖的因素主要有食品的营养成分、水分活度、pH 值以及环境的温度和气体条件等。

(1) 食品中的营养成分 食品中所含的蛋白质、糖类、脂肪、无机盐、维生素和水分等营养成分是微生物的良好培养基。由于不同的微生物分解各类营养物质的能力不同，导致引起食品腐败的微生物类群也不同。如肉、鱼等富含蛋白质的食品，易受到变形杆菌、青霉等微生物感染而发生腐败；米饭等含糖类较高的食品，易受曲霉属、根霉属、乳酸菌、啤酒酵母等微生物的污染而变质；而脂肪含量较高的食品，易受黄曲霉和假单胞杆菌等的污染而发生酸败变质。

(2) 食品的水分活度 微生物生命活动需要水。水分活度(A_w)是指一定的温度条件下，食品在密闭容器内水的蒸气压(p)与纯水蒸气压(p_0)之比，即 $A_w = p/p_0$。通常使用水分活度来表示食品中可被微生物利用的游离水。水分活度能够影响微生物的萌发时间、延滞期的长度、生长期速率以及死亡速率。通常，对于给定的食品，降低其水分活度，能延长其对数停滞期，减少对数生长期速率。

食品的水分活度 A_w 在 0～1，表 2-1 列出了常见食品的水分活度范围。表 2-2 列出了不同类群微生物生长的最低 A_w 范围。

表 2-1 常见食品的水分活度范围

食品名称	水分活度	食品名称	水分活度
生鲜肉、鱼、水果、蔬菜	0.96～0.99	果料蛋糕	0.80
面包、奶酪	0.95	咸鱼	0.75
火腿、腌制肉类	0.90	糖果、蜜饯、谷物食品	0.70
香肠	0.85		

表 2-2 不同类群微生物生长的最低 A_w 范围

微生物类群	最低 A_w 范围	微生物类群	最低 A_w 范围
大多数细菌	0.90～0.99	嗜盐性细菌	0.75
大多数酵母菌	0.88～0.94	耐干性霉菌	0.65
大多数霉菌	0.73～0.94	耐高渗酵母	0.60

由以上表可知，食品的 A_w 值在 0.60 以下，微生物不能生长，一般认为食品的 A_w 值在 0.64 以下，是其安全贮藏的防霉含水量。

为了降低食品的水分活度，抑制微生物的繁殖，可通过干燥食品或在食品中添加盐、糖等易溶于水的小分子物质，即盐腌和糖渍等方法，延长食品的货架期。

(3) 食品的 pH 值 不同的食品具有不同的 pH，并且食品的 pH 会随微生物的生长繁殖而变化。食品根据 pH 可分为酸性食品(pH$<$4.5)和非酸性食品(pH$>$4.5)两类。动物食品的 pH 在 5～7 之间，蔬菜 pH 在 5～6 之间，一般为非酸性食品；水果的 pH 在 2～5 之间，一般为酸性食品。食品中的氢离子浓度可影响菌体细胞膜上电荷的性质，从而改变其吸收机制，影响细胞正常的物质代谢活动和酶的作用，因此，调节食品的 pH，可控制微生物的生长繁殖。

适合微生物繁殖的 pH 范围为 1～11，其中，细菌为 3.5～9.5，霉菌和酵母菌为 2～11。大多数细菌最适宜的 pH 为 7.0 左右，霉菌和酵母菌在酸性 6.0 左右。在酸性条件下，微生物繁殖的 pH 下限：细菌一般为 4.0～5.0(乳酸菌低一些，在 3.3～4.0 的范围也能繁殖)，霉菌和酵母菌为 1.6～3.2，因此，酸性食品的腐败变质主要表现为酵母菌和霉菌的生长。

(4) 环境温度 微生物生存的温度范围极广，一般在－10～90℃范围内，根据微生物对温度的适应性，可将微生物分为嗜冷(0℃以下)、嗜温(0～55℃)和嗜热(55℃以上)三类。每一类群的微生物都有其最适宜生长的温度范围，但都可以在 20～30℃生长繁殖，且增殖较快。

较低温度下，例如，低于5℃或−20℃，引起冷藏、冷冻食品变质的主要微生物为嗜冷菌，包括假单胞菌、无色杆菌属等革兰阳性细菌，假丝酵母属、圆酵母属、丝孢酵母属等酵母菌，以及青霉属、芽枝霉属、毛霉属等霉菌。

高温条件下（45℃以上）存活的微生物主要为嗜温菌，如芽孢杆菌属中的嗜热脂肪芽孢杆菌、凝结芽孢杆菌，梭状芽孢杆菌属中的肉毒梭菌、热解糖梭状芽孢杆菌，以及链球菌属中的嗜热链球菌等。

食品在流通过程中所处的环境温度通常低于50℃，处于嗜冷性细菌和嗜热性细菌繁殖生长威胁之中，且随着温度的升高，细菌的繁殖速度也加快。

(5) 环境气体成分 微生物与氧的关系密切，氧的存在有利于需氧细菌的繁殖，食品变质速度快；在缺氧条件下，由厌氧微生物导致的食品变质速度较慢，氧存在与否决定着兼性厌氧菌是否生长及生长的快慢。需氧细菌的繁殖与氧分压（或氧浓度）有关，细菌繁殖速度随着氧分压的增大而急速增高；即使氧气的浓度很低（＜0.1%），细菌的繁殖仍然不会停止。这一现象，通常出现于真空包装、充气包装及脱氧包装食品中。

高浓度的二氧化碳（＞30%）能抑制大多数需氧菌和霉菌等的繁殖，可延长微生物增殖的停滞期和延缓其指数生长期，具有防腐防霉作用，但不能抑制厌氧菌和酵母菌的繁殖增长。二氧化碳溶于水形成碳酸，降低pH值，产生抑菌作用。氮气作为一种惰性气体或充填气体，能阻隔氧气与食品的接触，抑制微生物的呼吸。

2. 包装食品中的微生物控制方法

食品的微生物控制方法多种多样，有物理方法和化学方法等，这里主要介绍包装食品，即食品经过包装之后的微生物控制方法及灭菌方法。

(1) 包装食品的低温贮存 在低温下，食品本身的酶活性及化学反应得到延缓，微生物的生长和繁殖也被抑制，能较好地保持食品的品质。包装食品的低温贮存可分为冷藏和冷冻两种方式，前者无冻结过程，常用于新鲜果蔬和短期储藏的食品，后者要将食品降温到冰点以下，使水全部或部分冻结，常用于动物性食品。

① 冷藏 冷藏温度一般设定在−1～10℃，在此温度下，嗜热性微生物不会发生繁殖，嗜温性细菌增殖速度放缓，故冷藏是一种有效的、短期的食品保存方法。对于动物性食品，冷藏温度越低越好，但对于新鲜果蔬来说，要考虑避免受到冷害，在不致造成细胞冷害的范围内，尽量降低储藏温度。

目前，为了提高包装食品的储藏效果，常常将低温储藏方法与真空包装、气调包装、脱氧包装、冷杀菌技术结合使用来控制微生物对食品腐败的影响。

② 冷冻 将包装食品的温度降低到冰点以下，其细胞组织内的水分就会冻结，普通食品在−5℃左右，其80%以上的水分即冻结。但当温度降低到−10℃时，低温性微生物还能繁殖。温度再降低，微生物基本停止繁殖，但化学反应和酶作用仍未停止。一般认为，食品在−18℃以下的冻结条件下，能达到一年以上的货架期。

冷冻调理食品所用的塑料及其复合材料必须具备优良的低温性能，如尼龙/聚乙烯(PA/PE)、聚酯/聚乙烯（PET/PE)、双向拉伸聚丙烯/聚乙烯（BOPP/PE)、铝箔/PE等；浅盘包装采用聚丙烯（PP)、抗冲击聚苯乙烯（HIPS)、单向拉伸聚苯乙烯（OPS）等；对于高档的冷冻食品包装，可用铝箔内包装后再外装纸盒。

（2）包装食品的加热杀菌 微生物具有一定的耐热性。包装食品的热处理是以杀死各种致病菌和真菌孢子为目的。也可通过变性作用使酶失去活性。加热温度越高，微生物死亡所需的时间越短。

加热杀菌方法可分为湿热杀菌法和干热杀菌法，前者是采用热水或蒸汽直接加热食品包装达到杀菌目的，是一种最常用的杀菌方法；后者是利用热风、红外线、微波、通电加热等加热方法达到杀菌目的。

第二节 环境因素对包装食品品质的影响

包装食品的品质包括食品的色、香、味和营养价值，以及应具有的形态、重量和应达到的卫生指标。对每一种食品而言，都应符合其相应的质量指标，然而，食品却极易受到环境因素的影响而发生质量变化，尤其是生鲜食品。这些环境因素主要包括光、气体、水分和温度等，以下一一介绍。

一、光对包装食品品质的影响

对食品品质具有催化效应的光大多数为紫外光谱中和可见光谱中波长较短的光。光的密度和波长是引起包装食品变色和变味的重要因素，光的催化作用对包装食品成分的不良影响主要有：

① 促使食品中的油脂因氧化反应而发生氧化性酸败。

② 使食品中的色素发生化学变化而变色，如使植物性食品中的绿色、黄色、红色及肉类食品中的红色发暗或变成褐色。

③ 引起光敏感性维生素，如B族维生素、维生素C的破坏，并和其他物质发生不良的化学反应。

④ 引起食品中蛋白质的变性。

光照能促使食品内部发生一系列的变化，因为光具有很高的能量，食品中对光敏感的成分在光照下迅速地吸收光并转化成能量，从而激发食品内部发生腐败化学反应。食品对光能吸收量越多，转移传递越深，食品腐败的速度就越快，程度也越深。

入射光密度越高，透入食品的光密度也越高，程度也越深，对食品的影响也越大。光吸收系数不仅与材料的属性有关，还与波长有关，短波长光透入食品的深度较浅，所接收的光密度也较少，如紫外光对食品透入较浅；反之，长波长光如红外光透入食品的深度较深，此外，食品的组分各不相同，每一种成分对光波的吸收有一定的波长范围。因此，对一给定的包装，其光传播量取决于入射光和包装材料的性质及厚度。一些材料［如低密度聚乙烯（LDPE）］对可见光和紫外光的传播性能相似，而另一些材料［如聚氯乙烯（PVC）］传播可见光、吸收紫外光。

对于塑料材料，可采用染色、印刷或涂布等方式来改变其吸光性；对于玻璃材料，可以采用添加着色剂或使用涂层等方法来达到目的。通过这类方法，由相同的基材可获得具有不同光传播特性的包装材料。

许多研究已经指出包装材料的阻光性对食品腐败反应速率的影响，其中最为普遍的研究之一是对液态奶的研究，液态奶的变味程度与见光间隔时间、光强度及见光面积有关。

关于光对脂肪氧化等自由基反应的催化作用的研究已很充分，这类氧化作用不仅降低了脂肪的营养价值，而且会产生有毒化合物，破坏脂溶性维生素，尤其是维生素 A 和维生素 E。

不同包装材料的透光性不一样，因此，选用不同成分和不同厚度的包装材料，可以达到不同程度的遮光效果。

要减少或避免光线对食品品质的影响，主要的防护方法是通过包装直接将光线遮挡、吸收或反射回去，减少或避免光线直接照射食品。同时防止某些有利于光催化反应的因素如水分和氧气透过包装材料，从而起到间接的防护效果。

综上所述，食品进行包装时，根据食品的吸光特性和包装材料的吸光特性，选择一种对食品敏感的光波具有良好遮挡效果的材料作为包装材料，可有效地避免光对食品品质的影响。为了满足不同食品的避光要求，可对包装材料进行必要的处理来改善其遮光性能，如玻璃采用加色处理，对有些包装材料还可采用表面涂覆遮光层的方法改变其遮光性能。在透明的塑料包装材料中，也可加入不同的着色剂或在其表面涂敷不同颜色的涂料，同样可达到遮光的效果。

二、气体对包装食品品质的影响

食品包装内的气体对食品品质的影响作用很大，其中主要的影响气体有氧气、二氧化碳、氮气、氩气、一氧化碳、二氧化硫等。

1. 氧气（O_2）

干空气中通常包含21%氧气、78%氮气、0.9%氩气、0.03%二氧化碳，其中大气中的氧对食品中的营养成分通常会产生不利影响，油脂氧化在低温条件下也会进行，产生过氧化物和环氧化物，这不但会使食品失去使用价值而且会发生异臭，产生有毒物质。氧也能使食品中的维生素和多种氨基酸失去营养价值。氧的存在使食品的氧化褐变反应加剧，使色素氧化褪色或变成褐色。氧也是包装食品内微生物生长繁殖的一个非常重要的条件。因此，包装内需要维持较低的氧浓度，或防止包装的连续供氧。

食品受氧气作用发生酸败、褐变等变质的程度与食品所接触的环境中的氧分压有关。油脂的氧化速度随氧分压的提高而加快；在氧分压及其他条件相同时，与氧的接触面积越大，氧化速度越快。此外，食品氧化与食品所处环境的温度和持续时间也有关。

氧气对于具呼吸作用的新鲜水果、蔬菜及一些肉制品的影响例外，由于生鲜果蔬在储运过程中仍进行呼吸，保持正常的代谢作用，故需要吸收一定数量的氧，生成二氧化碳和水，并消耗一部分营养；为了保持新鲜肉类的鲜艳红色，包装内也需要一定浓度的氧气；海产品气调包装中，氧气的存在对厌氧微生物的生长繁殖不利；鲜切蔬菜气调包装研究证明，高浓度氧气能抑制许多需氧菌和厌氧菌的生长繁殖，抑制蔬菜内源酶引起的褐变，可获得比空气包装更长的保鲜期。

食品包装的主要任务之一，就是通过包装手段防止食品中的营养物质受氧的影响破坏而造成食品腐变。因此，采用适宜的包装材料或容器对产品进行真空包装或改变气氛（气调）包装，在新鲜果蔬、肉制品及焙烤食品包装方面应用广泛。

2. 二氧化碳（CO_2）

二氧化碳是一种气体抑菌剂，特别是高浓度二氧化碳（30%，甚至更高）具有抑菌和灭菌作用，它能延长微生物生长繁殖的停滞期，延缓其对数生长期，甚至是灭菌作用，但CO_2不能抑制厌氧菌和酵母菌的生长繁殖。CO_2气体对具有呼吸性能的果蔬等食品可以起到有效的保鲜作用，如新鲜水果贮藏环境的CO_2浓度达到7%～10%时，能阻止水果发霉，降低呼吸作用强度，延长保存期；CO_2对水的溶解度大，且两者化合生成弱酸性物质，因此含水量高的食品在充CO_2后将略有酸味；CO_2对油脂、谷类等食品，有较强的吸附作用，可抑制粮食中脂肪、维生素的氧化分解，从而延长保存期。

3. 氮气（N_2）

氮气无味、无臭、不溶于水，是一种惰性气体，一般不与食品发生化学作用，用作充填气体可防止食品中的脂肪、芳香物质和色泽的变化。

4. 氩气（Ar）

氩气是无色无味的惰性气体，最新试验研究证明，氩气具有明显的抑菌作用，微生物对氩气敏感并改变了其细胞的膜流特性，从而影响其功能。此外，氩气原子大小类似氧气原子，密度大于氧气，且溶解度较高，因而氩气可从植物细胞和酶的氧接收器中置换氧气，从而抑制氧化反应和减慢呼吸速度。

5. 一氧化碳（CO）

一氧化碳能与鲜肉的肌红蛋白形成鲜红色的碳氧肌红蛋白而保持肉的新鲜色泽。Zagory报道，当一氧化碳达到1%时，即可有效地抑制许多细菌、酵母和霉菌，尤其是嗜冷性细菌的生长繁殖。由于一氧化碳具有较高毒性，一些国家不允许将其用于气调包装，但美国允许采用低浓度的一氧化碳来控制叶菜的褐变。

6. 二氧化硫（SO_2）

无束缚非离子态的二氧化硫分子具有抗菌作用，能抑制软水果中霉菌和细菌的繁殖，亦可抑制果汁、白酒、虾和泡菜中的细菌生长。二氧化硫抑制大肠杆菌和假单胞菌等革兰阴性菌比抑制乳酸杆菌等革兰阳性菌更有效。由于二氧化硫有特殊气味，不适合作气调包装气体，常作为果蔬包装前的杀菌处理剂。

包装内的气体浓度取决于食品包装的属性，完全密封的金属和玻璃容器能够有效地阻挡食品与外界气体的交换，而对软塑包装，气体扩散取决于包装材料的渗透性而非包装的密封性。

三、湿度或水分对包装食品品质的影响

一般的食品都含有水分，这部分水分是食品维持其固有性质所必需的。但水分对食品品质的影响很大，一方面，它能促使微生物繁殖，使酶活性增强，助长油脂氧化分解，促进褐变反应和色素氧化；另一方面，水的存在将使一些食品发生某些物理（质构）变化，如有些食品受潮继而发生结晶，使食品干结硬化或结块，有的食品因吸湿而失去脆性和香味。

根据食品中所含水分的比例，一般将食品分为三大类，用水分活度 A_w 表示，当把水分活度的概念用于食品时，可把食品看作为水中溶解很多物质的溶液，$A_w>0.85$ 的食品为湿食品，$A_w=0.6\sim0.85$ 的食品为中等含水量食品，$A_w<0.6$ 的食品为干食品。各种食品具有不同的水分活度范围，这表明食品本身抵抗水的影响的能力不同。食品的水分活度值越低，相对越不易发生由水带来的不利变化，但是吸水性越强，即对环境湿度的增大越敏感。因此，控制环境湿度是保证食品品质的关键。

当食品被置于一个稳定的温度和相对湿度环境时，最终会与环境达到平衡，其稳定状态所对应的水分含量称为平衡水分含量。在一定的温度下，水分含量随相对湿度或水分活度变化的曲线，称为等温吸湿曲线，这类曲线有助于评价食品的稳定性和选择有效的包装。食品的水分活度随温度而变化，在水分含量一定的条件下，A_w 随温度的升高而增大。

食品的水分活度对于控制化学反应及酶反应速度十分重要，A_w 的细微变化可导致反应速度的巨大变化。

四、温度对包装食品品质的影响

温度是决定腐败反应速度的关键因素，在某些条件下，包装材料能够影响食品的温度，尤其是具有绝热性质的包装材料，这类典型的包装材料主要用于冷藏及冷冻食品。贮藏于冷柜中的包装大多靠传导和对流来制冷，同时，照明用的荧光灯通过辐射产生热输入，在此条件下铝箔因其高反射率和传导率，具有很大优势，然而，这类包装极少用于冷藏冷冻食品。

在适当的湿度和氧气等条件下，温度对食品中微生物繁殖的影响和对食品腐败变质的反应速度的影响都是相当明显的。一般来说，在一定温度范围内，食品在恒定水分含量条件下，温度每升高 10℃，其腐败变质的反应速度将加快 4～6 倍。为了有效地减缓温度对食品品质的不良影响，现代食品工业中采用了食品冷藏技术和食品流通中的低温防护技术，可有效地延长食品保质期。

温度对食品的影响还表现在某些食品由于温度的升高而发生软化或低温冷冻，结果都将使食品失去应有的物态和外形，或破坏食品内部组织结构而严重影响其品质。如含巧克力的糖果食品在储运时应避免温度变化无常，否则会使巧克力产生霜斑。

关于温度对包装食品中微生物的影响，有许多理论模型进行了描述，如包装食品的热处理温度与微生物致死率之间的关系可用线性方程来表述；温度对腐败反应速度的影响符合著

名的 Arrhenius 方程；生物系统对温度变化的反应还可以用温度熵来描述。

光、氧、水分、温度等外界因素对食品品质的影响是共同存在的，采取科学有效的包装手段和方法避免或减缓这种有害影响，保证食品在流通过程中的质量稳定，更有效地延长食品的储存期，这是食品包装科学所要研究解决的主要课题。

思考题

1. 影响食品中微生物生长繁殖的主要因素有哪些？
2. 根据微生物对温度的适应性把微生物分为哪三类？
3. 微生物对食品的破坏表现在哪些方面？
4. 通过温度控制微生物生长繁殖的方法有哪些？
5. 对包装食品产生影响的环境因素主要有哪些？
6. 什么是食品的水分活度？
7. 光线对食品的影响有哪些？
8. 氧气对食品的影响主要有哪些？
9. 防止氧气对食品质量影响的措施有哪些？

第三章 食品包装材料及包装容器

学习目标

1. 掌握纸类包装材料的特性及其性能指标。
2. 掌握常用的食品包装用纸或纸板的种类及特点。
3. 熟悉纸箱、纸盒的分类及特点。
4. 熟悉塑料的组成、分类及性能指标。
5. 掌握食品包装常用的塑料薄膜及其特性。
6. 熟悉复合软包装材料的复合结构要求及复合工艺。
7. 了解塑料包装制品及其容器。
8. 掌握玻璃包装材料的特性。
9. 熟悉常用金属包装材料及其包装特性。
10. 熟悉食品包装常用的功能性包装材料及其特点。

第一节 纸包装材料及包装容器

一、纸类包装材料的特性及其性能指标

根据GB/T 4687—2007《纸、纸板、纸浆及相关术语》规定：所谓纸，就是从悬浮液中将适当处理（如打浆）过的植物纤维、矿物纤维、动物纤维、化学纤维或这些纤维的混合物沉积到适当的成型设备上，经干燥制成的一页均匀的薄片（不包括纸板）。

纸在人类发展的历史上起着极为重要的作用，作为一种古老而传统的包装材料，它对人类的经济、政治和文化的发展产生了深远的影响。随着纸的质量提高和新品种的不断涌现，纸类包装材料已广泛应用到食品、轻工、化工、医药等各个领域，应用于销售和运输包装。

全球使用的各种包装材料中，纸类材料使用所占比例最高，同时，在现代化的包装工业体系中，纸和纸包装容器也占有重要地位。纸质包装材料包括各种纸张、纸板、瓦楞纸板和加工纸类，可制成袋、盒、罐、箱等容器。目前，经处理过的复合纸、复合纸板和特种加工

纸已有一定的开发和应用，并有了一定的发展。随着白色污染所造成的环境问题的日益严重，纸类材料在食品包装领域将有更广泛的应用和发展。

1. 纸类包装材料的特性

纸类包装材料使用占包装材料总量的40%～50%，从发展趋势来看，纸包装材料的用量会越来越大。纸类包装材料在包装领域使用广泛，主要是由于其具有的一系列独特的优点：原料来源广泛，成本低廉，容易形成大批量生产；纸容器具有一定的强度、弹性、挺度和韧性，具有折叠性及撕裂性等，适合制作成型包装容器或用于裹包；缓冲减振性能好，防护性能高，能可靠地保护内装物；卫生安全，无毒，不污染内装物，且可回收利用，利于保护环境；质量轻，可以折叠，可以降低运输成本。

但是，纸类材料在生产和使用的过程中，同样存在着一些缺点，如生产过程中资源消耗大，造纸行业的工业“三废”污染较为严重等。

用作食品包装的纸类材料的包装性能主要体现在以下五个方面。

(1) 机械力学性能 纸和纸板具有一定的强度、挺度，机械适应性较好。强度大小主要决定于纸的质量、厚度、表面状况、加工工艺及一定的温度、湿度条件等；纸还具有弹性、折叠性及撕裂性等，很适合制作成型包装容器或用于裹包。

纸和纸板的强度受环境温湿度的影响较大，纸质纤维具有较强的吸水性，当空气温、湿度变化时会引起纸和纸板平衡水分的变化，当湿度增大时，纸纤维吸水致使纸的抗拉强度和撕裂强度下降，最终使其机械强度降低而影响纸和纸板的实用性。因此，在测定纸和纸板的强度等性能指标时必须保持一个相对温度和湿度条件。在我国采用的是温度(20±2)℃、相对湿度(65±2)%的试验条件，ISO标准采用温度(23±1)℃、相对湿度(50±2)%的试验条件，以此来进行测定纸和纸板的强度指标。

(2) 阻隔性能 纸和纸板主要由多孔性的纤维组成，对水分、气体、光线、油脂等具有一定程度的渗透性，而且其阻隔性受温、湿度的影响较大。单一的纸类包装材料一般不能用于包装水分、油脂含量较高的食品及阻隔性要求高的食品，但可以通过适当的表面加工来改善其阻隔性能。纸和纸板的阻隔性较差对某些商品的包装是有利的，可以根据实际的包装需要，趋利避害，进行合理选用，如茶叶袋滤纸、水果包装等。

(3) 印刷性能 纸和纸板吸收和黏结油墨的能力较强，印刷性能好，因此包装上常用于提供印刷表面，便于印刷装潢、涂塑加工和黏合等。纸和纸板的印刷性能主要决定于表面平滑度、施胶度、弹性及黏结力等性质。

(4) 加工使用性能 纸和纸板具有良好的加工使用性能，易于实现机械化操作；生产工艺成熟，易于加工成具有各种性能的包装容器；易于设计各种功能性结构，如开窗、提手、间壁及设计展示台等，且可折叠处理，采用多种封合方式。纸和纸板表面还可以进行浸渍、涂布、复合等加工处理，以提供必要的防潮性、防虫性、阻隔性、热封性、强度及物理性能等，扩大其使用范围。

(5) 卫生安全性能 单纯的纸卫生安全，无毒、无害，不污染内装物，且在自然条件下能够被微生物降解，对环境无污染，利于保护环境。但是，在纸的加工过程中，尤其是化学法制浆加工，纸和纸板通常会残留一定的化学物质，如硫酸盐法制浆过程残留的碱液及盐类，因此，必须根据包装内容物来正确合理选择各种纸和纸板。

2. 纸类材料的质量指标

纸和纸板由于用途不同，其质量指标也不同。包装用纸和纸板的质量要求主要包括外观、物理性质、力学性质、光学性质、化学性质等几方面，具体质量指标介绍如下。

(1) 物理性质

定量：每平方米纸或纸板的质量，单位为 g/m^2。

厚度：纸样在两测量板之间，一定压力下直接测出的厚度，单位为 mm。

紧度：纸的单位体积质量，表示纸的结实与松弛程度。

成纸方向：纵向指与造纸机运行方向平行的方向；横向指与造纸机运行方向垂直的方向。

纸面：正面指抄纸时与毛毯接触的一面，也称毯面；反面指抄纸时贴向抄纸网的一面，也称网面。纸张的正面平滑、紧密，反面由于有铜网纹，比较粗糙、疏松。

水分：指单位质量的试样在 100～150℃温度烘干至恒定时所减少的质量与试样质量的百分比，以“%”表示。

平滑度：指在规定的真空度下，使定量体积的空气透过纸样与玻璃面之间的缝隙所用的时间，单位为秒（s)。

施胶度：指用标准墨划线后不发生扩散和渗透的线条的最大宽度，单位为 mm。它反映了加入胶料的程度。

吸水性：指单位面积的试样在规定的压力、温度条件下，浸水 60s 后吸收的实际水分量。

(2) 力学性质

抗张强度：指纸或纸板抵抗平行施加拉力的能力，即拉断之前所承受的最大拉力。有三种表示方法，即抗张力、断裂长以及单位横截面的抗张力。

伸长率：指纸或纸板受到拉力由原长至拉断时，增加的长度与原试样长度的百分比，以“%”表示。

耐破度：又称破裂强度，指单位面积纸或纸板所能承受的均匀增大的垂直最大压力，单位为 N/m^2。这是一个综合性能指标，对包装用纸具有特别意义。

撕裂强度：采用预切口将纸两边往相反方向撕裂至一定长度所需的力，单位为 mN。这是表示纸抗撕破能力的质量指标。

耐折度：指在一定张力下将纸或纸板往返折叠，直至折缝断裂为止的双折次数，分为纵向和横向两项，单位为折叠次数。

戳穿强度：指的是在流通过程中，突然受到外部冲击时所能承受的冲击力的强度，用冲击能表示，单位为 J。

环压强度：在一定加压速度下，使环形试样平均受压，压溃时所能承受的最大力，单位为 N/m。

边压强度：在一定加压速度下，使矩形试样的瓦楞垂直于压板，平均受压时所能承受的最大力，单位为 N/m。

挺度：指纸和纸板抵抗弯曲的强度性能，也表明其柔软或硬挺的程度。

(3) 光学性质

白度：指白或近白的纸对蓝光的反射率所显示的白净程度，用标准白度计对照测量，用反射百分率“%”表示。

透明度：指可见光透过纸的程度，以清楚地看到底样字迹或线条的试样层数来表示。

尘埃度：肉眼可见的与纸张表面颜色有显著差别的斑点，单位为个/m^2。

(4) 化学性质

灰分：指造纸植物纤维材料经灼烧后残渣的质量与绝对干试样质量之比，主要是为了检验纸中填料的含量是否适合纸的使用性能，以“%”表示。

酸碱度：酸或碱的含量，属于纸类化学性质的质量指标。

二、包装用纸和纸板

1. 包装用纸和纸板的分类、规格

(1) 纸和纸板的分类 纸类产品分为纸与纸板两大类，以定量为划分标准。凡定量在225g/m^2以下或厚度小于0.1mm的称为纸或纸张，定量在225g/m^2以上或厚度大于0.1mm的称为纸板。但这个界限不是绝对的，要以纸页的特性和用途进行灵活判断。如有些折叠盒纸板、瓦楞原纸的定量虽小于225g/m^2，通常也称为纸板；有些定量大于225g/m^2的纸，如白卡纸、绘图纸等通常也称为纸。

在包装方面，纸主要用作印刷装潢商标、包装商品、制作纸袋等；纸板则主要用于生产纸箱、纸盒、纸桶、纸罐等包装容器。常见包装用纸及纸板分类及适用范围见表3-1。

表3-1 常见包装用纸及纸板的分类及适用范围

分类	适用范围
包装用纸	普通商业包装用纸、牛皮纸、羊皮纸、鸡皮纸、玻璃纸、糖果包装纸、茶叶袋滤纸、防锈纸、仿羊皮纸、纸袋纸、复合纸等
包装用纸板	瓦楞原纸、白纸板、标准纸板、黄纸板、箱纸板、茶纸板、复合纸板等

(2) 纸和纸板的规格 纸与纸板可分为平板纸和卷筒纸两种规格，平板纸规格尺寸要求长和宽，卷筒纸和盘纸规格尺寸只要求宽度。

纸和纸板的规格尺寸由用途方面的要求而确定，单位为mm。平板纸和纸板的规格尺寸主要有：850×1168（mm）、880×1092（mm）、787×1092（mm）等。国产卷筒纸的宽度尺寸，主要有：1940mm、1600mm、1220mm、1120mm、940mm等规格；进口的牛皮纸、瓦楞原纸等的卷筒纸，其宽度多为1600mm、1575mm、1295mm等数种。

规定纸和纸板的规格尺寸，对于实现纸箱、纸盒及纸桶等纸制包装容器规格尺寸的标准化和系列化，具有十分重要的意义。

2. 常用食品包装用纸

食品包装纸因直接与食品接触，故不得采用废旧纸和社会回收废纸作原料，不得使用荧光增白剂或对人体有影响的化学助剂；纸张纤维组织应均匀，不许有明显的云彩花，纸面应平

整，不许有折子、皱纹、破损裂口等纸病。包装用纸的品种很多，食品包装必须选择适宜的包装用纸，使其质量指标符合保护包装食品质量完好的要求。常用食品包装用纸有以下几种。

(1) 牛皮纸 牛皮纸是以硫酸盐为纸浆蒸煮剂抄成的高级包装用纸，具有高施胶度，因其坚韧结实似牛皮而得名，定量一般在 30～100g/m^2 之间，其中以 40～80g/m^2 居多。随着牛皮纸的定量增加，其纸张变厚，耐破度增加，撕裂强度也在增加，其防护性能也越好。

牛皮纸从外观上分单面光、双面光、有条纹和无条纹等品种，其中双面光牛皮纸有压光和不压光两种；有漂白与未漂白之分，多为本色纸，色泽为黄褐色。

牛皮纸柔韧结实，机械强度高，富有弹性，而且抗水性、防潮性和印刷性良好，用途十分广泛，大量用于食品的销售包装和运输包装。如包装点心、粉末等食品，多采用强度不太大、表面涂树脂等材料的牛皮纸。

(2) 羊皮纸 羊皮纸又称植物羊皮纸或硫酸纸，它是用未施胶的高质量化学浆纸，在 15～17℃浸入 72%硫酸中处理，待表面纤维胶化，即羊皮化后，经洗涤并用 0.1%～0.4%碳酸钠碱液中和残酸，再用甘油浸渍塑化，形成质地紧密、坚韧的半透明乳白色双面平滑纸张。

羊皮纸可分为食品羊皮纸和工业羊皮纸。食品包装用羊皮纸定量为 45g/m^2、60g/m^2，与工业羊皮纸区别在于食品羊皮纸对纸中铅、砷的含量予以严格限制。

羊皮纸具有良好的防潮性、气密性、耐油性和机械性能，适于油性食品、冷冻食品、防氧化食品的防护要求，可以用于乳制品、黄油、糖果点心、茶叶和肉制品等食品的包装，还可用作铁罐的内衬包装材料，但应注意羊皮纸为酸性，其对金属制品有腐蚀作用。

(3) 鸡皮纸 鸡皮纸是一种单面光的平板薄型包装纸，定量为 40g/m^2。鸡皮纸采用漂白硫酸盐木浆生产，不如牛皮纸强韧，故戏称“鸡皮纸”。鸡皮纸纸质均匀，坚韧，有较高的耐破度、耐折度和耐水性，有良好的光泽，可供包装食品、日用百货等，也可印制商标。根据订货要求可生产各种颜色的鸡皮纸。

鸡皮纸生产过程和单面光牛皮纸生产过程相似，要施胶、加填和染色。用于食品包装的鸡皮纸不得使用对人体有害的化学助剂，要求纸质均匀、纸面平整、正面光泽良好及无明显外观缺陷。

(4) 半透明纸 半透明纸是一种柔软的薄型纸，定量为 31g/m^2。它是用漂白硫酸盐木浆，经长时间的高黏度打浆及特殊压光处理而制成的双面光纸，其质地紧密，具有半透明、防油、防水、防潮等性能，且有一定的机械强度。

半透明纸用于制作衬袋盒，可用于土豆片、糕点等脱水食品的包装，也可作为乳制品、糖果等油脂食品的包装。

(5) 玻璃纸 玻璃纸又称赛璐玢，是一种天然再生纤维素透明薄膜，它是以高级漂白化学木浆经过一系列化学处理制成黏胶液，再成型为薄膜而成。它的透明性极好，质地柔软，厚薄均匀，有优良的光泽度、印刷性、阻气性、耐油性、耐热性，且不带静电；但它的防潮性差，撕裂强度较小，干燥后发脆，不能热封。玻璃纸和其他材料复合，可以改善其性能。为了提供其防潮性，可在普通玻璃纸上涂一层或两层树脂（硝化纤维素、PVDC 等）制成防潮玻璃纸。在玻璃纸上涂蜡可以制成蜡纸，与食品直接接触，有很好的保护性。

玻璃纸是一种透明性最好的高级包装材料，可见光透过率达 100%，多用于中、高档商品包装，主要用于糖果、糕点、快餐食品、化妆品、药品等商品美化包装，也可用于纸盒的开窗包装。

(6) 茶叶袋滤纸 茶叶袋滤纸是一种低定量专用包装纸，用于袋泡茶的包装，要求纤维组织均匀，无折痕皱纹，无异味。加工的茶叶袋滤纸应具有较大的湿强度和一定的过滤速度，且耐沸水冲泡，同时应有适应袋泡茶自动包装机包装的干强度和弹性的特点。

(7) 复合纸 复合纸是另一类加工纸，是将纸与其他挠性包装材料相贴合而制成的一种高性能包装纸。常用的复合材料有塑料及塑料薄膜（如 PE、PP、PET、PVDC 等）、金属箔（如铝箔）等。复合方法有涂布、层合等方法。复合加工纸具有许多优异的综合包装性能，从而改善了纸的单一性能，使纸基复合材料大量用于食品等包装场合。

(8) 瓦楞纸（楞纸） 是瓦楞纸芯（原）纸经过起楞加工后形成有规律且永久性波纹的纸，它们可用来制作瓦楞纸箱和纸板。

3. 包装用纸板

(1) 白纸板 白纸板是一种具有 2～3 层结构的白色挂面纸板，是一种比较高级的包装用纸板，主要用于销售包装，经彩色印刷后制成各种类型的纸盒、纸箱，起着保护商品、装潢美化商品的促销作用，也可用于制作吊牌、衬板和吸塑包装的底板。

白纸板有单面和双面两种，其结构由面层、芯层、底层组成。单面白纸板面层通常是用漂白的化学木浆制成，表面平整、洁白、光亮；芯层和底层常用半化学木浆、精选废纸浆、化学草浆等低级原料制成。双面白纸板底层原料与面层相同，仅芯层原料较差。

白纸板作为重要的高级销售包装材料应该具备三大功能，即：印刷功能、加工功能、包装功能，产品按质量水平分为 A、B、C 三个等级，纸板底面颜色可按订货合同规定，有平板纸和卷筒纸两种产品类型。

(2) 标准纸板 标准纸板是一种经压光处理，适用于制作精确特殊模压制品以及重要纪念品等制品的包装，颜色为纤维本色。一般为平纸纸板，其尺寸为 1350×920（mm）、1300×900（mm）或按订货的要求生产。

(3) 黄纸板 黄纸板又称草纸板（俗称马粪纸），是一种低档包装纸板。黄纸板以稻草和麦草的混合浆为原料，经压光处理而成。纸板呈草黄色，组织紧密、双面平整，并具有一定的耐破度和挺度。

黄纸板主要用于加工中小型纸盒、双层瓦楞纸箱的芯层等，可用于包装食品、糖果等。

(4) 箱纸板 箱纸板是以化学草浆或废纸浆为主的纸板，以本色居多，表面平整、光滑，纤维紧密，纸质坚挺、韧性好，具有较好的耐压、抗拉、耐撕裂、耐戳穿、耐折叠和耐水性能，印刷性能好。

箱纸板按质量分为 A、B、C、D、E 五个级，其中 A、B、C 为挂面纸板。A 级适宜制造精细、贵重和冷藏物品包装用的出口瓦楞纸板；B 级适宜制造出口物品包装用的瓦楞纸板；C 级适宜制造较大型物品包装用的瓦楞纸板；D 级适宜制造一般包装用的瓦楞纸板；E 级适宜制造轻载瓦楞纸板。成品规格又分为平板纸和卷筒纸两种。

(5) 瓦楞纸板 瓦楞纸板是由瓦楞原纸轧制成屋顶瓦片状波纹，然后将瓦楞纸与两面箱纸板粘合制成。瓦楞形状由两圆弧一直线相连接所决定，瓦楞波纹的形状直接关系到瓦楞纸板的抗压强度及缓冲性能。

它主要用来制作瓦楞纸箱和纸盒。此外，还可以用作包装衬垫缓冲材料。

① 瓦楞纸板的楞形　瓦楞楞形即瓦楞的形状，一般可分为U形、V形和UV形三种，如图3-1所示。

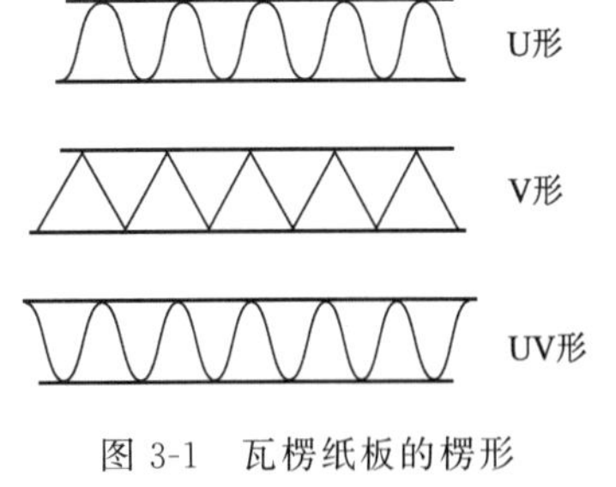

图3-1　瓦楞纸板的楞形

U形瓦楞的圆弧半径较大，缓冲性能好，富有弹性，当压力消除后，仍能恢复原状，但抗压力较弱，粘合剂的施涂面大，容易粘合。

V形瓦楞的圆弧半径较小，缓冲性能差，抗压力强，在加压初期抗压性较好，但超过最高点后即迅速破坏。粘合剂的施涂面小，不易粘合，成本较低。

UV形是介于V形和U形之间的一种楞形，其圆弧半径大于V形、小于U形，因而兼有二者的优点，所以目前广泛使用UV形瓦楞来制造瓦楞纸板。

② 瓦楞纸板的楞型　所谓楞型是指瓦楞的型号种类，即按瓦楞的大小、密度与特性的不同分类。同一楞型，其楞形可以不同。按GB/T 6544—2008规定，所有楞型的瓦楞形状均采用UV形，瓦楞纸板的楞型有A、C、B、E、F五种，具体分类见表3-2。

表3-2　我国瓦楞纸板的楞型标准（GB/T 6544—2008）

瓦楞楞型	楞高 h/mm	楞宽 t/mm	楞数/（个/300mm）
A	4.5～5.0	8.0～9.5	34±3
C	3.5～4.0	6.8～7.9	41±3
B	2.5～3.0	5.5～6.5	50±4
E	1.1～2.0	3.0～3.5	93±6
F	0.6～0.9	1.9～2.6	136±20

上述几种瓦楞，应根据不同的特点，选取不同楞型的瓦楞纸板制作纸箱。例如：单瓦楞纸箱用A型大瓦楞或C型楞为最好，双瓦楞纸箱用A、B型楞或B、C型楞相组合的瓦楞最为合理。

③ 瓦楞纸板的种类　瓦楞纸板按其材料的组成可分为以下几种，如图3-2所示。

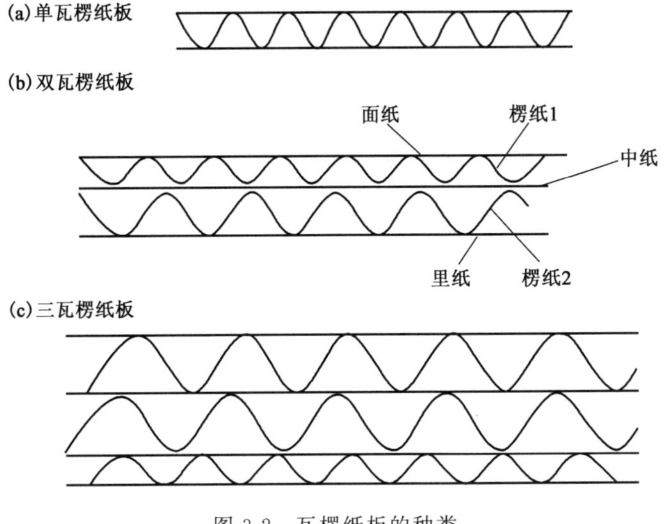

图3-2　瓦楞纸板的种类

双瓦楞纸板（五层瓦楞纸板），由三层纸或纸板和两层瓦楞纸粘合而成的瓦楞纸板。

三瓦楞纸板（七层瓦楞纸板），由四层纸或纸板和三层瓦楞纸粘合而成的瓦楞纸板。

三、常用纸类包装容器

常用纸制包装容器主要包括纸箱、纸盒、纸袋、纸杯、复合纸罐、纸托盘、纸浆模塑制品等。其中纸箱、纸盒是主要的纸制包装容器，两者形状相似，习惯上大的称箱、小的称盒。在纸类包装容器的使用中，纸箱一般作为运输包装，纸盒一般作为销售包装。

1. 包装纸箱

包装用纸箱按结构可分为瓦楞纸箱和硬纸板箱两类，最常用的为瓦楞纸箱。

(1) 瓦楞纸箱的特性 瓦楞纸箱是由瓦楞纸板经成箱机加工而成。由于瓦楞纸板的瓦楞波形使纸板结构中空60%～70%的体积，与相同定量的层合纸板相比，瓦楞纸板的厚度要大两倍，因而增强了纸板的横向耐压强度；同时瓦楞纸箱具有缓冲作用，故广泛用于运输包装。与传统的运输包装相比，瓦楞纸箱有如下特点。

① 原料充足，成本低　生产瓦楞纸板的原料很多，边角木料、竹、麦草、芦苇等均可；瓦楞纸箱本身的质量与同体积木箱相比，其原材料质量仅为木箱的20%～25%，仅为同体积木箱的一半左右，故成本较低。

② 轻便、牢固、缓冲性能好　瓦楞纸板是空心结构，用最少的材料构成刚性较大的箱体，故轻便、牢固，且缓冲防震性能良好，能有效地保护商品免受碰撞和冲击。

③ 加工简便　瓦楞纸箱的生产可实现高度的机械化和自动化，用于产品的包装操作也可实现机械化和自动化；同时便于装卸、搬运和堆码。

④ 使用范围广　通过对瓦楞纸板表面进行各种涂覆加工，可大大扩展纸箱的使用范围。如防潮瓦楞纸箱可包装水果、蔬菜；加塑料薄膜覆盖的可包装易吸潮食品；使用塑料薄膜衬套，在箱中可形成密封包装，以包装液体、半液体食品等。

⑤ 方便贮运使用　空箱可折叠或平铺展开运输和存放，节省运输工具和库房的有效空间，提高其使用效率。

⑥ 易于装潢　瓦楞纸板有良好的吸墨能力，印刷装潢效果好。

(2) 纸箱结构基本形式 纸箱种类繁多，结构各异。按照国际纸箱箱型标准，基本箱型一般用四位数字表示，前两位表示箱型种类，后两位表示同一箱型种类中不同的纸箱式样。按规定将纸箱分成02、03、04、05、06、07和09七种。具体纸箱箱型结构基本形式如下。

① 02类摇盖纸箱　由一片纸板组成，经裁切、钉合、粘合成箱后折叠而成。运输时呈平板状，使用时封合上下摇盖。这类纸箱使用最广，尤其是0201箱，可用来包装多种商品。0201箱型如图3-3所示。

② 03类套合型纸箱　具有两片或三片纸板加工而成，由上、下两部分或上盖、箱体、箱底三部分组成。纸箱正放时，顶盖或底盖可以全部或部分盖住箱体。0310箱型如图3-4所示。

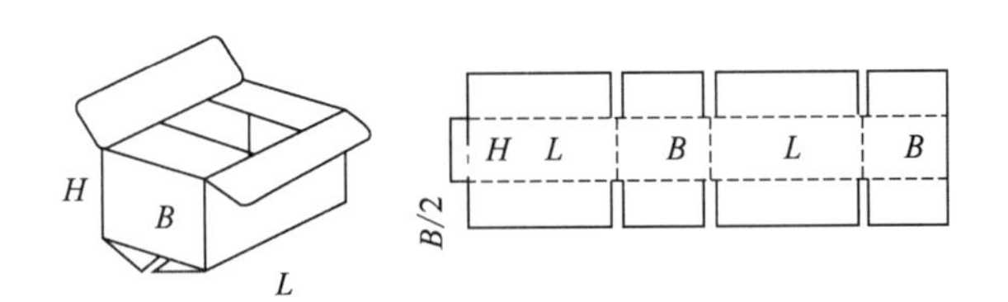

图 3-3　0201 箱型

B、L、H 分别表示宽、长、高

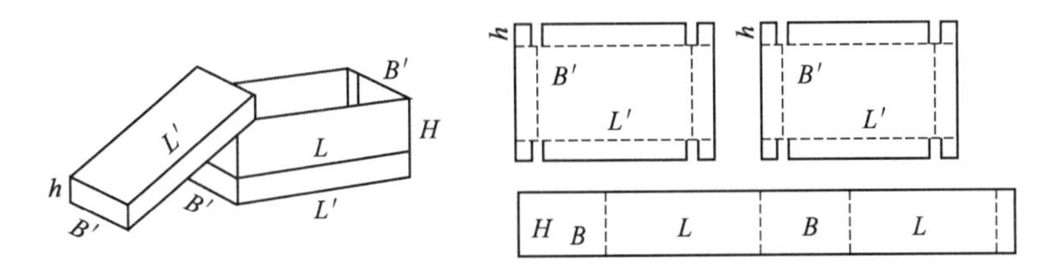

图 3-4　0310 箱型

B'、L'、h 分别表示顶盖（底盖）的宽、长、高；B、L、H 分别表示箱体的宽、长、高

③ 04 类折叠型纸箱　通常由一片纸板组成，只要折叠即能成型，无需钉合或粘合成箱。使用时先包装商品，折叠后用打包带捆扎即成包装件；还可设计锁口、提手和展示牌等结构。0420 箱型如图 3-5 所示。

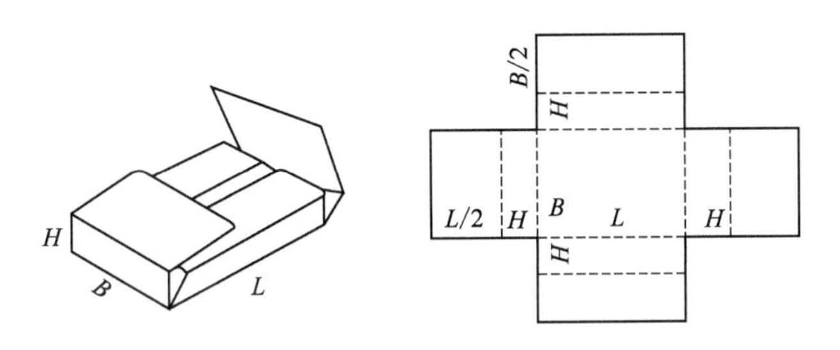

图 3-5　0420 箱型

B、L、H 分别为箱体的宽、长、高

④ 05 类滑盖型纸箱　由数个内装箱或框架及外箱组成，内箱与外箱以相对方向运动套入。这一类型的部分箱型可以作为其他类型纸箱的外箱。05 类箱型如图 3-6 所示。

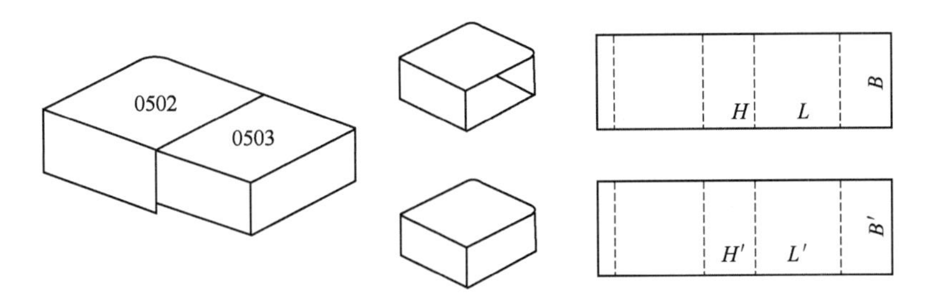

图 3-6　05 类箱型

$B(B')$、$L(L')$、$H(H')$ 分别表示外箱（内箱）的宽、长、高

⑤ 06 类固定型纸箱　由两个分离的端面及连接这两个端面的箱体组成。使用前通过钉合、粘合剂或胶纸带粘合将端面及箱体连接起来，箱体和箱壁由不同材料组成，没有分离的上下盖，成箱后不能折叠。0601 箱型如图 3-7 所示。

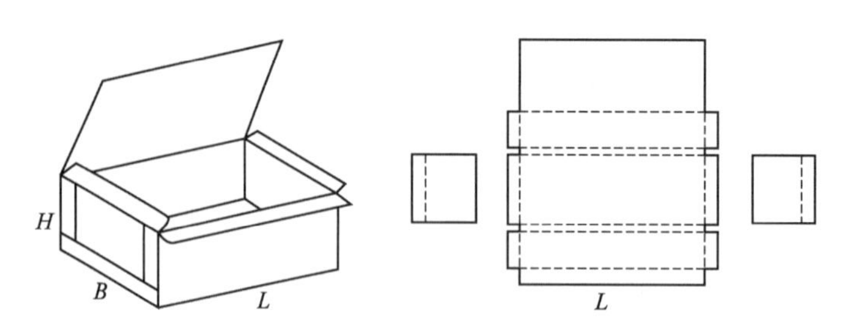

图 3-7 0601 箱型

B、L、H 分别表示箱体的宽、长、高

⑥ 07 类自动型纸箱 仅有少量粘合，由一片纸板加工成型，大多用胶粘结成箱。运输呈平板状，使用时只要打开箱体即可自动固定成型。0713 箱型如图 3-8 所示。

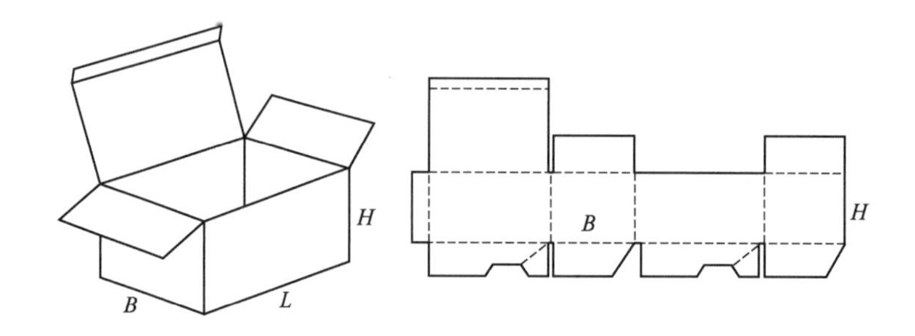

图 3-8 0713 箱型

B、L、H 分别表示箱体的宽、长、高

⑦ 09 类纸箱内衬件 包括隔垫、隔框、衬垫、隔板、垫板等。盒式纸板、衬套周边不封闭，放在纸盒内部，加强了箱壁并提高了包装的可靠性。隔垫、隔框用于分割被包装的产品，提高箱底的强度等。常见的几种 09 类隔框如图 3-9 所示。

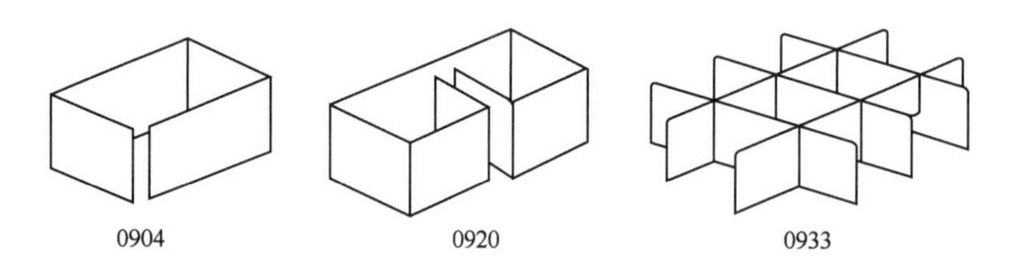

图 3-9 09 类隔框

(3) 瓦楞纸箱的物理性能及其测试 瓦楞纸箱在装载、封闭、堆垛、贮存及运输过程中，当包装强度不足时，垂直、水平方向的压力会引起包装破坏。在包装过程中，装有粒状的、粉状的以及其他产品的包装箱跌落时，这种载荷会使包装产生轴向拉伸，引起包装破坏。在使用过程中，当强行从包装箱取商品时，包装箱会发生边缘撕裂，也会引起包装破坏。由于这类因素的存在需要对瓦楞纸箱进行物理性能测试，具体测试方法包括：压缩强度试验、破坏性模拟试验、喷淋试验和耐候试验。这些试验项目一般由专门的包装测试机构实施。

2. 包装纸盒

纸盒一般由纸板裁切、折痕压线后经弯折成型、装订或粘接成型而制成，是直接和消费者见面的中小型包装。

在食品市场上，常见的有固体食品盒，盛装牛乳、果汁等流体食品的纸盒等。此类纸盒的特点有：占用空间小、展销陈列方便、印刷装潢效果好，具有展示商品、推销商品、保护商品等作用；盒形多样，有正方形、长方形，有正四面体纸盒，还有屋顶型纸盒等；制造容易，成本低，可以实现机械化生产。精美的纸盒包装不仅是帮助推销的工具，且其本身就是一件艺术品。制盒材料已由单一纸板材料向纸基复合纸板材料发展。

纸盒的种类和式样很多，但差别大部分在于结构形式、开口方式和封口方法。通常按制盒方式可分为折叠纸盒和固定纸盒两类。

(1) 折叠纸盒 折叠纸盒是一种应用范围最广、结构变化最多的销售用包装。在食品包装中，其广泛应用于谷物、饼干、冷冻食品、冰激凌、黄油、糖果、罐头饮料等。采用纸板裁切压痕后折叠成盒，成品可折叠成平板状，打开即成盒形，纸板厚度在0.3～1.1mm，可选用的纸板有白纸板、挂面纸板、双面异色纸板及其他涂布纸板等耐折纸箱板。耐折纸板两面均有足够的长纤维以产生必要的耐折性能和足够的弯曲强度，使其折叠后不会沿压痕处开裂。

折叠纸盒与其他纸盒比较有以下优势：原料成本低，制作工艺简单，整体造价低；由于折叠纸盒可折成平板状，占用空间小，所以与粘贴纸盒和塑料盒相比，运输、仓储等流通费用较低；折叠纸盒在包装机械上可实现自动张盒、装填、折盖、封口、集装和堆码，生产效率高，适合大中批量生产；折叠纸盒可进行盒内间壁、摇盖延伸、曲线压痕、开窗、展销台等多种新颖处理，使其具有良好的展示效果。其不足之处是强度较低，一般只能包装1～2.5kg的商品，最大盒形尺寸也只能在200～300mm；外观质地也不够高雅，不宜作为贵重礼品的包装。

折叠纸盒按结构特征可分为管式折叠纸盒、盘式折叠纸盒和非管非盘式折叠纸盒三类。折叠纸盒还可根据其不同功能要求设计一些局部特征结构。常用的折叠纸盒形式有扣盖式、粘接式、手提式、开窗式等。

① 管式折叠纸盒 管式折叠纸盒是主要的折叠纸盒种类之一，由一页纸板裁切压痕后折叠，边缝粘接，盒盖和盒底均采用摇翼折叠、组装固定或封口的一类纸盒。盒盖是商品内装物进出的门户，其结构必须便于内装物的装填和取出且装入后不易自开，从而起到保护作用，而在使用中又便于消费者开启。纸盒盒底主要承受内装物的重量，也受压力、振动、跌落等因素的影响，盒底结构过于复杂，采用自动装填机和包装机会影响生产速度，而手工组装又会耗费时间，所以，管式折叠纸盒盒底的结构设计既要保证强度，又要力求简单。上述盒盖结构一般可作为盒底使用。

管式折叠纸盒根据盒盖和盒底的不同结构分为四种常见的形式，包括插入式结构、锁口式结构、插锁式结构及粘合封口式结构。

插入式结构有三个摇翼，盒盖具有再封盖作用，在盒盖摇翼上做一些小的变形即可进行锁合；锁口式结构是主盖板的锁头或锁头群插入相对盖板的锁孔内，其封口比较牢固，但开启稍有不便；插锁式结构两边摇翼锁口相接合，其封口比较牢固；粘合封口式折叠纸盒的盒盖主盖板与其余三块襟片粘合，封口密封性能较好，包装粉末或颗粒状食品不易泄漏，开启方便，适用于高速全自动包装机，其应用较广。常见管式折叠纸盒结构如图 3-10 所示。

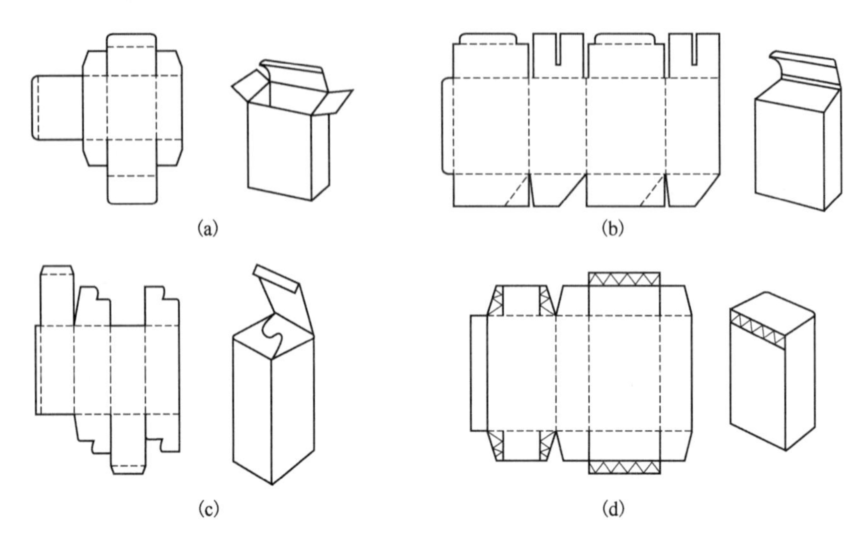

图 3-10 常见管式折叠纸盒结构

(a) 插入式折叠纸盒；(b) 锁口式折叠纸盒；(c) 插锁式折叠纸盒；(d) 粘合封口式折叠纸盒

管式折叠纸盒除上述四种形式外，常用的还有正揿封口式折叠纸盒、连续摇翼窝进式折叠纸盒、锁底式手提折叠纸盒和间壁封底式折叠纸盒。

正揿封口式折叠纸盒是在纸盒盒体上进行折线或弧线压痕，利用纸板的强度和挺度，揿下压翼来实现封口，包装操作简单，节省纸板，并可设计出许多别具一格的纸盒造型，但只限于小型轻量商品。正揿封口式折叠纸盒如图 3-11 所示。

连续摇翼窝进式折叠纸盒是一种特殊的锁口形式，通过盒盖各摇翼彼此啮合折叠，使盒盖片组成造型优美的图案，装饰性强，可用于礼品包装；缺点是手工组装比较麻烦。连续摇翼窝进式折叠纸盒如图 3-12 所示。

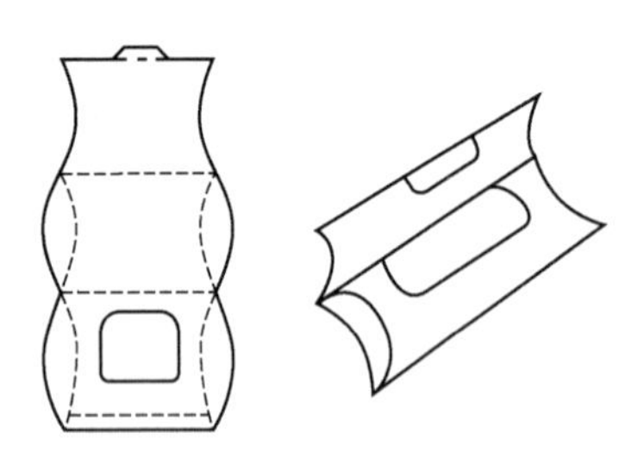

图 3-11 正揿封口式折叠纸盒

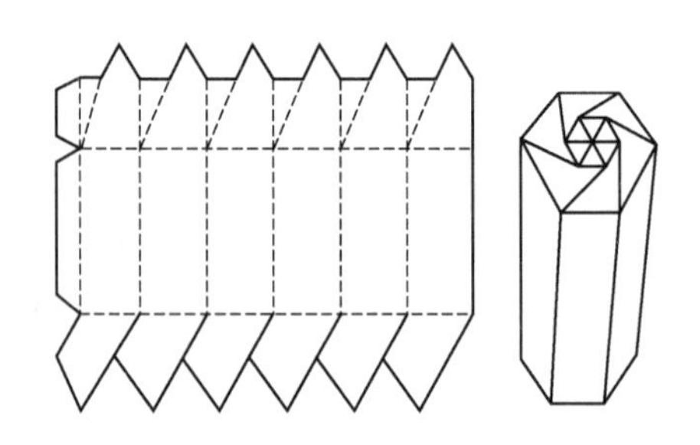

图 3-12 连续摇翼窝进式折叠纸盒

锁底式手提折叠纸盒需用手工组装，盒底能承受一定的重量，常用于中型纸盒的多件组合包装。自动锁底式结构其成型后仍可折叠成平板状贮运，可用于纸盒自动包装生产线。对于重量较大的瓶装食品，一般采用锁底式管式折叠纸盒。手提式纸盒在酒类、礼品食品包装上得到广泛应用，很受消费者的欢迎。锁底式手提折叠纸盒如图 3-13 所示。

间壁封底式折叠纸盒，即将折叠纸盒盒底的四个底片设计成把盒内分割成相等或不相等的多隔断的不同间壁状态，有效地分隔和固定单个内装物。间壁封底式折叠纸盒如图 3-14 所示。

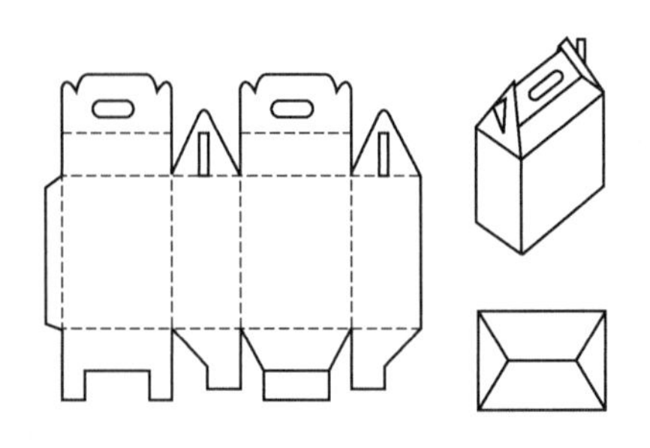

图 3-13　锁底式手提折叠纸盒

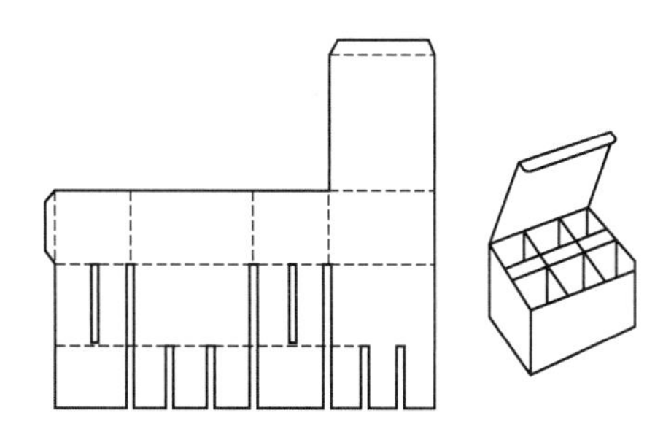

图 3-14　间壁封底式折叠纸盒

② 盘式折叠纸盒　由一张纸板裁切压痕，其四边以直角或斜角折叠成主要盒型，有时在角隅侧边处进行锁合或粘接成盒，如有需要，可在盒型的一个侧面延伸组成盒盖。由于盘式折叠纸盒盒盖位置在最大面积盒面上，负载面比较大，开启后观察内装物的面积也大，适用于诸如饼干、糕点等不易从盒的狭窄面放入或取出的易碎食品的包装。盘式折叠纸盒的盒盖结构一般分为摇盖式、锁合式、插别式、粘合式等。常用的几种盘式折叠纸盒结构形式如图 3-15 所示。

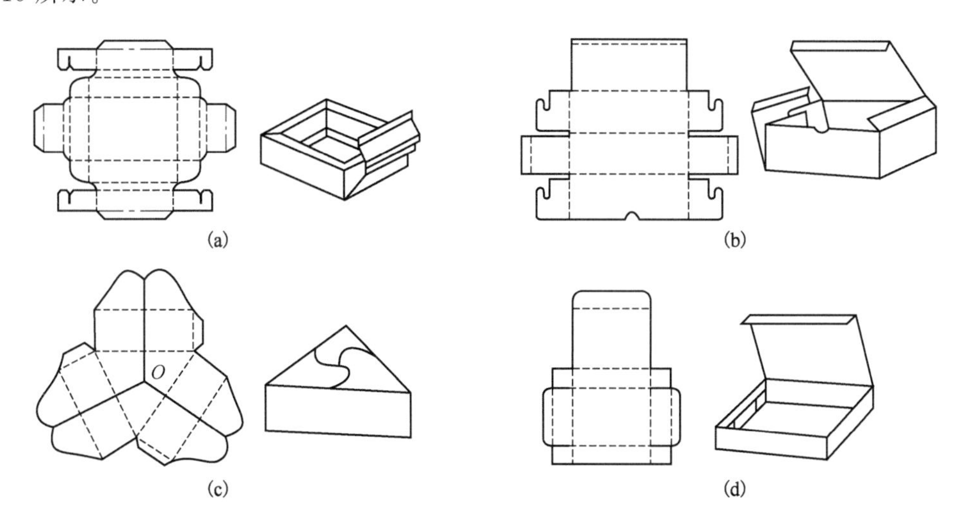

图 3-15　常用盘式折叠纸盒结构形式

(a) 摇盖式盘式折叠纸盒；(b) 锁合式盘式折叠纸盒；(c) 插别式折叠纸盒；(d) 粘合式折叠纸盒

③ 非管非盘式折叠纸盒　非管非盘式折叠纸盒结构比管式和盘式盒更为复杂，生产工序和制造设备也相应增多，既不是单纯由纸板绕一轴线旋转成型，也不是由四周侧板呈直角或斜角折叠成型，而是综合了管式和盘式成型特点，并有自己独特的成型特点。非管非盘式纸盒多为间壁式折叠纸盒，常用于瓶罐包装食品的组合包装。典型的非管非盘式折叠纸盒如图 3-16 所示。

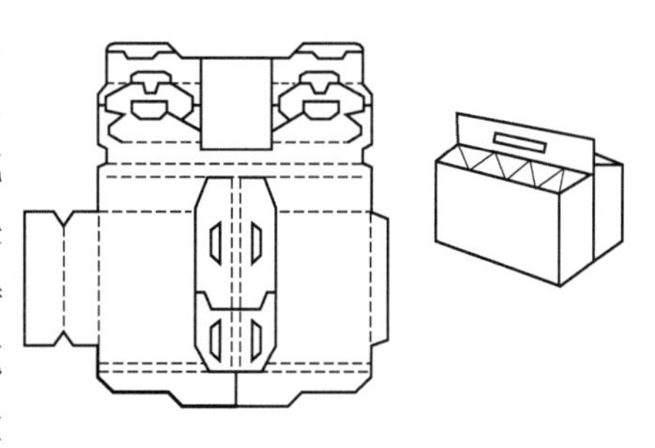

图 3-16　非管非盘式折叠纸盒

(2) 固定纸盒 固定纸盒又称粘贴纸盒，用手工粘贴制作，它的结构、形状、尺寸、占有空间等在制盒时已被确定，在贮运过程中也不改变原有的形状和尺寸。

制造固定纸盒的基材主要选用挺度较高的非耐折纸板，如各种草板纸、刚性纸板以及食品包装用双面异色纸板等；内衬选用白纸或白细瓦楞纸、塑胶、海绵等；贴面材料包括铜版纸、蜡光纸、彩色纸、仿革纸以及布、绢、革和金属箔等；盒角可以采用涂胶纸带加固、钉合等方式进行固定。

固定纸盒既可作为成本较低的初级包装，又可用于质地优良、工艺精湛的食品礼品包装，如中秋月饼、高级糖果等，可以满足多方面的要求。其主要优点为：与折叠纸盒相比，其外观设计的选样范围广，适合多种食品的包装；强度和刚性比折叠纸盒好，抗冲击保护性好；货架陈列方便，具有良好的展示促销功能；适合小批量生产，投资小。固定纸盒还有一些缺点和不足，如制作劳动量大，生产效率低，因而生产成本高，不适宜大批量生产；占用空间多，所需仓储、运输等流通费用高；由于贴面材料系手工定位，印刷面容易移位，效果较折叠纸盒差。常用固定纸盒有套盖式、摇盖式、抽屉式等。

① 套盖式固定纸盒 此纸盒高度较大且呈筒状，筒上有盖，纸筒横截面可为任意几何图形，通过外敷贴面纸装饰固定纸盒，可体现民族传统文化特色，常用来包装传统饼糕类食品。套盖式固定纸盒如图 3-17 所示。

② 摇盖式固定纸盒 摇盖式固定纸盒的盒体、盒底用一页纸板成型，用纸或布粘合、钉合或扣眼固定盒体角隅，结构简单，便于批量生产，但其压痕及角隅尺寸精度较差。由于摇盖式固定纸盒具有较好的展销功能，故常用作礼品包装。摇盖式固定纸盒如图 3-18 所示。

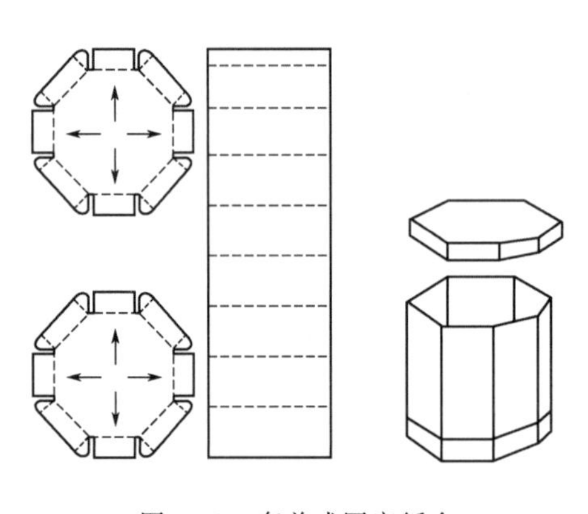

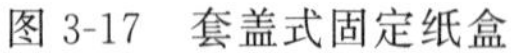
图 3-17 套盖式固定纸盒

图 3-18 摇盖式固定纸盒

3. 其他包装纸器

其他包装纸器主要指包装纸袋、复合纸杯、复合纸罐、纸浆模塑制品、纸质托盘等，它们在食品包装上的应用日益广泛。

(1) 包装纸袋 纸袋是用纸制成的一种袋式容器，常作为软包装容器，用于盛装农产品、食品等。纸袋种类繁多，按其用途可分为大纸袋和小纸袋两种，大纸袋也称贮运袋，一般由多层纸或与其他材料复合而成，用于盛放粮食、砂糖等大宗粉粒状食品；小纸袋主要用于零售商品，尤其是食品的包装。包装纸袋具有成本低（是同等容积包装费用最低的材料）、柔软性好（装袋、搬运、倾倒均简单易行，且商品形状不受限制，适用性较好）、易于进行密封式无菌包装（可防止内装物被污染）、适于机械化和自动化操作（尤其用于包装食品，可以实现制袋、装填、封口连续化生产）、无污染（可回收处理，减少资源消耗）等特点；但纸袋也存在不足之处，如刚性不足、强度较低、抗压及抗冲击性能较差、易破裂等。

① 纸袋的结构形式

a. 扁平式纸袋　扁平式纸袋十分常见，形状类似于常使用的公文袋及信封，有纵向搭接和底端翻折的贴缝，开口和折盖均在具有较大尺寸的侧面上，底部不形成平面，根据需要可设置搭盖、提手、开窗等。常用于包装粉状食品等。扁平式纸袋如图 3-19 所示。

b. 方底袋　此种纸袋通常袋底呈长方形，袋口容易开启，开启后可直立放置，装填物品方便，由单层、两层或三层复合材料制成，制袋成本较低，常用于超级市场、杂货店，用于包装糖果、面粉、点心、咖啡等产品。这种袋的缺点是袋上折痕太多，影响强度。方底袋如图 3-20 所示。

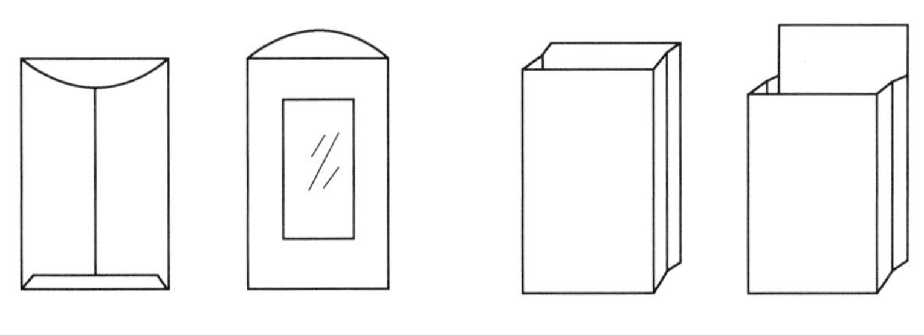

图 3-19　扁平式纸袋　　　　图 3-20　方底袋

c. 尖底袋　尖底袋具有内褶，但打开后底部呈尖形，由于有内褶的缘故，纸袋容量增大，且很容易打开袋口，内褶展开宽度可达袋长的一半，有普通型及带提手等多种式样。它可供散装食品包装，也可做小点心等的箱内小包装。尖底袋如图 3-21 所示。

d. 角底袋　角底袋是在纸袋底部折叠并粘贴封底而成，两侧增加内褶，加大了纸袋容积，底部展开为平面，稳定性较好，还可在袋口处单侧切出缺口，以方便打开袋口，盛装物品。角底袋如图 3-22 所示。

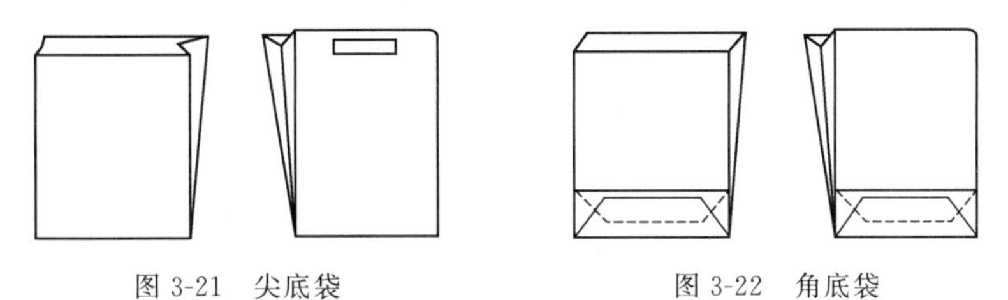

图 3-21　尖底袋　　　　图 3-22　角底袋

e. 手提袋　手提袋即便携式纸袋，是近年来较为流行的可以重复使用的方便纸袋。其多采用印刷精美的铜版纸或覆膜纸制成，在袋口处有加强边，配有提手，便于携带，装饰和广告效果好，常用于礼品包装。

手提袋根据袋底形式可分为尖底手提袋、方底手提袋和角底手提袋。尖底手提袋的结构特点是在带折层的尖底袋的口部加纸板提手，堆放时可平叠，但不能自立；方底和角底手提袋能自立，且承重较大，因而用较厚、较挺的纸或复合材料制成，提手可用纸带、线绳制成，以粘贴或订装的方式设置在双层加强的袋口处。不同类型手提袋如图 3-23 所示。

f. 异形袋　根据商品形状及销售对象所设计的不规则形状纸袋称为异形袋。异形袋形式多样，多用于儿童糖果等休闲食品。异形袋形式如图 3-24 所示。

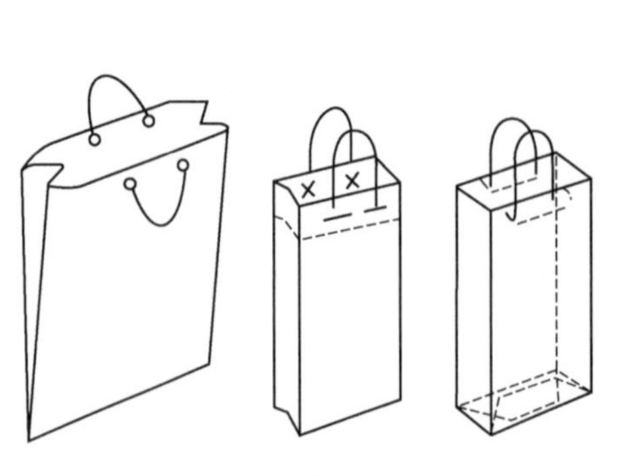

图 3-23 不同类型手提袋

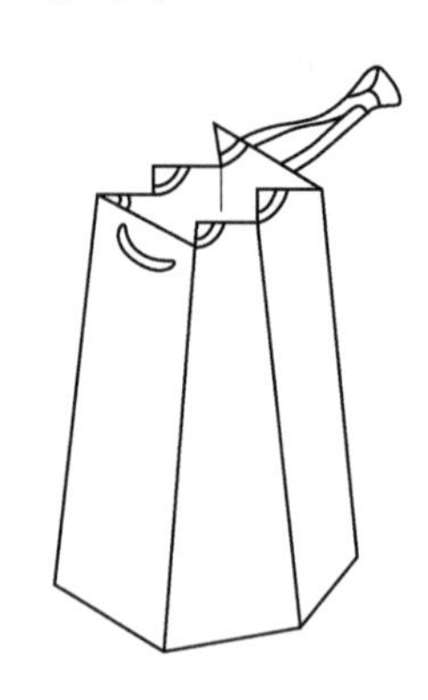

图 3-24 异形袋

② 纸袋的封口方式 纸袋的封口方式主要包括缝制封口、粘胶带封口、绳了捆扎封口、金属条开关扣式封口、热封合等方式。

(2) 纸杯 纸杯是一种纸质小型包装容器。纸杯通常口大底小，可以一只只套叠起来，便于取用、装填和贮存，并带有不同的封口形式。常用的纸杯为复合纸杯，是以纸为基材的复合材料经卷绕并与纸胶合而成，制杯是在制杯机上完成。

制杯用的原材料是专用纸杯材料，主要有三类：一类是塑料/纸复合材料，可耐沸水煮而作热饮料杯；一类是涂蜡纸板材料，主要用作冷饮料杯或常温、低温的流体食品杯；一类是塑料/铝箔/纸，主要用作长期保存型纸杯，具有罐头的功能，因此也称纸杯罐头。

① 纸杯的特点 与常用玻璃杯相比，纸杯加工成本低，质量较轻且不易破损，节省运输费用；与铝箔、塑料等材料复合，提高保护功能，较好地保持内装物的色、香、味，防治内装物变质腐败的发生；造型及印刷的变化，使其花色品种不断翻新，装饰及广告效果好；可采用机械自动化设备，高效率地制杯及充填；使用方便，易外封，易复原，易于废弃物处理，便于回收利用，节省资源。

② 纸杯的类型及应用 纸杯有多种分类形式，根据形状可分为圆形、角形、圆筒形等若干种，其中圆形纸杯应用最为普遍。根据结构，纸杯可以分为有盖、无盖、有把手、无把手四种。根据材质，纸杯可以分为单层杯与复合杯。根据用途，其又可分为冷饮杯、饮料杯、果酱杯等。

纸杯主要用于盛装液体食品，如饮料、咖啡、啤酒等。随着市场和消费心理的变化，食品的品种日趋多样化，纸杯的用途也更广。目前发达国家把纸杯用作为饭店、饮料店、宾馆、飞机、轮船等的一次性使用容器，用于盛装乳制品、果酱、饮料、冰激凌及快餐面等食品，其用途还在不断扩大。

纸杯基本结构为杯身、杯底及各种形式的杯盖，不同形式的纸杯制品如图 3-25 所示。

除上述纸杯结构外，还可以根据需要设计各种新杯型，以满足不同食品的包装需要。现在我国市场上的一些冷饮柜台上可随处见到用纸杯盛装饮料，从环保与包装的相互关系来看，过去广泛使用的塑料杯由于公害问题，加之世界各国对工业废弃物制定了相关的法律法规加以制约，取而代之的“绿色包装”纸杯，在包装中的地位将逐渐提高，并受到了高度重视，其发展极为迅速。几种不同材质纸杯的应用见表 3-3。

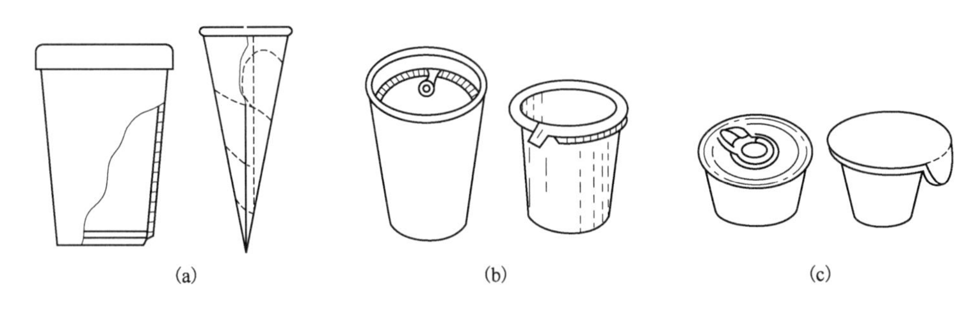

图 3-25 不同形式的纸杯制品

(a) 纸制冰激凌杯；(b) 饮料杯；(c) 果酱杯

表 3-3 不同材质纸杯的应用

纸杯类型	适用食品
纸、Al/纸、纸/Al/PE	快餐类
纸/蜡、蜡/纸/PE	冰激凌、冷饮料、乳制品
PE/纸/PE、纸/PE、皱纹纸/纸/PE	热饮料、乳制品、快餐类

(3) 复合纸罐 复合纸罐是近几年发展起来的一种纸与其他材料复合制成的包装容器。由于复合纸罐集合了多种包装材料的包装性能，使它具有以下特点。

① 复合纸罐的特点及应用 复合纸罐的特点是成本低、重量轻、外观好，废品易回收处理；无臭、无毒，安全可靠；保护性能优良，可防水、防潮，有一定的隔热效果，可以较好地保护内容物；造型结构多样，外层可进行彩印，具有良好的陈列效果。与马口铁罐相比，复合纸罐的耐压强度可以与其相近，而内壁具有耐蚀性，外观漂亮且不生锈，具有更大的实用性，但它的罐身厚度一般较金属罐大 3 倍，因此封口和开启较困难，且金属盖与罐身的接合处在受压时影响密封性的可能性更大。

复合纸罐可用于盛装干性粉体、块体等固体食品，如可可粉、茶叶、麦片、咖啡及各类固体饮料；也适合于油性黏流体内容物包装，如油料食品等。除此之外，还适合于流体内容物包装，包括奶粉、调味品、酒、矿泉水、牛乳乃至果汁饮料等。复合纸罐也可应用于专用包装技术如真空包装、充气包装等。复合纸罐的绝热性可阻隔外界温度的影响，但在冷冻和加热加工包装上，会减缓冷却和加热的速度。

② 复合纸罐的结构 复合纸罐根据材料质地、厚度以及结构的不同有多种造型，但主要由罐身、罐底和罐盖三部分组成。罐身一般采用平卷式和螺旋式两种类型，平卷式要比螺旋式强度高。罐身的层数越多，其厚度越大、强度越高，但成本也会增大，而且给制罐、封口、加工带来困难，罐身直径也会受到限制。金属底盖的采用也有利于增大容器的强度和刚性。

a. 复合纸罐罐身 复合纸罐罐身的材料包括价格较低的全纸板（内涂料）制成搭接式结构以及采用成本较高的复合材料制成平卷多层结构和斜卷结构。复合材料主要由内衬层、中间层、外层商标纸、黏合剂组成。

内衬层：应具有卫生性和内容物保护性，常用的有塑料薄膜（如 PE、PP）和蜡纸、半透明纸、防锈纸、玻璃纸等复合内衬。

中间层：也称加强层，应提供高强度和刚性，常用含 50%～70%废纸的再生牛皮纸板多层结构。

外层商标纸：应具有较好的外观性、印刷性和阻隔性，常用的有复合商标纸、采用预印的铝箔商标纸等。

黏合剂：常用的有聚乙烯醇-聚醋酸乙烯共混物、聚乙烯、糊精、动物胶等。

复合罐的罐身直径，国际通用标准为 ϕ (52、65、73、83、99、125、153)mm；罐身高度一般为 70～250mm，普通罐罐高约为直径的 2 倍。

b. 复合纸罐的罐底和罐盖　复合纸罐的罐底和罐盖常用纸板、金属（马口铁和合金铝）、塑料（HDPE）及复合材料等几种材质。金属盖的种类有死盖、活盖和易拉盖等几种；塑料盖（金属底）有加铝箔和不加铝箔之分；罐底有 HDPE 底、金属底和 0.03～0.05mm PE/0.3～1mm 铝箔的复合底。

(4) 纸浆模塑制品　以纸浆为主要原料，按产品用途所需形状，经模塑等立体造纸技术制作成型的制品。纸浆模塑制品的形状取决于成型模的形状，故形状灵活多变，可满足不同商品的包装要求，最初应用于易碎商品运输中的缓冲包装，目前广泛应用于快餐食品、水果、饮料等的运输包装中。

① 纸浆模塑制品的特点　优点主要包括：原料来源丰富，成本低，多数为废纸的再生利用，便于回收，可以减少资源浪费，废弃物可以降解，无环境污染；对商品具有优良的保护性能，能防震、缓冲、定位、抗压，便于通风散热；生产投资少，容易成型，工艺简单，加工适应性强，只要更换模具，就可形成各种形状的产品；可以通过加入防水剂来提高抗弯和抗裂（撕裂）强度，采用现代生产技术，可以实现高速自动化大批量生产；纸浆模塑制品还具有良好的吸水性、疏水性和隔热性。

但纸浆模塑制品受潮后易变形，强度也会随之下降；如果纸浆模塑制品不经特殊处理，外观档次显得比较低。

② 纸浆模塑制品的制造　制造纸浆模塑制品有两种方法，即普通模制法和精密模制法。产品类型如图 3-26 所示。

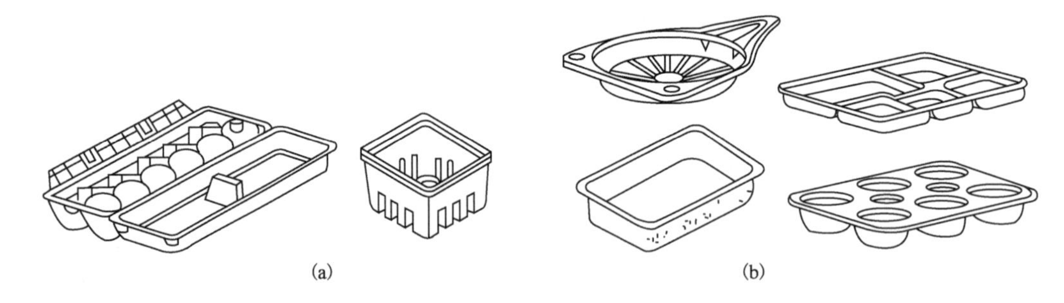

图 3-26　纸浆模塑产品

(a) 普通模制法制品；(b) 精密模制法制品

a. 普通模制法　普通模制法制造的产品如浆果小篓，农产品预包装盘，蛋类、果品的定位浅盘等，这些产品适于商品流通运输；生产效率较高；原料便宜，成本低；具有一定的减震缓冲性能。为了使制品得到足够的强度，制造时必须加热、加压。

b. 精密模制法　精密模制法在产品的成型和真空加压除水密实等前段工艺操作与普通模制法基本相同，但在干燥方面有所不同。由于纸浆制品在周期性的连续不断的烘干过程中必然会产生制品的收缩变形和翘曲，精密模制法制品在烘干时采用阴阳模配套夹持模制品，在断续或连续的加热烘干过程中使之在两模具表面之间定型，从而得到形状稳定、精密度高的纸浆模制品。这类产品有一次性使用的盘、碟、碗等，比自由干燥的产品更加致密、平滑，其尺寸和形状更精确。

对有重复使用要求的纸浆模制品可进行二次加工，如自助餐厅用餐盘，是用加入热固性聚合物的纤维素复合材料预制成坯，再用真空热成型法将一层热塑性塑料薄膜与纸浆模制盘的一面层合，这种经二次加压制成的盘可用于盛放冷冻饭菜，适用于微波炉操作。

③ 纸浆模塑制品的应用 纸浆模塑制品具有更优良的缓冲性、定位和防震作用，更好的透气性和保鲜性，且污染小。例如，果托用于新鲜水果的运输包装，避免水果间的碰撞损坏，还可吸收蒸发水分，防止水果腐烂；蛋托作为衬垫来运输包装禽蛋；缓冲用托盘用于啤酒、饮料的玻璃瓶和玻璃罐头等易碎产品的缓冲包装，减少运输和装卸中内包装物的破损；快餐盒逐渐取代泡沫塑料快餐盒，减少“白色污染”，在当今社会应用日益广泛。

(5) 纸质托盘 纸质托盘作为一种纸质容器是利用复合纸经冲切成杯后冲压而成，纸盘深度可达 6～8mm。纸质托盘所用的材料主要是以纸板为基材，一般是漂白牛皮纸，经涂布高压低密度聚乙烯、低压高密度聚乙烯和聚丙烯等涂料后制成的复合材料，必要时也可涂布聚酯塑料，可耐 200℃以上的热加工温度。表 3-4 表示了热加工温度与涂料的选用原则。

表 3-4 热加工温度与涂料的选用

加热设备	使用涂料	加热设备	使用涂料
微波炉	PP、HDPE	蒸汽箱（100℃）	PP、HDPE
炊用炉（140～150℃）	PP	热水槽（100℃）	PP、HDPE
热风炉（130～140℃）	PP		

纸质托盘主要用于烹调食品、热加工食品（微波炉等）、快餐食品等的包装及用作收缩包装底盘，具有耐高温、耐油、加工快、成本低、使用方便、外观好等优点。

第二节 塑料包装材料及包装容器

塑料用作包装材料是现代包装技术发展的重要标志，因其原材料来源丰富、成本低廉、性能优良，成为近年来世界上发展最快、用量巨大的包装材料。塑料包装材料广泛应用于食品包装，逐步取代了玻璃、金属、纸类等传统包装材料，使食品包装的面貌发生了巨大的改变，体现了现代食品包装形式的丰富多样、流通使用方便的特点，成为食品销售包装中最主要的包装材料之一。

一、塑料的组成、分类和主要包装性能

1. 塑料的组成

塑料是一种以高分子聚合物——树脂为基本成分，再加入一些用来改善性能的添加剂而

制成的高分子材料。

(1) 聚合物树脂 塑料中聚合物树脂占40%～100%，塑料的性能主要取决于树脂的种类、性质及在塑料中所占的比例，各类添加剂也能改变塑料的性质，但所用树脂种类仍是决定塑料性能和用途的根本因素。目前生产上常用树脂有两大类，一类为加聚树脂，如聚乙烯、聚丙烯、聚氯乙烯、聚乙烯醇、聚苯乙烯等，这是构成食品包装用树脂的主体；另一类是缩聚树脂，如酚醛树脂、环氧树脂、聚氨酯等，在食品包装上应用较少。

(2) 常用添加剂 常用的添加剂有增塑剂、稳定剂、填充剂、着色剂等。

① 增塑剂 这是一类提高树脂可塑性和柔软性的添加剂，通常是一些有机低分子物质。聚合物分子间夹有低分子物质后，加大了分子间距，降低其分子间作用力，从而增强了大分子的柔顺性和相对滑移流动能力。因此，树脂中加入一定量增塑剂后，其玻璃化温度 T_g、黏流温度 T_m 温度降低，树脂黏流态时黏度降低，流动塑变能力增高，从而改善塑料成型加工性能。

② 稳定剂 它的功用是防止或延缓高分子材料的老化变质。影响塑料老化变质的因素很多，主要有氧、光和热等。稳定剂主要有三类：第一类为抗氧剂，有胺类抗氧剂和酚类抗氧剂，酚类抗氧剂其抗氧能力虽不及胺类，但因具有毒性低、不易污染的特点而被大量应用，如抗氧剂1076、抗氧剂330等因其安全无毒可用于食品包装用塑料；第二类为光稳定剂，用于反射或吸收紫外光物质，防止塑料树脂老化，延长其使用寿命，效果显著且用量极少，光稳定剂品种繁多，用于食品包装应选用无毒或低毒的品种；第三类为热稳定剂，可防止塑料在加工和使用过程中因受热而引起降解，是塑料等高分子材料加工时不可缺少的一类助剂，目前应用最多的是用于聚氯乙烯的热稳定剂，其中铅稳定剂和金属皂类热稳定剂因含重金属而毒性大，因此用于食品包装应选用有机锡稳定剂等低毒性产品。

③ 填充剂 它的功用是弥补树脂的某些不足性能，改善塑料的使用性能，如提高制品的尺寸稳定性、耐热性、硬度、耐气候性等，同时可降低塑料成本。常用填充剂有：碳酸钙、陶土、滑石粉、石棉、硫酸钙等，其用量一般为20%～50%。

④ 着色剂 用于改变塑料等合成材料固有的颜色，有无机颜料、有机颜料和其他染料。塑料着色可使制品美观，提高其商品价值，用作包装材料还可起屏蔽紫外线和保护内容物的作用。

⑤ 其他添加剂 根据其功能和使用要求，在塑料中还可加入润滑剂、固化剂、发泡剂、抗静电剂和阻燃剂等。

塑料所用各种添加剂应具有与树脂很好的相容性、稳定性、不相互影响等特性，对用于食品包装的塑料，特别要求添加剂具有无味、无臭、无毒、不溶出的特性，以免影响包装食品的品质、风味和卫生安全性。

2. 塑料的分类

塑料的品种很多，分类方法也很多，通常按塑料在加热、冷却时呈现的性质不同，把塑料分为热塑性塑料和热固性塑料两类。

(1) 热塑性塑料 热塑性塑料主要以加成聚合树脂为基料，加入适量添加剂而制成。塑料加工时，原料受热后逐渐变软而熔融，借助压力的作用即可制成一定形状的模塑物。有些塑料受热时熔融，冷却后硬固，再次加热又可软化熔融重新塑制。这一过程可以反复进行多次，材料的化学结构基本上不起变化，这一类塑料称为热塑性塑料。这类塑料成型加工简单，包装性能良好，可反复成型，但刚硬性低，耐热性不高。包装上常用的塑料品种有：聚乙烯、聚丙烯、聚氯乙烯、聚乙烯醇、聚酰胺、聚碳酸酯、聚偏二氯乙烯等。

（2）热固性塑料 热固性塑料主要以缩聚树脂为基料，加入填充剂、固化剂及其他适量添加剂而制成。其在一定温度下经一定时间固化后再次受热，只能分解，不能软化，因此不能反复塑制成型。这类塑料具有耐热性好、刚硬、不易熔化等特点，但较脆且不能反复成型。包装上常用的有：氨基塑料、酚醛塑料。

3. 塑料的主要包装性能指标

以下介绍塑料的主要保护性能指标。保护性能是指能保护内容物，防止其质变和被破坏，保证其内容物质量的性能，具体指标介绍如下。

（1）阻透性 包括对水分、水蒸气、气体、光线等的阻隔。

（2）力学性能 指在外力作用下材料表现出的抵抗外力作用而不发生变形和破坏的性能，主要有硬度、抗张/抗压/抗弯强度、爆破强度、撕裂强度等。

（3）稳定性 指材料抵抗环境因素（温度、介质、光等）的影响而保持其原有性能的能力，包括耐高/低温性、耐化学性、耐老化性等。

4. 卫生安全性

食品用塑料包装材料的卫生安全性非常重要，主要包括：无毒性、抗生物侵入性以及耐腐蚀性、防有害物质渗透性等。

（1）无毒性 塑料由于其成分组成、材料制造、成型加工以及与之相接触的食品之间的相互关系等原因，存在着有毒单体或催化剂残留以及有毒添加剂及其分解老化产生的有毒产物等物质的溶出和污染食品的不安全问题。目前国际上都采用模拟溶剂溶出试验来测定塑料包装材料中有毒有害物质的溶出量，并对之进行毒性试验，由此获得对材料无毒性的评价，确定保障人体安全的有毒物质极限溶出量和某些塑料材料的使用限制条件。

（2）抗生物侵入性 塑料包装材料无缺口及孔隙缺陷时，一般其材料本身就可抗环境微生物的侵入渗透，但要完全抵抗昆虫、老鼠等生物的侵入则较困难。材料抗生物侵入的能力与其强度有关，而塑料的强度比金属、玻璃低得多，为保证包装食品在贮存环境中免受生物侵入污染，有必要对材料进行虫害侵害率或入侵率试验，以便为食品包装的选材及确定包装质量要求和贮存条件等技术指标提供依据。

5. 加工工艺性及主要性能指标

（1）包装制品成型加工工艺性及主要性能指标 塑料包装制品大多数是塑料加热到黏流状态后在一定压力下成型的，表示其成型工艺性好坏的主要指标有：熔融指数（MI）、成型温度及温度范围（温度低、范围宽则成型容易）、成型压力、塑料热成型时的流动性、成型收缩率等。

（2）包装操作加工工艺性及主要性能指标 表示塑料包装材料在食品包装各工艺过程的操作，特别是机械化、自动化操作过程中的适应能力，其工艺性能指标有：机械性能，包括强度和刚度；热封性能，包括热封温度、压力、时间及热封强度（在规定的冷却时间内热封焊缝所能达到的抗破裂强度）等。

（3）印刷适应性 包括油墨颜料与塑料的相容性，以及印刷精度、清晰度、印刷层耐磨性等。

二、常用塑料包装材料

1. 聚乙烯和聚丙烯

（1）聚乙烯（PE） 聚乙烯树脂是由乙烯单体经加成聚合而成的高分子化合物，为无臭、无毒、乳白色的蜡状固体。聚乙烯的大分子为线形结构，其简单规整且无极性，柔顺性好，易结晶。聚乙烯塑料是由 PE 树脂加入少量的润滑剂和抗氧化剂等添加剂构成。

① 聚乙烯的主要包装特性 阻水、阻湿性好，但阻气和阻有机蒸气的性能差；具有良好的化学稳定性，常温下与一般酸碱不起作用，但耐油性稍差；有一定的机械抗拉和抗撕裂强度性能，柔韧性好；耐低温性很好，能适应食品的冷冻处理，但耐高温性能差，一般不能用于高温杀菌食品的包装；光泽度、透明度不高，印刷性能差，用作外包装需经电晕处理和表面化学处理改善印刷性能；加工成型方便，制品灵活多样，且热封性能很好；PE 树脂本身无毒，添加剂量极少，因此被认为是一种卫生安全的包装材料。

② 聚乙烯的主要品种、性能特点及应用

a. 低密度聚乙烯（LDPE） 其具有分支较多的线形大分子结构，结晶度较低，密度也低，为 0.91～0.94g/cm^3，因此阻气、阻油性差，机械强度也低，但延伸性、抗撕裂性和耐冲击性好，透明度也较高，热封性和加工性能好。

LDPE 在包装上主要制成薄膜，用于包装要求较低的食品，尤其是有防潮要求的干燥食品。利用其透气性好的特点，可用于果蔬的保鲜包装，也可用于冷冻食品包装，但不宜单独用于有隔氧要求的食品包装；经拉伸处理后可用于热收缩包装，由于其热封性、卫生安全性好以及价格便宜，常作复合材料的热封层，大量用于各类食品的包装中。

b. 高密度聚乙烯（HDPE） 其大分子呈直链线形结构，分子结合紧密，结晶度高达 85%～95%，密度为 0.94～0.96g/cm^3，故其阻隔性和强度均比 LDPE 高；耐热性也高，长期使用温度可达 100℃，但柔韧性、透明性、热成型加工性等性能有所下降。

HDPE 也大量用于薄膜包装食品，与 LDPE 相比，相同包装强度条件下可节省大量原材料；由于其耐高温性较好，也可作为复合膜的热封层用于高温杀菌（110℃）食品的包装；HDPE 也可制成瓶、罐容器盛装食品。

c. 线性低密度聚乙烯（LLDPE） 其大分子的支链长度和数量均介于 LDPE 和 HDPE 之间，具有比 LDPE 更优的强度性能，抗拉强度提高了 50%，且柔韧性比 HDPE 好，加工性能也较好，可不加增塑剂吹塑成型。LLDPE 主要制成薄膜，用于包装肉类、冷冻食品和奶制品，但其阻气性差，不能满足较长时间的保质要求。为改善这一性能，采用与丁基橡胶共混来提高阻隔性，这种改性的 PE 产品在食品包装上有较好的应用前景。

（2）聚丙烯（PP） 聚丙烯塑料的主要成分是聚丙烯树脂，其分子结构为线形的，它是目前最轻的食品包装用塑料材料之一。

① 主要包装特性　其阻隔性优于 PE，水蒸气透过率和氧气透过率与高密度聚乙烯相似，但阻气性仍较差；机械性能较好，具有的强度、硬度、刚性都高于 PE，尤其是具有良好的抗弯强度；化学稳定性良好，在一定温度范围内，对酸碱盐及许多溶剂等有稳定性；耐高温性优良，可在 100～120℃范围内长期使用，无负荷时可在 150℃使用，耐低温性比 PE 差，－17℃时性能变脆；光泽度高，透明性好，印刷性差，印刷前表面需经一定处理，但表面装潢印刷效果好；成型加工性能良好但制品收缩率较大，热封性比 PE 差，但比其他塑料要好；卫生安全性高于 PE。

② 包装应用　聚丙烯主要制成薄膜材料包装食品，薄膜经定向拉伸处理（BOPP，OPP）后的各种性能包括强度、透明光泽效果、阻隔性比普通薄膜（CPP）都有所提高，尤其是 BOPP，强度是 PE 的 8 倍，吸油率为 PE 的 1/5，故适宜包装含油食品。它在食品包装上可替代玻璃纸包装点心、面包等；其阻湿耐水性比玻璃纸好，透明度、光泽性及耐撕裂性不低于玻璃纸，印刷装潢效果不如玻璃纸，但成本可低 40%左右，且可用作糖果、点心的扭结包装。

聚丙烯可制成热收缩膜进行热收缩包装；也可制成透明的其他包装容器或制品；同时还可制成各种形式的捆扎绳、带，在食品包装上用途广泛。

2. 聚苯乙烯和 K-树脂

(1) 聚苯乙烯（PS）　聚苯乙烯由苯乙烯单体加聚合成，是一种线形、无定型、弱极性的高分子化合物。

① 性能特点　阻湿、阻气性能差，阻湿性能低于 PE；机械性能好，具有较高的刚硬性，但脆性大，耐冲击性能很差；能耐一般酸、碱、盐、有机酸、低级醇，其水溶液性能良好，但易受到有机溶剂如烃类、酯类等的侵蚀软化甚至溶解；透明度好，高达 88%～92%，有良好的光泽性；耐热性差，连续使用温度为 60～80℃，耐低温性良好；成型加工性好，易着色和表面印刷，制品装饰效果很好；无毒无味，卫生安全性好，但 PS 树脂中残留单体苯乙烯及其他一些挥发性物质有低毒，对人体最大无害剂量为 133mg/kg（以体重计），因此，塑料制品中单体残留量应限定在 1%以下。

② 包装应用　PS 塑料在包装上主要制成透明食品盒、水果盘、小餐具等，色泽艳丽，形状各异，包装效果很好。PS 薄膜和片材经拉伸处理后，冲击强度得到改善，可制成收缩薄膜，片材大量用于热成型包装容器。发泡聚苯乙烯（EPS）可用作保温及缓冲包装材料，目前大量使用的 EPS 低发泡薄片材可热成型为一次性使用的快餐盒、盘，使用方便卫生，价格便宜，但因包装废弃物难以处理而成为环境公害问题，因此逐渐被其他可降解材料所取代。

③ PS 的改性品种　PS 最主要的缺点是脆性。其改性品种 ABS 由丙烯腈、丁二烯和苯乙烯三元共聚而成，具有良好的柔韧性和热塑性，对某些酸、碱、油、脂肪和食品有良好的耐性，在食品工程上常用于制作管材。

(2) K-树脂　K-树脂是一种具有良好抗冲击性能的聚苯乙烯类透明树脂，由丁二烯和苯乙烯共聚而成，由于其高透明和耐冲击性，被用于制造各种包装容器，如盒、杯、罐等；K-树脂无毒卫生，可与食品直接接触，经辐照（2.6mGy γ 射线）后其物理性能不受影响，符合食品和药品的有关安全性规定，在食品包装尤其是辐照食品包装中应用前景看好。

工程上，K-树脂品级 KR01 、KR03、KR05、KR10 专用于注塑成型；KR05 也可用于中空吹塑成型；KR10 也用于制作挤出成型薄膜。

3. 聚氯乙烯和聚偏二氯乙烯

(1) 聚氯乙烯 (PVC) 聚氯乙烯塑料以聚氯乙烯树脂为主体，加入增塑剂、稳定剂等添加剂混合组成。其柔顺性差且不易结晶。

① 性能特点 PVC 树脂热稳定性差，在空气中超过 150℃会降解而放出 HCl，长期处于 100℃温度下也会降解，在成型加工时也会发生热分解，这些因素限制了 PVC 制品的使用温度，一般需在 PVC 树脂中加入 2%～5%的稳定剂。

② 包装特性 PVC 的阻气、阻油性优于 PE 塑料，硬质 PVC 的阻气性优于软质 PVC，阻湿性比 PE 差；化学稳定性优良，透明度、光泽性比 PE 优良；机械性能好，硬质 PVC 有很好的抗拉强度和刚性，软质 PVC 相对较差，但柔韧性和抗撕裂强度较 PE 高；耐高低温性差，一般使用温度为－15～55℃，有低温脆性；加工性能因加入增塑剂和稳定剂而得到改善，加工温度在 140～180℃范围；着色性、印刷性和热封性较好。

③ 卫生安全性 PVC 树脂本身无毒，但其中的残留单体氯乙烯（VC）有麻醉和致畸、致癌作用，对人体的安全限量为 1mg/kg（以体重计），故 PVC 用作食品包装材料时应严格控制材料中单体氯乙烯的残留量，PVC 树脂中单体氯乙烯残留量$\leqslant 3\times 10^{-6}$（体积分数）、包装制品小于$1\times 10^{-6}$（体积分数）时，满足食品卫生安全要求。

稳定剂是影响 PVC 塑料卫生安全性的另一个重要因素。用于食品包装的 PVC 包装材料不允许加入铅盐、镉盐、钡盐等较强毒性的稳定剂，应选用低毒且溶出量小的稳定剂。

增塑剂是影响 PVC 卫生安全性的又一重要因素。用作食品包装的 PVC 应使用邻苯二甲酸二辛酯、二癸酯等低毒品种作增塑剂，使用剂量也应在安全范围内。

④ 包装应用 PVC 存在的卫生安全问题决定其在食品包装上的使用范围，软质 PVC 增塑剂含量大，卫生安全性差，一般不用于直接接触食品的包装，可利用其柔软性、加工性好的特点制作弹性拉伸膜和热收缩膜，又因其价廉，透明性、光泽度优于 PE 且有一定透气性而常用于新鲜果蔬的包装。硬质 PVC 中不含或含微量增塑剂，安全性好，可直接用于食品包装。

⑤ 改性品种 PVC 树脂中加入无毒小分子共混而起增塑作用，故改性塑料中不含增塑剂，在低温下仍保持良好韧性，具中等阻隔性，卫生安全，价格也便宜，其薄膜制品可用作食品的收缩包装，薄片热成型容器用于冰激凌、果冻等的热成型包装。

(2) 聚偏二氯乙烯 (PVDC) PVDC 塑料是由 PVDC 树脂和少量增塑剂和稳定剂制成。

① 性能特点 PVDC 软化温度高，接近其分解温度，在热、紫外线等作用下易分解，同时与一般增塑剂相容性差，加热成型困难而难以应用，实际工程中采用与氯乙烯单体共聚的办法来改善 PVDC 的使用性能，制成薄膜材料时一般需加入稳定剂和增塑剂。

② 包装特性 PVDC 树脂用于食品包装具有许多优异的包装性能：阻隔性很高，且受环境温度的影响较小，耐高低温性良好，适用于高温杀菌和低温冷藏；化学稳定性很好，不

易受酸、碱和普通有机溶剂的侵蚀；透明性、光泽性良好，制成收缩薄膜后的收缩率可达30%～60%，适用于畜肉制品的灌肠包装。但因其热封性较差，膜封口强度低，一般需采用高频或脉冲热封合，也可采用铝丝结扎封口。

③ 适用场合 PVDC膜是一种高阻隔性包装材料，其成型加工困难，价格较高，目前除单独用于食品包装外，还大量用于与其他材料复合制成高性能复合包装材料。由于PVDC有良好的熔黏性，可作复合材料的黏合剂，或溶于溶剂成涂料，涂覆在其他薄膜材料或容器表面（称K涂），可显著提高阻隔性能，适用于长期保存的食品包装。

4. 聚酰胺和聚乙烯醇

(1) 聚酰胺（PA） 聚酰胺通称尼龙（nylon，Ny），是分子主链上含大量酰胺基团结构的线形结晶型高聚物，按链节结构中的C原子数量可分为Ny_6和Ny_{12}等。PA树脂大分子为极性分子，分子间结合力强，大分子易结晶。

① 性能特点 在食品包装上使用的主要是PA薄膜类制品，具有的包装特性为：阻气性优良、化学稳定性良好、抗拉强度较大、耐高低温性优良、成型加工性较好以及卫生安全性好。

② 适用场合 PA薄膜制品大量用于食品包装，为提高其包装性能，可使用拉伸PA薄膜，并与PE、PVDC或CPP等复合，以提高防潮、阻湿和热封性能，可用于畜肉类制品的高温蒸煮包装和深度冷冻包装。

(2) 聚乙烯醇（PVA） PVA是由聚醋酸乙烯酯经碱性醇液醇解而得，是一种分子极性较强且高度结晶的高分子化合物。

① 性能特点 包装上PVA通常制成薄膜用于包装食品，具有如下特点：阻气性能很好，特别是对有机溶剂蒸气和惰性气体及芳香气体；但因其为亲水性物质，阻湿性差，透湿能力是PE的5～10倍，吸水性强，在水中吸水溶胀，且随吸湿量的增加而使其阻气性急剧降低；化学稳定性良好，透明度、光泽性及印刷性都很好；机械性能好，抗拉强度、韧性、延伸率均较高，但因承受吸湿量和增塑剂量的增加而使强度降低；耐高温性较好，耐低温性较差。

② 适用场合 PVA薄膜可直接用于包装含油食品和风味食品，吸湿性强使其不能用于防潮包装，但通过与其他材料复合可避免易吸潮的缺点，充分发挥其优良的阻气性能，广泛应用于肉类制品如香肠、烤肉、切片火腿等的包装，也可用于黄油、干酪及快餐食品包装。

5. 聚酯和聚碳酸酯

(1) 聚酯（PET） 聚酯是聚对苯二甲酸乙二醇酯的简称，俗称涤纶。

① 性能特点 PET用于食品包装，与其他塑料相比具有许多优良的包装特性，即：具有优良的阻气、阻湿、阻油等高阻隔性能，化学稳定性良好；具有其他塑料所不及的高强韧性能，抗拉强度是PE的5～10倍、是PA的3倍，抗冲击强度也很高，还具有良好的耐磨和耐折叠性；具有优良的耐高低温性能，可在－70～120℃温度下长期使用，短期使用可耐150℃高温，且高低温对其机械性能影响很小；光亮透明，可见光透过率高达90%以上，并可阻挡紫外线；印刷性能较好；卫生安全性好，溶出物总量很小；由于熔点高，故成型加工、热封较困难。

② 适用场合　PET 制作薄膜用于食品包装主要有四种形式：

a. 无晶型未定向透明薄膜，抗油脂性很好，可用来包装含油及肉类制品，还可作食品桶、箱、盒等容器的衬袋。

b. 将上述薄膜进行定向拉伸，制成无晶型定向拉伸收缩膜，表现出高强度和良好热收缩性，可用作畜肉食品的收缩包装。

c. 结晶型塑料薄膜，即通过拉伸提高 PET 的结晶度，使薄膜的强度、阻隔性、透明度、光泽性得到提高，包装性能更优越，可大量用于食品包装。

d. 与其他材料复合，如真空镀铝、K 涂等制成高阻隔包装材料，用于保质期较长的高温蒸煮杀菌食品包装和冷冻食品包装。

PET 也有较好的耐药品性，经过拉伸，强度好又透明，许多清凉饮料都使用 PET 瓶包装。PET 不吸收橙汁的香气成分 *d*-柠檬烯，显示出良好的保香性，因此，作为原汁用保香性包装材料是很适合的。

③ 改性品种　新型“聚酯”包装材料聚萘二甲酸乙二醇酯（PEN）与 PET 结构相似，只是以萘环代替了苯环。PEN 比 PET 具有更优异的阻隔性，特别是阻气性、防紫外线性和耐热性比 PET 更好。PEN 作为一种高性能、新型包装材料，具有一定的开发前景。

（2）聚碳酸酯（PC）　聚碳酸酯也是一种聚酯。

① 性能特点　PC 大分子链节结构具有一定的规整性，可以结晶，但由于结晶速度缓慢，以至于熔体在通常的冷却速度下得不到可观的结晶，又难于熔融结晶，具有很好的透明性和机械性能，尤其是低温抗冲击性能优良。故 PC 是一种非常优良的包装材料，但因价格贵而限制了它的广泛应用。

② 适用场合　在包装上 PC 可注塑成型为盆、盒，吹塑成型为瓶、罐等各种韧性高、透明性好、耐热又耐寒的产品，用途较广。在包装食品时因其透明所以可制成“透明”罐头，可耐 120℃高温杀菌处理。其存在的不足之处是因刚性大而耐应力、开裂性差和耐药品性较差。应用共混改性技术，如用 PE、PP、PET、ABS 和 PA 等与之共混成塑料混合物可改善其应力和开裂性，但其共混改性产品一般都失去了光学透明性。

6. 乙烯-醋酸乙烯共聚物和乙烯-乙烯醇共聚物

（1）乙烯-醋酸乙烯共聚物（EVA）　EVA 由乙烯和醋酸乙烯酯（VA）共聚而得。

① 性能特点　EVA 阻隔性比 LDPE 差，且随密度降低透气性增加；抗老化性能比 PE 好，强度也比 LDPE 高，增加 VA 含量能更好地抗紫外线，耐臭氧作用比橡胶高；透明度高，光泽性好，易着色，装饰效果好；成型加工温度比 PE 低 20～30℃，加工性好，可热封，也可黏合；具有良好抗霉菌生长的特性，卫生安全。

② 适用场合　不同的 EVA 在食品包装上用途不同，VA 含量少的 EVA 薄膜可作呼吸膜包装生鲜果蔬以达到保鲜贮藏的目的，也可直接用于其他食品的包装；VA 含量为 10%～30%的 EVA 薄膜可用作食品的弹性裹包或收缩包装，因其热封温度低、封合强度高、透明性好而常作复合膜的内封层。EVA 挤出涂布在 BOPP、PET 和玻璃纸上，可直接用来包装干酪等食品。VA 含量高的 EVA 可用作黏结剂和涂料。

（2）乙烯-乙烯醇共聚物（EVAL）　EVAL 是乙烯和乙烯醇的共聚物，乙烯醇改善了乙烯的阻气性，而乙烯则改善了乙烯醇的可加工性和阻湿性，故 EVAL 既具有聚乙烯的易流动加工成型性和优良的阻湿性，又具有聚乙烯醇的极好阻气性。

① 性能特点　EVAL 树脂是高度结晶型树脂，EVAL 最突出的优点是对 O_2、CO_2、N_2 的高阻隔性及优异的保香阻异味性能。EVAL 的性能依赖于其共聚物中单体的相对浓度，一般地，当乙烯含量增加时，阻气性下降，阻湿性提高，加工性能也提高。由于 EVAL 主链上有羟基存在而具亲水性，吸收水分后会影响其高阻隔性，为此常采用共挤方法把 EVAL 夹在聚烯烃等防潮材料的中间，充分体现其高阻隔性能。EVAL 有良好的耐油和耐有机溶剂性，且有高抗静电性，薄膜有高的光泽度和透明度，并有低的雾度。

② 适用场合　EVAL 作为高性能包装新材料，目前已开始用于有高阻隔性要求的包装上，如真空包装、充气包装或脱氧包装，可长效保持包装内环境气氛的稳定。

EVAL 可制成单膜，也可共挤制成多层膜及片材，或者也可采用涂布方法复合，加工方法灵活多样。

7. 其他塑料树脂

(1) 聚氨酯　聚氨酯由多元醇与多元异氰酸酯反应而得，根据组成配方不同，可获得硬、半硬及软的泡沫塑料、塑料、弹性体、涂料和黏合剂等，包装中主要用其泡沫塑料产品及黏合剂产品。由于聚氨酯化学结构的强极性特点，使它具有耐磨、耐低温、耐化学药品等突出的优点，可用热塑性聚氨酯制成薄膜用于包装。

(2) 氟树脂　氟树脂又称氟碳树脂，是指主链、侧链（或侧基）的碳链上含有氟原子的高分子化合物。氟树脂可以加工成塑料制品、增强塑料和涂料等产品。氟树脂具有优良的高、低温性能和耐化学药品性能，特别是聚四氟乙烯，可以耐浓酸和氧化剂，如硫酸、硝酸、王水等腐蚀性极强的介质作用；摩擦系数低，是优良的自润滑材料，具有不黏合性。作为包装材料，氟树脂主要制成容器和薄膜，在环境条件特殊苛刻的包装场合应用，如特别高温、防黏和耐药品的场合。

三、 复合软包装材料

包装材料种类繁多，但性能存在着较大差异，尽管其本身有许多优异的性能，可应用于一定范围，但单一材料不可能拥有包装材料应有的全部性能，不能满足食品包装的全面要求。因此，根据使用目的将不同的包装材料复合，使其拥有多种综合包装性能。所谓复合软包装材料是指由两层或两层以上不同品种可挠性材料，通过一定技术组合而成的“结构化”多层材料，所用复合基材有塑料薄膜、铝箔（Al 箔）和纸等。

1. 复合软包装材料的特性和基本要求

(1) 复合软包装材料的特性　复合材料的种类繁多，根据所用基材种类、组合层数、复合工艺方法等不同可以形成具有不同构造和不同性能以及适合于不同用途的复合材料，其中基材的数量和性能是决定复合材料性能的主要因素。复合软包装材料的优势突出为以下两点。

① 综合包装性能好　综合了构成复合材料的所有单膜性能，具有高阻隔性、高强度、良好热封性、耐高低温性和包装操作适应性强等特点。

② 卫生安全性好　可将印刷装饰层处于中间，具有不污染内容物并保护印刷装饰层的作用。

（2）用于食品包装的复合材料结构要求

① 内层要求　无毒、无味、耐油、耐化学性能好，具有热封性或黏合性，常用的有PE、CPP、EVA及离子型聚合物等热塑性塑料。

② 外层要求　光学性能好，印刷性好，耐磨耐热，具有强度和刚性，常用的有PA、PET、BOPP、PC、铝箔及纸等。

③ 中间层要求　具有高阻隔性（阻气阻香，防潮和遮光），其中铝箔和PVDC是最常用的品种。

复合材料的表示方法：从左至右依次为外层、中间层和内层材料，如复合材料纸/PE/Al/PE，外层纸提供印刷性能，中间PE层起黏结作用，中间Al层提供阻隔性和刚度，内层PE提供热封性能。

2. 复合工艺方法及其复合材料

复合工艺方法主要有涂布法、层合法和共挤法三种，可单独应用，也可复合应用。

（1）涂布法　即在一种基材表面涂上涂布剂并经干燥或冷却后形成复合材料的加工方法。涂布法所用基材为：纸、玻璃纸、铝箔及各种塑料薄膜，涂布剂有：LDPE、PVDC、EVA等。涂布PVDC即K涂主要用于提高薄膜阻隔性，涂布PE、EVA主要提供良好的热封层。

典型的涂布复合材料有：PT/PE、OPP/PE（EVA）、Ny/PE（EVA）、PET/PE（EVA）等。

（2）共挤法　即用两台或两台以上的挤出机，分别将加热熔融的异色或异种塑料从一个模孔中挤出成膜的工艺方法，主要用于材料性能相近或相同的多层组合共挤。共挤膜常用PE、PP为基材，有二层、三层、五层共挤组合。

典型的共挤复合膜有：LDPE/PP/LDPE、PP/LDPE、LDPE/LDPE及LDPE/LDPE/LDPE（异色组合）。

（3）层合法　即用黏合剂把两层或两层以上的基材黏合在一起而形成复合材料的一种工艺方法，适用于某些无法用挤出复合工艺加工的复合材料，如纸、铝箔等。层合法的特点是应用范围广，只要选择合适的黏合材料和黏结剂，就可使任何薄膜相互黏合；黏合强度高，同时可将印刷色层黏夹于薄膜之间，隔离和保护印刷层。

典型的层合复合膜有：纸/铝箔/PE、BOPP/PA/CPP、PET/铝箔/CPP、铝箔/PE等。

3. 高温蒸煮袋用复合膜

高温蒸煮袋是一类有特殊耐高温要求的复合包装材料，按其杀菌时使用的温度可分为：高温蒸煮袋（121℃杀菌30min）和超高温蒸煮袋（135℃杀菌30min）；按其结构来分有透明袋和不透明袋两种。制作高温蒸煮袋的复合薄膜有透明和不透明两种。透明复合薄膜可用PET或PA等薄膜为外层（高阻隔型透明袋使用K-PET膜），CPP为内层，中间层可用PVDC；不透明复合薄膜中间层为铝箔。

高温蒸煮袋应能承受121℃以上的高温加热灭菌，对气体、水蒸气具高的阻隔性且热封性好，封口强度高；如用PE为内层，仅能承受110℃以下的灭菌温度。故高温蒸煮袋一般采用CPP作热封层。由于透明袋杀菌时传热较慢，适用于内容物300g以下的小型蒸煮袋，而内容物超过500g的蒸煮袋应使用有铝箔的不透明蒸煮袋。

四、 塑料包装容器及制品

塑料通过各种加工手段，可制成具有各种性能和形状的包装容器及制品，食品包装上常用的有塑料中空容器、热成型容器、塑料箱、钙塑瓦楞箱、塑料包装袋等。塑料包装容器成型加工方法很多，常用的有注射成型、中空吹塑成型、片材热成型等，可根据塑料的性能，制品的种类、形状、用途和成本等选择合理的成型方法。

1. 塑料瓶

塑料瓶具有许多优异的性能而被广泛应用在液体食品包装上，除酒类的传统玻璃瓶包装外，塑料瓶已成为最主要的液体食品包装容器，大有取代普通玻璃瓶之趋势。

(1) 塑料瓶成型工艺方法

① 挤-吹工艺　挤-吹工艺是塑料瓶最常用的成型工艺，在塑料挤出机上将树脂加热熔融并通过口模挤出空心管坯，然后送入金属模具内，经一定长度合模后，从另一端向管内吹入压缩空气使塑料管管坯膨胀贴模，经冷却后形成制品，它是生产LDPE、HDPE、PVC小口瓶的主要方法。

② 注-吹工艺　注-吹工艺包括两道主要工序，先是将塑料熔融注塑成具有一定形状的形坯，然后移去注塑模并趁热换上吹塑模，吹塑成型、冷却而形成制品。它是生产大口容器的主要方法，所适合的塑料品种主要有PS、HDPE、LDPE、PET、PP、PVC等。

③ 挤-拉-吹工艺　挤-拉-吹工艺是先将塑料熔融挤入出管坯，然后在拉伸温度下进行纵向拉伸并用压缩空气吹模成型，最后经冷却定型后启模取出成品。制品经定向拉伸而提高了透明度、阻隔性和强度，并降低成本、减轻质量。这种成型工艺主要适合于PP和PVC等塑料制品。

④ 注-拉-吹成型　瓶坯用注射法成型，再经拉伸和吹塑成型。其特点是制品精度高，颈部尺寸精确无需修正；容器刚性好、强度高、外观质量好；适合于大批量生产。其缺点为对狭口或异形瓶较难成型。这种工艺适合于PET、PP、PS等塑瓶成型。

⑤ 多层共挤(注)-吹工艺　多层共挤(注)-吹工艺主要用于多层复合塑料瓶、罐的成型。

(2) 食品包装常用塑料瓶　目前包装上常用的塑料瓶品种有：PVC、PE、PET、PS和PC以及PP等。

① 硬质PVC瓶　硬质PVC瓶无毒，质硬，透明度很好，食品包装上主要用于食用油、酱油及不含气饮料等液态食品的包装。树脂中的氯乙烯(VC)单体的含量小于1mg/kg，25℃、60min、正庚烷溶出试验中的蒸发残留量小于150mg/kg，即被认为是无毒食品级。PVC瓶有双轴拉伸瓶和普通吹塑瓶两种。

双轴拉伸PVC瓶其阻隔性和透明度均比普通吹塑PVC瓶好，用于碳酸饮料包装时的最

大 CO_2 充气量为 5g/L，在 3 个月内能保持饮料中的 CO_2 含量。但应注意拉伸 PVC 瓶的阻氧性极为有限，不宜盛装对氧较敏感的液态食品。

② PE 瓶　PE 瓶主要有 LDPE 瓶和 HDPE 瓶，在包装上应用很广，但由于其不透明和高透气性、渗油等缺点而很少用于液体食品包装。PE 瓶的高阻湿性和低价格使其广泛用于药品片剂的包装，也用于日常化学品的包装。

③ PET 瓶　PET 瓶一般采用注-拉-吹工艺生产，是定向拉伸瓶的最大品种，其特点为高强度，高阻隔性，透明美观，阻气、保香性好，质轻（仅为玻璃瓶的 1/10），再循环性好。因此，在含气饮料包装上几乎全部取代了玻璃瓶。

PET 瓶虽具有许多优点，具有高阻隔性，但对 CO_2 的阻隔性还不充分。采用 PVDC 涂制成 PET-PVDC 复合瓶，能有效地提高其阻隔性而用于富含营养物质食品的长期贮存。

④ PS 瓶和 PC 瓶　PS 瓶只能用注-吹工艺生产，这是因为 PS 的脆性影响了制品的修止。PS 瓶最大的特点是光亮透明、尺寸稳定性好、阻气防水性能也较好，且价格较低，因此可适用于对 O_2 敏感的产品包装，但应注意的是它不适合包装含大量香水或调味香料的产品，因为其中的酯和酮会溶解 PS。

PC 瓶具有极高的强度和透明度，耐热、耐冲击、耐油及耐应变，但其最大的不足就是价格昂贵，且加工性能差，加工条件要求高，故其应用较少。在食品包装上用作小型牛奶瓶，可进行蒸汽消毒，也可采用微波灭菌，可重复使用 15 次，其在国外也广泛应用。

⑤ PP 瓶　由于 PP 瓶的加工性能差而被限制了应用。采用挤-吹工艺生产的普通 PP 瓶，其透明度、耐油性、耐热性比 PE 瓶好，但它的透明度、刚性和阻气性均不及 PVC 瓶，且低温下耐冲击能力较差，易脆裂，因此很少应用。

采用挤（注）-拉-吹工艺生产的 PP 瓶，在性能上得到明显改善，有些性能还优于 PVC 瓶，且拉伸后质量减轻，节约原料 30%左右，可用于包装不含气果汁饮料及日用化学品。

各种塑料瓶使用性能比较见表 3-5。

表 3-5　各种塑料瓶使用性能比较

性能指标	聚乙烯		聚丙烯		PC 瓶	PET 瓶	PS 瓶	PVC 瓶
	LDPE 瓶	HDPE 瓶	拉伸 PP 瓶	普通 PP 瓶				
透明度	半透明	半透明	半透明	半透明	透明	透明	透明	透明
水蒸气透过性	低	极低	极低	极低	高	中	高	中
透氧性	极高	高	高	高	中～高	低	高	低
二氧化碳透过性	极高	高	中～高	中～高	中～高	低	高	低
耐酸性	○～★	○～★	○～★	○～★	○	○～☆	○～☆	☆～★
耐乙醇性	○～★	☆	☆	☆	○	☆	○	☆～★
耐碱性	☆～★	☆～★	★	★	×～○	×～○	☆	☆～★
耐矿物油	×	○	○	○	☆	☆	○	☆
耐溶剂性	×～○	×～○	×～☆	×～☆	×～☆	☆	×	×～☆
耐热性	○	○～☆	☆	☆	★	×～○	○	×～☆
耐寒性	★	★	×～○	★	☆	☆	×	○
耐光性	○	○	○～☆	○～☆	☆	☆	×～○	×～☆

续表

性能指标	聚乙烯		聚丙烯		PC 瓶	PET 瓶	PS 瓶	PVC 瓶
	LDPE 瓶	HDPE 瓶	拉伸 PP 瓶	普通 PP 瓶				
热变形温度/℃	71～104	71～121	121～127	121～127	127～138	38～71	93～104	60～65
硬度	低	中	中～高	中～高	高	中～高	高～中	高～中
价格	低	低	中	中～高	极高	中	中	中
主要用途	小食品	牛乳、果汁、食用油	果汁、小食品	饮料、果汁	婴儿奶瓶、牛乳、饮料	碳酸饮料、食用油、酒类	调料、食用油	食用油、调料

注：★表示极好，☆表示好，○表示一般，×表示差。

(3) 食品用塑料瓶的发展方向 就食品包装而言，塑料瓶的发展方向主要是提高瓶子的阻隔性，采用更高阻隔性树脂和共挤（注）复合。可以使用PET、EVAL、PVDC等塑料来生产性能更好的瓶子，也可采用PET/PVDC、PET/EVAL等复合瓶。在复合瓶中，涂布PVDC即K-PET是最常用的方法，欧洲国家已采用K-PET瓶灌装啤酒。

瓶体的轻量化和高速化生产也是塑料瓶的发展方向。通过提高拉伸倍率，在提高瓶体强度和气密性的同时，使瓶子质量减轻，节省原材料和成本。

2. 塑料周转箱和钙塑瓦楞箱

(1) 塑料周转箱 塑料周转箱具有体积小、质量轻、美观耐用、易清洗、耐腐蚀、易成型加工和使用管理方便、安全卫生等特点，被广泛用作啤酒、汽水、生鲜果蔬、牛乳、禽蛋、水产品等的运输包装。

塑料周转箱所用材料大多是PP和HDPE。用HDPE为原料制作的周转箱耐低温性能较好，而以PP为原料的周转箱的抗压性能比较好，其更适用于需长期贮存垛放的食品。由于周转箱经日晒雨淋以及受外界环境的影响，易老化脆裂，制造时应对原料进行选择并选用适当的添加剂，一般选用分子量分布范围较宽的树脂，或者将HDPE和LDPE混用，另外还需加入抗氧剂、颜料、紫外线吸收剂等添加剂来改性，以提高塑料周转箱的使用年限。

目前，EPS发泡塑料周转箱作为生鲜果蔬的低温保鲜包装，因其具有隔热、防震、缓冲等优越性而被广泛应用。

(2) 钙塑瓦楞箱 钙塑瓦楞箱是利用钙塑材料优异的防潮性能，来取代部分特殊场合的纸箱包装而发展起来的一种包装。

钙塑材料是在PP、PE树脂中加入大量填料如碳酸钙、硫酸钙、滑石粉等，及少量助剂而形成的一种复合材料（一般为树脂50%+$CaCO_3$等50%）。由于钙塑材料具有塑料包装材料的特性，具有防潮防水、高强度等优点，故可在高湿环境下用于冷冻食品、水产品、畜肉制品的包装，体现出质轻、美观整洁、耐用及尺寸稳定的优点。但钙塑材料表面光洁易打滑，减震缓冲性较差，且堆叠稳定性不佳，成本也相对较高。用于食品包装的钙塑材料助剂应满足食品卫生要求，即无毒或有毒成分应在规定的剂量范围内。

3. 其他塑料包装容器及制品

（1）塑料包装袋

① 单层薄膜袋　可由各类聚乙烯、聚丙烯薄膜（通常为筒膜）制成，因其尺寸大小各异、厚薄及形状不同，可用于多种物品包装，有口袋形塑料袋，也可做成背心袋用于市场购物。

LDPE 吹塑薄膜具有柔软、透明、防潮性能好、热封性能良好等优点，多用于小食品包装；HDPE 吹塑薄膜的力学性能优于 LDPE 吹塑薄膜，且具有挺括、易开口的特点，但透明度较差，通常用于制作背心式购物袋；LLDPE 吹塑薄膜具有优良的抗戳穿性和良好的焊接性，即使在低温下仍具有较高的韧性，可用于制作对抗戳穿性要求较高的垃圾袋。

聚丙烯吹塑薄膜由于透明度高，多用于制作服装、丝绸、针织品及食品的包装口袋。

② 复合薄膜袋　为满足食品包装对高阻隔、高强度、高温灭菌、低温保存保鲜等方面的要求，可采用多层复合塑料膜制成的包装袋。如高温蒸煮袋便是复合薄膜包装袋的重要品种。

③ 挤出网眼袋　挤出网是以 HDPE 为原料，经熔融挤出，旋转机头成型，再经单向拉伸而成的连续网束，只需按所需长度切割，将一端热熔在一起，另一端穿入提绳即成挤出网袋，适合于水果、罐头、瓶酒的外包装，美观大方。

另一种挤出网袋是以聚苯乙烯 EPS 为原料，经熔融挤出制成，主要用于水果、瓶罐的缓冲包装。

（2）塑料片材热成型容器　片材热成型容器是将热塑性塑料片材加热到软化点以上、熔融温度以下的某一温度，采用适当模夹具，在气体压力、液体压力或机械压力作用下形成与模具形状相同的包装容器。由于热成型容器具有许多优异的包装性能，使其在食品包装上的应用得到了迅速发展。

（3）其他塑料包装制品

① 高温杀菌塑料罐　材料组成为 PP-EVOH-PP，其特点在于夹层以 EVOH 为材料，保气性极为良好，保存期与罐头相同，在常温下保存两年，可用于取代目前的金属罐。此项材料在日本均处于试生产阶段，并有专利。

② 微波炉、烤箱双用塑料托盘　以结晶性 PET 为材料，可耐高温，用于微波食品及烤箱食品包装。此种塑料托盘在欧美、日本等发达国家广泛用于微波食品的包装。

③ 可挤压瓶　材料为 PP-EVOH-PP，用共挤压技术制造，保气性、挤压性良好，用于热充填、不杀菌的食品包装，如果酱、调味酱等。

第三节 玻璃包装材料及包装容器

玻璃作为包装材料有着悠久的历史，是食品工业、化学工业、医药卫生行业等常用的包装材料及容器。近十几年来，玻璃包装受到来自纸、塑料、金属等材料的冲击，在包装中所占的比例有所减少，但由于玻璃具有其他材料所无法替代的优异包装特性，它仍将在包装领域中占有重要的地位。

一、玻璃的化学组成及包装性能

1. 玻璃的化学组成

玻璃是由石英砂、纯碱、石灰石等为主要原料，加入澄清剂、着色剂、脱色剂等，经1400～1600℃高温熔炼成黏稠玻璃液再经冷凝而成的非晶体材料。

玻璃的种类很多，用于食品包装的是氧化物玻璃中的钠-钙-硅系玻璃，其主要成分为：SiO_2（60%～75%）、Na_2O（8%～45%）、CaO（7%～16%），其中 SiO_2 是构成玻璃的主要组分，Na_2O 主要起助熔剂的作用，CaO 可增强玻璃的化学稳定性，为稳定剂。此外还含有一定量的 Al_2O_3（2%～8%）和 MgO（1%～4%）等。为适应被包装食品的特性及包装要求，各种食品包装用玻璃的化学组成略有不同。几种食品包装瓶罐的化学组成见表 3-6。

表 3-6　几种食品包装瓶罐的化学组成　　单位：%（质量分数）

<table>
<tr><th>包装瓶罐</th><th>SiO_2</th><th>Na_2O</th><th>K_2O</th><th>CaO</th><th>Al_2O_3</th><th>Fe_2O_3</th><th>MgO</th><th>BaO</th></tr>
<tr><td>棕色啤酒瓶（硫碳着色）</td><td>72.50</td><td>13.23</td><td>0.07</td><td>10.40</td><td>1.85</td><td>0.23</td><td>1.60</td><td>—</td></tr>
<tr><td>绿色啤酒瓶</td><td>69.98</td><td colspan="2">13.65</td><td>9.02</td><td>3.00</td><td>0.15</td><td>2.27</td><td>—</td></tr>
<tr><td>香槟酒瓶</td><td>61.38</td><td>8.51</td><td>2.44</td><td>15.76</td><td>8.26</td><td>1.30</td><td>0.82</td><td>—</td></tr>
<tr><td>罐头瓶（淡青）</td><td>70.50</td><td colspan="2">14.90</td><td>7.50</td><td>3.00</td><td>0.40</td><td>3.00</td><td>0.30</td></tr>
<tr><td>汽水瓶（淡青）</td><td>69.00</td><td colspan="2">14.50</td><td>9.60</td><td>3.80</td><td>0.50</td><td>2.20</td><td>0.20</td></tr>
</table>

2. 玻璃的包装性能

玻璃熔体的黏度表现出随温度的升高而降低，这种变化过程反映了其易于加工成型的特点。玻璃的性能除了决定于它的化学组成以外，还受加热过程温度变化的影响。玻璃的化学组成及其内部结构特点决定了其具有以下性能。

（1）加工性能　玻璃具有良好的成型加工性能，在高温下具有较好的热塑性，可以通过适当的模具、工艺制成各种形状和大小的容器，而且成型加工灵活方便，易于上色，外观光亮，用于食品包装美化效果好，但印刷等二次加工性差。

（2）化学性能　玻璃内部离子结合紧密，是一种惰性材料，一般认为它对固体和液体内容物均具有化学稳定性，不会与之发生化学反应，具有良好的包装安全性，最适宜婴幼儿食品的包装。但碱性溶液对玻璃容器有一定的影响。对包装有严格包装要求的食品可改用钠钙玻璃为硼硅玻璃，同时应注意玻璃熔炼和成型加工质量，以确保被包装食品的安全性。

（3）物理性能

① 光学性能　玻璃具有良好的透光性，可充分显示内装食品的形色，有利于促进商品

销售。同时可通过调整玻璃的化学成分、着色、热处理、光化学反应及涂膜等理化处理获得所需的各种光学性质。

② 耐热性能　玻璃的热膨胀系数较低，可耐高温，用作食品包装能经受加工过程的杀菌、消毒、清洗等高温处理，能适应食品微波加工及其他热加工，但对温度骤变而产生的热冲击适应能力差，尤其玻璃较厚、表面质量差时，它所能承受的急变温差更小。

③ 阻隔性能　玻璃具有对气、汽、水、油等各种物质的完全阻隔性能，这是它作为食品包装材料的又一突出优点。且其容器的密封性较好，对盛装含气饮料，其CO_2的渗透率几乎是零。

(4) 机械性能　玻璃硬度高，抗压强度较高，但脆性高，抗张强度低，抗冲击强度很低。玻璃的理论强度高达10000MPa，但玻璃质量问题如有气泡、成分分布不均匀和表面质量、微小缺口、厚薄不均等会造成实际强度仅为理论强度的1%以下，此外，玻璃成型时冷却速度过快使玻璃内部产生较大的内应力，也致使其机械强度降低，所以玻璃制品需要进行合理的退火处理，以消除内应力提高强度。

玻璃强度还受负荷作用的变化及时间的影响，较长时间荷重、使用时承受的周期变化负荷作用都会导致其强度降低，所以玻璃包装制品重复多次使用的次数应有一定的限制。

二、常用玻璃包装容器

1. 玻璃容器的类型

玻璃容器结构造型式样繁多，基本类型主要有：细口瓶、大口瓶、罐头玻璃瓶、日用包装玻璃瓶、大型瓶、异型瓶等。

2. 玻璃容器的特点

(1) 玻璃包装容器的优点

① 化学稳定性好，无毒无味，卫生清洁。

② 阻隔性能好，能提供良好的保存条件，对食品的味、香保持性好。

③ 透明性好，光亮美观，内容物清晰可见，特别适合透明销售包装。

④ 温度耐受好，可高温杀菌，也可低温贮藏。

⑤ 原料来源丰富，价格便宜，可循环使用。

⑥ 加工成型性好，可做成各种形状，刚性好，不易变形，满足市场需求。

(2) 主要缺点

① 脆性较大，抗冲击强度低，易破碎。

② 加工消耗能源多。

③ 质量大，运输费用高。

④ 印刷性能较差。

近年来，玻璃包装容器在高强化和轻量化方面有很大进展，再加上玻璃所具有的其他包装材料所无法替代的包装特性，使得玻璃包装容器的作用举足轻重。

3. 玻璃容器的性能及影响因素

(1) 强度 玻璃容器的强度是其包装应用中最重要的性能，主要包括拉伸强度、内压强度、热冲击强度、机械冲击强度、垂直荷重强度和水锤强度等。玻璃容器的强度除了与玻璃的质量有关外，容器的表面形状及质量、结构设计、灌装质量及运输等多方面因素对其都有影响作用。

① 拉伸强度 拉伸强度也称抗拉强度，玻璃瓶罐的包装强度设计以拉伸强度为准。

② 内压强度 指容器不破裂所能承受的最大内部压力，在一定程度上可体现玻璃容器的综合强度，主要决定于容器的形状结构、容器的壁厚以及玻璃的强度。圆形截面玻璃容器能承受的内压强度最高；壁薄、直径大，内压强度小；玻璃强度高的玻璃容器有高的内压强度。

③ 热冲击强度 指玻璃容器耐急冷和急热的能力。其大小取决于冷热变化导致容器内产生的应力的大小。应力的大小受温差值和容器壁厚的影响。温差值越大、壁厚越小，热冲击强度越大。

④ 机械冲击强度 指玻璃容器承受外部冲击不破碎的能力。容器的冲击强度与容器的形状密切相关，容器口至底部冲击强度大小不一，在瓶口、瓶底处强度最低，最易发生破碎。冲击强度还与容器壁厚有关，壁厚增加冲击强度升高，玻璃容器越不易破裂。

⑤ 垂直荷重强度 指玻璃容器承受垂直负荷的能力。玻璃容器在灌装、压盖、开盖、堆垛时都会受到垂直负荷的作用，其承受垂直负荷的能力与瓶形有关。

⑥ 水锤强度 指玻璃容器底部承受短时内部水冲击的能力，也称水冲击强度。玻璃容器包装食品在运输过程中受到震动、冲击时，容器内可能出现上端空隙部分空气受压，底部局部地方形成真空现象，由此导致瞬间产生巨大冲击力冲击容器底部，且时间越短，产生冲击力越大，有时在万分之一秒内可产生高达350～3500MPa的冲击应力，容器底部水锤强度不足将发生破损。

(2) 影响因素 玻璃容器的强度与容器形状、壁厚及使用年限和次数密切相关，其中最主要因素为容器的形状。

① 容器形状的影响 玻璃容器的造型变化无穷，对强度有着很大的影响，尤其受强度较低的肩部与底部的形状结构影响最大。按照力学原理，瓶型越接近球形、瓶型的线条越简单其强度越高。

瓶肩处是颈部与瓶身的过渡部位。实验表明，瓶肩弧形曲率半径越大，其垂直荷重强度越高。瓶身向瓶底过渡部位不可垂直硬拐，应尽量缓和过渡，减少机械冲击作用。不同用途的玻璃容器，要求从实际出发，合理设计容器的形状结构，如：采用球面形、圆柱形提高抗冲击作用；在容器强度薄弱处设计突起的点或条纹，增大强度；改善瓶外形以提高自动灌装时对瓶抓取、固定的可靠性和稳定性，避免倒瓶等。

② 容器壁厚的影响 改变玻璃容器的壁厚，会对玻璃的各种强度产生不同的影响。例如增加玻璃容器的壁厚，热冲击强度会降低，但容器的其他强度能得到提高。

③ 容器的使用年限和次数影响 玻璃容器使用年限和次数越多，承受内压强度越低，因此，对回收重复利用的玻璃容器，应对使用年限和次数加以限制，以承受内压强度。

三、玻璃容器的发展趋势

玻璃容器包装食品光亮透明、卫生安全、耐压、耐热、阻隔性优良，但由于其质量大、易破碎的缺点，使传统玻璃容器在食品包装上的应用受到影响。因此，实现玻璃容器轻量化是其发展方向。

1. 轻量瓶

在保持玻璃容器的容量和强度条件下，通过减薄其壁厚而减轻质量制得的瓶称轻量瓶。一般轻量瓶的壁厚为 2～2.5mm，还有进一步减薄的趋势。

玻璃容器的轻量化可降低运输费用、减少食品加工杀菌时的能耗、提高生产效率、增加包装品的美感。为保证轻量瓶的强度及其生产质量，对其制造过程和各生产环节要求也更严格，要求原辅料的质量必须特别稳定；瓶壁要求厚薄均匀、一致，避免应力集中；同时对轻量瓶的造型设计、结构设计也要严格要求。此外，还必须采取一系列的强化措施以满足轻量瓶的强度和综合性能要求。

2. 强化瓶

为改善或提高玻璃容器的抗张强度和冲击强度，采取一些强化措施使玻璃容器的强度得以明显提高，强化处理后的玻璃瓶称作强化瓶。若强化措施用于轻量瓶上，则可获得高强度轻量瓶。强化处理可通过物理、化学的方法以及表面涂层强化、高分子树脂表面强化、粒化强化方式得以实现。

(1) 物理强化 瓶罐由制瓶机脱模后，立即送入钢化炉内均匀加热至软化温度，然后再在钢化室内吹入冷空气，将瓶罐快速冷却，从而使瓶罐表面获得均匀的压应力，以达到提高强度的目的。

经物理强化处理的玻璃容器冲击强度明显提高，且在破碎时，玻璃破碎成没有尖锐棱角的碎粒，可减少对使用者的损伤。

(2) 化学强化 化学强化也称为离子交换法，工业上常采用的方法是将瓶罐浸于熔融的硝酸钾溶液中，用半径较大的 K^+ 置换表层玻璃中半径较小的 Na^+，使其发生钾钠离子交换反应，从而使玻璃表面形成高强度的压缩层，形成均匀的压应力，使瓶罐抗张强度和冲击强度提高。经化学强化处理的玻璃容器可适应薄壁容器的强化处理要求。

(3) 表面涂层强化 玻璃表面的微裂纹对玻璃强度有很大影响，采用表面涂层处理可防止瓶罐表面的划伤和增大表面的润滑性，减少摩擦，提高瓶罐的强度。此方法常用作轻量瓶的增强处理，有两种涂层处理方法。

① 热端涂层 在瓶罐成型后送入退火炉之前，用液态 $SnCl_4$ 或 $TiCl_4$ 喷射到热的瓶罐上，经分解氧化使其在瓶罐表面形成氧化锡或氧化钛层，这种方法又叫热涂，可以提高瓶罐润滑性和强度。

② 冷端涂层 瓶罐退火后，将单硬脂酸、聚乙烯、油酸、硅烷、硅酮等用喷枪喷成雾状覆盖在瓶罐上，形成抗磨损及具有润滑性的保护层，喷涂时瓶罐温度取决于喷涂物料的性

质，一般为 21～80℃。

也可以同时采用冷端和热端处理，即双重涂覆，使瓶罐性能更佳。

(4) 高分子树脂表面强化

① 静电喷涂 将聚氨酯类树脂等塑料粉末用喷枪喷射，喷出的带有静电的粉末被玻璃瓶表面吸附，然后加热玻璃瓶，使表面吸附的树脂粉末熔化，形成薄膜包覆在玻璃瓶表面，使玻璃的润滑性增加，强度增加，并可减少破损时玻璃碎片向外飞散。

② 悬浮流化法 将预先加热的玻璃瓶送入微细塑料粉末悬浮流化体系中，塑料粉末熔结在玻璃瓶表面，再将玻璃瓶移出流化系统并加热，使表面的树脂熔化，冷却后成膜包覆在玻璃瓶表面。

③ 热收缩塑料薄膜套箍 将具有热收缩性的塑料薄膜制成圆形套筒，套在玻璃瓶身或瓶口，然后加热，使塑料套筒尺寸收缩，紧贴在瓶体或瓶口周围形成一个保护套。这种热收缩膜套箍不仅可以增加瓶与瓶之间的润滑性，而且能提高瓶的强度，减少破损，即使破损也会减少玻璃碎片飞溅。

热收缩套箍可以是单为保护玻璃瓶而加的，如果需要还可以同时贴覆瓶体和瓶肩部；也可以设计成筒形标签形式，进行彩色印刷，这种标签有 360°的展示面，并兼有对玻璃瓶的保护作用。另外在瓶口、瓶颈部分也可以使用热收缩套箍，不仅能保护瓶口，还能提高瓶盖的密封性。当扭转或开启瓶盖时，套箍扯坏，显示出已被开封，即具有显示作用。这种瓶颈套箍也可以印上适当文字作为封签。

(5) 粒化强化 用滚花、刻痕等方式，使玻璃瓶罐表面形成密集粒状花纹，可以减轻冲击的破坏性，提高瓶的耐内压强度。

第四节 金属包装材料及包装容器

金属包装主要以铁和铝为原材料，将其加工成各种形式的容器来包装食品。由于金属包装材料及容器具有包装特性和包装效果优良、包装材料及容器的生产效率高、包装食品流通贮藏性能良好等特点，使其在食品包装上的应用越来越广泛，成为现代最重要的四大包装材料之一。

一、金属的包装性能

金属包装与其他包装相比，有许多显著的性能和特点。其优良性能主要表现为以下几个方面。

1. 高阻隔性能

金属材料用于食品包装可阻挡气、汽、水、油、光等物质的通过，其阻气性、防潮性、遮光性（特别是阻隔紫外线）、保香性能优于塑料、纸等其他包装材料，能长期保持商品的质量和风味不变，表现出极好的保护功能，使包装食品具有较长的货架期。

2. 机械性能优良

金属材料具有良好的抗张、抗压、抗弯强度以及良好的韧性及硬度，用作食品包装表现出耐压、耐温湿度变化和耐虫害的特性，包装的食品便于运输和贮存，使商品的销售半径大为增加；同时适宜包装的机械化、自动化操作，密封可靠，效率高。

3. 成型加工性能好，易于连续化生产

金属具有的良好塑性变形性能使其易于制成食品包装所需要的各种形状容器。现代金属容器加工技术与设备成熟，生产效率高，如马口铁三片罐生产线生产速度可达 1200 罐/min，铝质二片罐生产线生产速度达 3600 罐/min，可以满足食品大规模自动化生产的需要。

4. 具有良好的加工适应性

金属材料耐高低温性、良好的导热性以及耐热冲击性的特性使其用作食品包装可以适应食品冷热加工、高温杀菌以及杀菌后的快速冷却等加工需要。

5. 金属包装制品表面装饰性好

金属具有光泽，且可通过表面彩印装饰提供更理想的美观的商品形象，以吸引消费者，促进销售。

6. 金属包装废弃物较易回收处理

金属包装废弃物的易回收处理减少了对环境的污染，同时，它的回炉再生可节约资源，节省能源，这在提倡“绿色包装”的今天显得尤为重要。

金属包装材料虽然具有以上优良特性，但也有不足之处，主要表现为：

① 化学稳定性差，耐蚀性不如塑料和玻璃。包装高酸性食品时易被腐蚀，钢材中金属离子易析出，影响食品风味，污染食品。这在一定程度上限制了它的使用范围，一般需在金属包装容器内壁施加涂料，对此不足加以改善。

② 重量较大，价格较贵。金属材料与纸和塑料相比，其重量、体积较大，加工成本较高，但会随着生产技术的进步和大规模化生产而得以改善。

二、常用金属包装材料

食品包装常用金属材料按材质主要分为两类：一类为钢基包装材料，包括镀锡薄钢板（马口铁）、镀铬薄钢板、镀锌板、不锈钢板等；另一类为铝质包装材料，包括铝合金薄板、铝箔、镀铝软包装。

1. 镀锡薄钢板

镀锡薄钢板简称镀锡板，是在薄钢板表面镀锡而制成的产品，又称马口铁板，大量用于

制造包装食品的各种容器。

(1) 镀锡板的制造和结构　镀锡板是将低碳钢轧制成约2mm厚的钢带，然后经酸洗、冷轧、电解清洗、退火、平整、剪边加工，再经清洗、电镀、软熔、钝化处理、涂油后剪切成镀锡板板材成品。镀锡板所用镀锡为高纯锡（含Sn大于99.8%）。锡层也可用热浸镀法涂敷，此法所得镀锡板锡层较厚，用锡量大，镀锡层不需进行钝化处理。电镀锡的锡层薄而均匀，易于连续生产，为镀锡工艺的发展趋势。

镀锡板结构由五部分组成，如图3-27所示，各层的成分、厚度根据镀锡工艺的不同而略有差异。

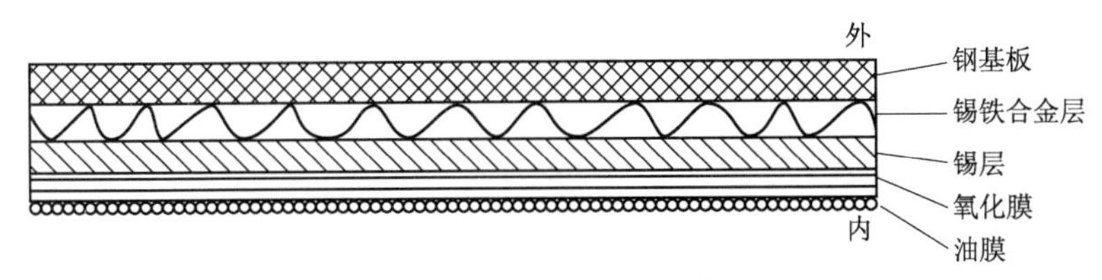

图3-27　镀锡板的结构

(2) 镀锡板的机械性能　由于加工材料、工艺等因素的影响，镀锡板具有的机械性能如强度、硬度、塑性、韧性也各不相同，因而其包装用途和包装容器成型加工的方法也各不相同。为满足使用性能和成型加工工艺性的要求，生产上用调质度作为指标来表示镀锡板的综合机械性能。

镀锡板的调质度是以其表面洛氏硬度（T）来表示。按T值的大小不同，T值越大，其具有的强度、硬度越高，而相应塑性、韧性越低，因此不同调质度的镀锡板使用场合、加工方法不同。

(3) 镀锡板的耐腐蚀性　锡的电极电位比铁高，化学性质稳定，如果镀锡层镀锡完整，纯度高，且镀层和钢基板结合牢固，则镀锡层对铁能起到很好的保护作用。一般的食品可直接接触镀锡板容器。但食品种类繁多，成分、特性各不相同，因此对镀锡板制成的包装容器的耐腐蚀性有不同的要求。

锡层的保护作用有限，对于腐蚀性较大的食品，如番茄酱，含有硝酸盐、亚硝酸盐的食品及肉禽类、水产类食品等生产过程中能与锡作用产生硫化物的食品，都会对镀锡板产生腐蚀作用。因此，此类食品不能与镀锡板罐直接接触使用，而应采用在镀锡板上涂覆涂料，将食品与镀锡板隔离，以减少它们之间的接触反应，确保罐装食品质量和延长其贮存时间。

涂料是一种有机化合物，主要成分为油料和树脂。由于涂料和食品直接接触，涂料必须无味、无臭、无毒、不影响食品品质；涂膜致密，连续完整，涂层干燥迅速，与镀锡板间有良好的亲润性；具有良好的机械性能，在随同镀锡板进行成型加工时能承受冲压、弯曲等作用，不破裂、脱落；有足够的耐热性，能承受制罐加工、罐装食品热杀菌加工等的高温作用而不变色、不起泡、不剥离。

涂料板所用涂料种类很多，根据加工需要有不同的分类，使用过程中应合理选用。如按其制成的容器是否与食品接触可分内涂料和外涂料；按涂料涂覆的顺序不同可分为底涂料和面涂料；用于容器接缝或涂层破损处施涂的为补涂料；适合制罐加工要求的一般涂料和冲拔罐涂料。根据食品特性及其包装保护要求将所用的内涂料分为抗酸涂料、抗硫涂料、抗酸抗硫两用涂料、抗粘涂料、啤酒饮料专用涂料及其他专用涂料等。

2. 无锡薄钢板

由于金属锡资源少、价格高，故镀锡板成本较高。为降低产品包装成本，在满足使用要求前提下，可采用无锡薄钢板代替马口铁用于食品包装，常用的有镀铬薄钢板、镀锌薄钢板和低碳薄钢板。

(1) 镀铬薄钢板 镀铬薄钢板是表面镀有铬和铬的氧化物的低碳薄钢板。镀铬板的制造与镀锡板基本相同，是将经轧制到一定厚度的薄钢板经电解、清洗、酸洗等处理后，在镀铬槽中镀铬，再经铬酸处理、水洗、风干、涂油即制得镀铬薄钢板。

镀铬板由钢基板、铬层、水合氧化铬层和油膜构成。

镀铬板的机械性能与镀锡板相差不大，其综合机械性能也以调质度表示。镀铬板的耐腐蚀性能比镀锡板稍差，铬层和氧化铬层对柠檬酸、乳酸、乙酸等弱酸以及弱碱有很好的抗蚀作用，但不能抗强酸、强碱的腐蚀，所以镀铬板通常施加涂料后使用。镀铬板表面涂料施涂加工性好，涂料在板面附着力强，比镀锡板表面涂料附着力高 3～6 倍，从而使得涂料镀铬板具有比涂料镀锡板更好的耐腐蚀性。使用镀铬板时尤要注意剪切断口极易腐蚀，必须加涂料以完全覆盖。

因镀铬层韧性较差，所以冲拔、盖封加工时表面铬层易损伤破裂，不能适应冲拔、减薄、多级拉伸加工。镀铬板不能锡焊，制罐时接缝需采用熔接或粘接，适宜用于制造罐底、罐盖和二片罐，而且可采用较高温度烘烤。

镀铬板加涂料后具有的耐蚀性比镀锡板高，价格比镀锡板低 10%左右，具有较好的经济性，其使用量逐渐扩大。

(2) 镀锌薄钢板 镀锌薄钢板又称白铁皮，是在低碳钢基板表面镀上一层厚 0.02mm 以上的锌层所构成的金属板材。

镀锌板也可经电镀锌制成，所获保护作用的锌层较热浸镀锌板薄且防护层中不出现锌铁合金层，所以电镀锌板的成型加工性能较热浸镀锌板好，可焊性较好，但是耐腐蚀性不如热浸镀锌板。镀锌板主要用作大容量的包装桶。

(3) 低碳薄钢板 低碳薄钢板是指含碳量小于 0.25%、厚度为 0.35～4mm 的普通碳素钢或优质碳素结构钢的钢板。低碳成分决定了低碳薄钢板塑性性能好，易于容器的成型加工和接缝的焊接加工，制成的容器有较好的强度和刚性，而且价格便宜。低碳薄钢板表面加特殊涂料后用于罐装饮料或其他食品，还可以将其制成窄带用来捆扎纸箱、木箱或包装件。

3. 铝质包装材料

铝质包装材料主要是指铝合金薄板、铝箔以及真空镀铝软包装。铝块用于制作挤压软管或拉伸容器，铝板可用于食品罐、冲拔饮料罐的制作，铝箔主要用于复合材料软包装。铝质材料具有许多优良的包装特性，广泛用于食品包装中。

(1) 铝质材料的特点

① 质量轻 铝是轻金属，密度为 $2.7g/cm^3$，约为铁的 1/3，可减轻容器质量，降低贮

运费用。

② 热传导率高　耐热、导热性能好，热传导率约为钢的3倍，适于经加热处理和低温冷藏过的食品包装，且减少能耗。

③ 阻隔性好　具有优良的阻挡气体、水蒸气、油、光线性能，能起到很好的保护作用，延长食品的保质期。

④ 优良的加工性　铝具有很好的延展性，适合于冲拔压延成薄壁容器或薄片，并且具有二次加工性能和易开口性能，易于冲压成各种复杂的形状，易于制成铝箔并可与纸、塑料膜复合，制成具有良好包装性能的复合包装材料。

⑤ 表面性能好　铝材料表面光泽度好，光亮度高，不易生锈，易于印刷装饰，具有良好的装潢效果。

⑥ 再循环性能好　铝质包装废弃物可回收再利用，节约资源和能源。

同样，铝质材料也有其明显的不足，主要表现在以下三方面：

① 耐酸、碱性能差　铝的正常耐酸碱范围为pH4.8～8.5，酸性食品与铝会发生化学反应放出氢而导致膨罐，对铝罐内壁进行涂料处理或复合处理可以改善其耐蚀性能。

② 焊接性能差　容器成型时，很难用焊接方式进行加工，因此，加工局限性较大。

③ 强度低，材质较软　铝的强度不如镀锡薄钢板和无锡薄钢板，而且其表面易划伤，摩擦系数大，铝的薄壁容器受碰撞时易于变形。

(2) 铝合金薄板　铝合金材料经铸造、热轧、退火、冷轧、热处理和矫平等工序制成薄板。铝合金薄板中所含的元素主要有镁、锰、铜、锌、铁、硅、铬等，这些元素的存在会在一定程度上影响铝合金薄板的机械性能、耐蚀性能、加工使用性能。

(3) 铝箔　铝箔是一种用工业纯铝薄板经多次冷轧、退火加工制成的可挠性金属箔材，食品包装用铝箔厚度一般为0.05～0.07mm，与其他材料复合时所用铝箔厚度为0.03～0.05mm，甚至更薄。

① 铝箔的性能特点

a. 光学性能。铝箔表面具有银白色金属光泽，其光学性能主要表现在对光的反射率高达85%～90%，表面形成的氧化膜呈银白色，具有金属光泽。

b. 高阻隔性能。具有优良的阻挡气体、水、光线及微生物的性能，能起到很好的保护作用，可用于密封包装、防潮包装和乳制品的隔气、保香包装，延长食品的保质期。

c. 机械适应性能。铝箔的机械性能主要表现为抗拉强度、延伸率、抗破裂强度的大小，其具有优良的加工适应性和高速自动化操作适应性。但由于冷硫加工硬化和退火后的“干燥”状态，使得铝箔耐折性差，易折皱，而且抗破裂强度较低。因此，铝箔较少单独使用，通常与纸、塑料膜等材料复合使用，作为阻隔层。所以要求铝箔不仅要具有较高的机械性能，同时又要保持一定的柔软性，以减少折裂。

d. 耐热、耐低温性好。铝箔可以耐高温蒸煮和其他热加工，具有良好的导热性，其热传导率可达55%。除此之外，铝箔还适用于冷冻贮存和包装，具有很好的耐低温性能和环境适应性能。

e. 化学性能。铝箔的化学性能主要是指对包装内容物的耐腐蚀能力。铝箔表面自然形成的氧化膜可以抑制氧化的进一步进行。但当铝箔用于一般接触性包装，特别是用于包装较高酸性和碱性内容物时，往往在其接触表面涂以保护涂料或涂膜以提高其耐蚀性，也可以通过复合处理加以改善。

② 铝箔的二次加工　轧制后未经处理的铝箔称为素箔或光箔。根据不同的用途，可以对素箔进行如下深加工，制成更高级的包装材料。常见的二次加工方法如下所述。

a. 染色加工。可对素箔进行染色，使其色彩鲜艳，提高其装饰效果。

b. 印刷加工。可以进行单色印刷，也可以进行多色印刷。

c. 涂布加工。在铝箔的一面或两面涂上合成树脂涂料，以形成薄膜，可提高耐腐蚀性、耐热性以及机械强度等。

d. 复合加工。与各种纸类、塑料薄膜等进行复合，可提高铝箔的机械性能。

e. 压花加工。通过模压辊，压出各种花纹、文字、符号等，增强宣传装饰效果。

(4) 真空镀铝软包装　由于制作铝箔的纯铝价格较高，加工铝箔耗能又大，故使用铝箔包装成本较高，且单独使用有许多性能上的限制，一般还需二次加工。因此，包装上常采用真空镀铝软包装材料以部分代替铝箔复合材料。

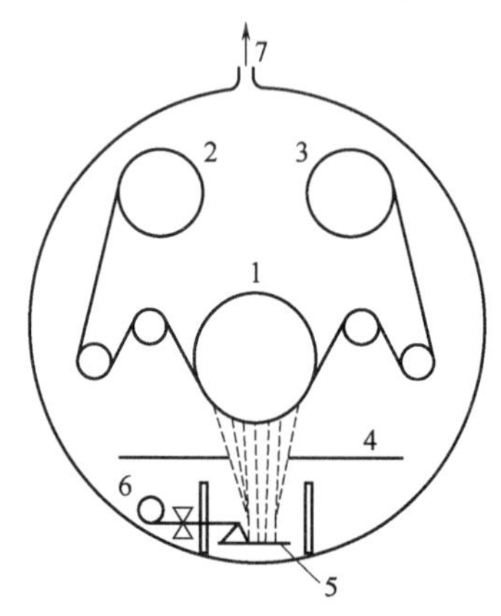

图 3-28　真空镀铝工艺示意图

1—冷筒；2—供料卷；3—取料卷；4—闸板；5—坩埚；6—送金属丝；7—抽气

真空镀铝薄膜是用 PET、PE、PP 等或纸作为基材，镀铝制作工艺过程如图 3-28 所示。将基材在镀铝真空室的冷却辊上展开，铝丝在坩埚内加热使其蒸发而蒸镀在基材表面，形成一层厚度为 25～35nm 的致密铝镀层。为保护这较薄的铝镀层，可再在其上复合一层聚乙烯。

真空镀铝膜的阻隔性虽不如铝箔好，但它的耐折性和加工性能优于铝箔，具有热封性能，其基材塑料膜的静电自然消除，并且由于其成本较低、综合包装性能好而大量应用于食品、医药等包装领域。

三、常用金属包装容器

金属容器在食品工业中广泛应用于罐头、饮料、糖果、饼干、茶叶等的包装中。由于金属材料具有的优良特性，再加上科学技术的迅速发展，金属容器产品与技术得到了很大的进步。

金属包装容器根据其大小规格的不同，可分为罐、桶、箱、盒、管等类型，其中在食品包装中最常用的是金属罐、铝箔容器、金属软管、金属桶和集装箱等。

1. 金属罐

金属罐是最常用的金属包装容器之一，与金属桶没有严格的区分，其定义为：采用金属薄板制成的较小容量的容器。

(1) 金属罐的分类　金属罐的分类方法很多，常用的有如下几种。

① 按容器外形分类　圆形罐：高圆罐、平圆罐，是罐头食品的主流罐形；异形罐：方

形罐、梯形罐、椭圆形罐、马蹄形罐、盆形罐等。各种不同外形的金属罐的分类如图 3-29 所示。

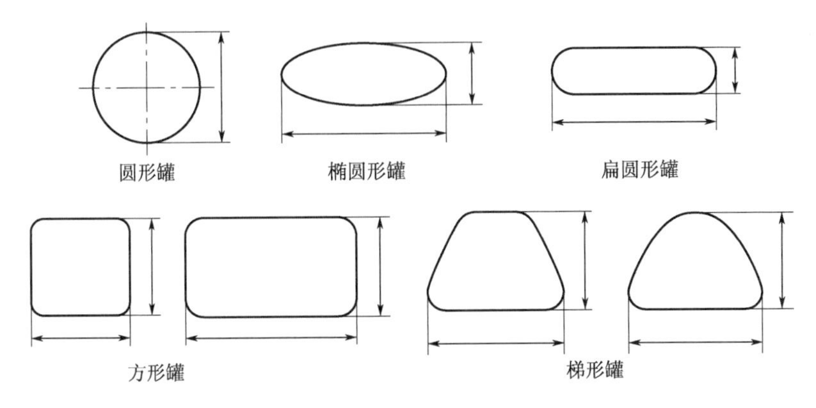

图 3-29　各种不同形状罐的横截面

② 按结构分类　分为三片罐、二片罐。

③ 按材质分类　分为马口铁罐、镀铬薄钢罐、白铁皮罐、铝罐等。

④ 按开启方法分类　分为罐盖切开罐、罐盖易开罐、罐盖卷开罐等。

(2) 金属罐的制造

① 三片罐　三片罐又叫接缝罐，由罐身、罐盖和罐底三部分组成。罐身有纵接缝，根据纵缝连接工艺不同，又分为电阻焊罐、粘接罐和压接罐三种。罐盖、罐底和罐身的连接方式为二重卷边法。

a. 电阻焊罐。即将待焊接的两层金属薄板重叠置于连续转动的两滚轮电极之间，通电，靠电阻产生的热使滚轮之间的被焊接的金属接近熔化状态，并在滚轮压力下连成一体，形成焊线。电阻焊罐罐身制作工艺如下：

印铁→切板→卷圆→焊接→补涂→烘干→翻边→封盖→检漏

b. 粘接罐。主要靠耐高温的聚酰胺树脂系有机黏结剂，进行粘接罐身纵缝，从而解决无锡钢板的焊接性差的问题。其制罐主要工艺步骤如下：

切罐身板→切角→成圆→罐身粘接→冲击粘接→急冷（黏合剂固化）→翻边→封底→喷内涂料→烘干

与电阻焊制罐工艺相比，粘接罐的特点是：在印刷时罐身接缝处不留空白，因而罐身外形美观；采用价格便宜的无锡钢板制罐，可以降低包装成本，但粘接罐不能用于高温杀菌食品的包装。为保证足够的强度，罐身接缝的搭接宽度较大，约为 5mm。

c. 压接罐。主要用于密封要求不高的食品罐，如茶叶罐、饼干罐、糖果罐等，此类罐大多是手工或半自动化方式生产，罐形状可以有多种形式，制作工艺如下：

印铁→烘干→切板→切角、切缺→卷边→端折→成圆→压平→翻边→封底→滚凸筋→成型→检漏

② 二片罐　二片罐又叫冲压罐，由罐身和罐底连在一起的罐体及罐盖两部分组成。罐身无纵接缝，罐底无卷边。根据罐身成型工艺不同分为变薄拉伸罐（冲拔罐）和拉伸罐两种，拉伸罐又分为浅拉伸罐和深拉伸罐。罐盖和罐身的连接方式为二重卷边法。

a. 变薄拉伸罐，其工艺过程如下：

卷材下料→冲压预拉伸成坯→多次拉伸变薄→冲底成型→修边→清洗润滑油→烘干→涂白色珐琅质→表面印刷→涂内壁→烘干→缩颈翻边→检漏

变薄拉伸罐主要适用于铝或马口铁板材，无锡钢板不适于冲拔工艺。冲拔工艺只能成型圆形罐，而不适合制作异形罐，大量用于诸如啤酒和含气清凉饮料的包装，很少用于其他食品包装。

b. 拉伸罐，是将板材经连续多次变径冲模而成的二片罐。其整个制作工艺过程如下：

下料→顶冲杯→再冲杯（若干次）→翻边→冲底成型→修边→表面装饰→检漏

拉伸罐使用的材料主要是无锡钢板和马口铁板，它的形状可以是圆形，也可以是异形，主要用于加热杀菌食品的包装。

在金属罐中，二片罐的应用一方面扩大了金属材料的应用范围，另一方面也丰富了饮料和食品的包装市场，特别是含气饮料的包装，大多已采用易拉盖的二片罐包装。除此之外，制罐工艺的改进、效率的提高又显示了它的强大生命力。

③ 罐盖 二片罐和三片罐均需配用罐盖。罐盖有工具切开盖和易开盖两种。

a. 切开盖。即板材经冲压成型具有加强棱的圆形或异形盖，开罐时用专用工具切开。制盖工艺流程为：

切板→涂油→冲盖→圆边→注胶→烘干

b. 易开盖。早期的易开盖为在罐盖上配有开罐匙，开罐时用此开罐匙卷起罐身上有压痕的一窄条而将罐盖与罐身分离。现常用拉环式易开盖，按开口大小分为小开口易开盖和大开口易开盖两种。小开口易开盖在盖上压有梨形压痕，梨形小端连一拉环，拉起拉环即将梨形压痕撕开成一梨形孔，适用于饮料、啤酒罐。大开口易开盖压痕为接近整盖的边缘，拉起拉环即几乎将整个盖撕开，适用于内装块粒状食品的罐头盖封，主要用于固体和黏稠状食品的罐。易开盖结构如图 3-30 所示。

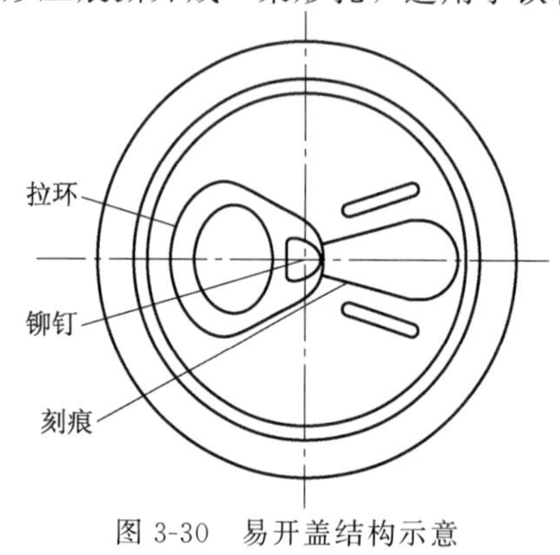

图 3-30 易开盖结构示意

罐盖边缘必须形成一道适合于卷封的盖沟，在盖沟中注以密封胶以确保卷封后与罐身密封良好。各种易开盖的制造工艺基本相同：

板料（预先涂料）→波形切板→外圆落料→冲盖→压圆形槽→压痕→压安全折叠→嵌入拉环→铆合→圆边→涂胶→烘干

2. 铝箔容器

（1）制作蒸煮袋 蒸煮袋是用复合材料制成的食品包装袋，而对于贮存期较长、条件要求较高的食品，蒸煮袋结构中应有铝箔层，以提高阻气性和阻光性。

（2）制作多层复合材料 铝箔与塑料膜制成两层或多层复合材料袋，用于对防潮性和气密性要求高的茶叶、奶粉及各种小食品等的包装；铝箔与塑料膜、薄纸板复合制成多层材料，常用作液体食品的无菌包装材料，如无菌奶及果汁的包装使用的利乐包、康美尔盒等。

聚乙烯/纸板/聚乙烯/铝箔/聚乙烯就是常用的制利乐包的材料。在多层材料中铝箔主要提供阻隔性、抗渗透性；纸板提供挺度和刚性；塑料膜提供阻隔性、抗渗性。

(3) 制作盖材 泡罩包装的型材根据气密性要求不同可用聚氯乙烯、聚苯乙烯等塑料片材为原料。泡罩包装的盖材多用预先印刷好的涂有热封胶的铝箔，典型结构如PP（或PE）/Al/PE、纸/Al/PE（热封胶）。泡罩包装广泛用于糖果的包装。

(4) 制作盘、盒 较厚的铝箔可加工成浅盘、盒等，可以是带盖的或不带盖的。铝箔浅盘翻边处涂热塑性涂层后，可用热封法与塑料盖或涂塑铝箔盖封合，它可用于耐烘烤食品的托盘包装。

3. 金属软管

金属软管目前主要由铝质材料制成。将铝料坯在压机上经挤压模制成管状，再按需截取管长，然后退火软化、加工管口螺纹、内壁喷涂料、外表印刷制成空软罐。使用时将食品由软管尾部灌入，然后将管尾压平卷边，即完成良好密封。

金属软管可进行高温杀菌、开启方便、再封性好，可分批取用内装食品，未被挤出的食品受污染机会比其他包装方式少得多。软管可高速成型、高速印刷、高速灌装。

金属软管以前主要用于日化产品，如牙膏等的包装，现在金属软管（如铝质软管及铝塑复合材料软管）也用于果酱、果冻、调味品等半流体黏稠食品包装。金属软管的阻隔性比塑料软管好，但取出部分内容物后金属软管变瘪，外观不如后者。

4. 金属桶

金属桶一般指容量较大的金属容器，容积一般为30～200L，主要用于食品原料及中间产品的贮存、运输包装，具有密封好，强度高，耐热、耐压、耐冲击，包装可靠和可重复使用的优点。金属桶的材料需根据工艺要求选取。金属材料应具有良好的塑性和可焊接性。一般选用优质碳素结构钢、低碳薄钢板或镀锌薄钢板、铝合金、不锈钢等。

根据装料口的不同大小，可将金属桶分为小口桶、中口桶、大口桶等不同种类。小口桶适宜装食油等液体类食品，密封可靠，不易泄漏，方便运输。大口桶的桶盖全开，靠桶箍将桶盖与桶身凸起紧固密封。大口桶主要适宜装块状、粉状或浆状食品，具有装料、取料方便和便于桶内清理的特点。

5. 无菌罐藏用金属大罐

采用无菌包装技术罐藏大批量果蔬汁加工产品或半成品是无菌包装的新发展，如将番茄打浆、浓缩、经高温短时杀菌后冷却到32℃，立即灌入已灭菌的无菌大罐中密封贮存，保质期可达一年。无菌大罐也可用于各类果蔬原汁及浓缩汁的无菌贮运包装。

无菌大罐用普通碳钢制成，罐内壁有环氧树脂涂层，罐盖有孔，通过此孔可喷入洗罐用杀菌药剂，也可由此孔注入惰性气体保护内装食品。杀菌后罐内充满无菌惰性气体，再将已灭菌的液体食品灌入其中密封保存。一般在原料产地进行无菌包装，再在各地食品加工厂进行分装或二次加工。

第五节 功能性包装材料

一、功能性包装材料和传统功能材料的关系

功能性包装材料是普通包装材料的延伸，也就是说，功能性包装材料在具有一般包装材料功能和特性的同时，还必须具备特殊的性能。这些特殊性可以满足所要包装的食品的特殊要求和特殊环境条件。

功能性包装材料与传统功能材料有相同之处，但却有根本的区别，特别是食品功能性包装材料。

1. 传统的功能材料种类

传统的功能材料包括磁性材料、电子材料、信息记录材料、光学材料、敏感材料、能源材料，此外还有阻尼材料、形状记忆材料、生物技术材料、催化材料等。这些功能材料是通过单一物理量来衡量的，但功能性包装材料很难用单一的物理量来衡量，所以功能性包装材料属于功能复合材料的范畴。功能复合材料指具有除力学性能以外的其他物理性能的复合材料。而功能性包装材料则是在复合材料或传统功能材料基础上包含化学、生物、环境等性能在内的满足某些物质特性的特殊材料。不同的物质需要不同的功能性包装材料。

2. 食品功能性包装材料

可溶性包装材料：水溶、醇溶、热溶及气溶，以及特殊化学溶剂溶解性材料等。

可食性包装材料：人食用、动物食用包装材料等。

绿色包装材料：无污染环保材料。

保鲜包装材料：常温、高温、低温等保鲜材料。

特种功能包装材料：防潮、透气（由物质分子直径确定）、除氧等包装材料。

食品功能性包装材料随着新食品的出现和人类对食品性能要求的变化也在不断地变化，但最终目的还是通过食品功能性包装材料而使食品得到更好的保护（营养、品质等）。未来的食品功能性包装材料会越来越多。

二、可溶性包装材料

可溶性包装材料指的是在常温下自然溶解的包装材料。目前人们研究得较多或正在进行研究的水溶性包装材料、降解包装材料、自溶型包装材料均属于可溶性包装材料。

1. 水溶性包装材料——水溶性薄膜

水溶性塑料包装薄膜作为一种新颖的绿色包装材料，在欧美、日本等国被广泛用于各种产品的包装，它的主要特点是：

① 降解彻底，降解的最终产物是 CO_2 和 H_2O，可彻底解决包装废弃物的处理问题；

② 使用安全方便，避免使用者直接接触被包装物，可用于对人体有害物品的包装；

③ 力学性能好，且可热封，热封强度较高；

④ 具有防伪功能，可作为优质产品防伪的最佳武器，延长优质产品的寿命周期。

(1) 水溶性包装薄膜的主要性能

① 含水量　成卷的水溶性薄膜用 PE 塑料包装以保持其特定的含水量不变。当水溶性薄膜从 PE 包装中取出后，其自身的含水量随环境湿度发生变化，其性能也随之有所变化。

② 防静电性　水溶性薄膜是一种防静电薄膜，与其他塑料薄膜不同，其具有良好的防静电性。在使用水溶性薄膜包装产品过程中，不会因为静电而引起其可塑性降低及静电附尘。

③ 水分及气体透过率　水溶性薄膜对水分及氨气具有较强的透过性，但对氧气、氮气、氢气及二氧化碳气体等具有良好的阻隔性。这些特点，使其可以完好保持被包装产品的成分及原有气味。

④ 热封性　水溶性包装薄膜具有良好的热封性，适合于电阻热封及高频热封，热封强度与温湿度、压力、时间等条件有关，一般大于 200g/cm。

⑤ 力学性能　水溶性包装薄膜的力学性能：弹性模量 400～2500kg/cm^2，抗拉强度 200～400kg/cm^2，撕裂力 50～200kg/cm，延伸率 150%～220%。

⑥ 印刷性能　水溶性薄膜可以用普通的印刷方法进行清晰印刷，印刷性良好。

⑦ 耐油性及耐化学药品性　水溶性包装薄膜具有良好的耐油性（植物油、动物油、矿物油）、耐脂肪性、耐有机溶剂和碳水化合物等，但强碱、强酸、氯自由基及其他可与 PVA 发生化学反应的物质，如硼砂、硼酸、某些染料等，这类物质建议不要用水溶性薄膜包装。

⑧ 水溶性　水溶性薄膜的水溶性与其厚度和温度有关，以 25μm 厚的薄膜为例，20℃时溶解时间≤80s，30℃时溶解时间≤50s，40℃时溶解时间≤30s。

(2) 水溶性包装薄膜的发展前景　水溶性包装薄膜的最大优点是阻隔性（也称阻透性）和水溶性，它对水及湿气具有极度的敏感性。水溶性薄膜可作为食品内包装及其覆膜层（与纸复合）。其与纸复合后，既可使用纸做的内包装便于加热封口，还可使之在用后不污染环境（放入自然界雨水一淋便溶化）。

水溶性薄膜发展的另一应用领域，将是食品包装的防伪和质量鉴别。采用不同程度皂化的聚乙烯醇制取不同溶解温度和溶解时间的水溶性薄膜，用作非水性液体的包装（如乳状、油性物等），这类物质很容易被不法者掺假（加入水），而正宗厂家采用水溶性薄膜包装后，一旦被制假者加入一定量的水，包装便会溶化，这样就达到了防假打假的目的。

2. 生物溶性包装材料——生物降解薄膜

生物降解薄膜的降解就是将用后的包装薄膜置于大气或土壤中，被微生物分解。

(1) 生物降解薄膜特性　生物降解薄膜的主要特性仍包括柔软性、耐破度、伸展性、透明度、降解率、脆性等。生物降解薄膜还要求在必要时间内可以暴晒而不老化，经过一段时间也可以进行降解，这也就是所谓的稳定性。例如，用淀粉加入丙烯酸乙烯共聚物制得的生物降解薄膜，其特性取决于淀粉的加入比例；当加入淀粉为 30%～40%时，该薄膜可在

30天以上保持柔韧性和抗冲击性，也就是其稳定性较好，而当加入淀粉达50%～90%时，其脆性较大，并且在3～7天就受到微生物的侵蚀而化解。

(2) 生物降解薄膜包装材料的发展方向 生物降解薄膜包装材料主要有如下两个发展方向。

① 生物聚酯合成生物降解包装材料 生物聚酯就是利用微生物产生的共聚聚酯，经过改变其共聚成分，制得的类似于晶体的坚硬的塑料类材料。它既可是结实的线材，也可是透明柔软的薄膜，它是一种很有前途的生物降解材料。

② 植物合成生物降解包装材料 植物合成生物降解包装材料就是通过操纵植物的遗传因子，部分控制淀粉高分子链的质化度，从而制造出以廉价的淀粉为主的生物降解包装材料。

3. 光溶解包装材料——光降解薄膜

光降解包装材料是可溶性环保型包装材料之一。目前有关光降解塑料薄膜的光降解机理归纳起来主要有如下两大理论，即紫外线分解裂变和光降解氯化（及老化）降解。光降解薄膜的降解理论还有一些其他的假设，如能量理论、分子裂变理论等，但均属于探索阶段，而且很多理论缺乏系统的试验，因此还需要进一步研究探索。

4. 其他可降解包装材料

目前人们正在不断进行研究和开发的可降解包装材料还有如下几种。

(1) 乳酸降解材料 此项技术非常成熟，具有100%的降解效果。它主要是以乳酸为原料，生产出的一种具有特殊性质的聚合物，可用作胶囊包装。它不仅有完全的生物可降解性，还有环境安全性。但它的亲水性太强，在0.25s即可完全降解。因此，在包装上的应用范围十分有限。

(2) 酪素降解材料 它是利用动物乳，通过酸化后得到的。在酪素中加入增塑剂、色料及填充剂，并加入适量水，搅拌均匀后，再用螺旋挤压方式成型，最后在甲醛溶液中硬化而得。

(3) 蛋白降解材料 利用植物蛋白质（如玉米、大豆等），加入一定量的水、甲醛、增塑剂及颜料进行搅拌，再经挤压或模压而得。它可单独用作包装或用作纸张的涂料（覆膜），是一种理想的食品包装材料。

另外用动物甲壳制取包装材料的研究也在进行中。

三、可食性包装材料

可食性包装材料是一种新型的包装材料，按其名可解释为可以食用的包装材料。也就是当包装的功能实现后，即将变为“废弃物”时，它转变为一种食用原料，这种可实现包装材料功能转型的特殊包装材料，便称为可食性包装材料。

无论是哪种类型的可食性包装材料，都只能是以某种主要原料或成分来加以界定，用完全纯粹单一的材料去分类很难办到。因此可食性包装材料是利用其主要原料（成分）来分类的。可食性包装材料的类型目前大体上分为五大类，即淀粉类可食性包装材料、蛋白质类可食性包装材料、多糖类可食性包装材料、脂肪类可食性包装材料及复合类可食性包装材料。此外，还有一些其他类型的可食性包装材料，如膨化型（发泡型）食品包装材料等。

可食性包装材料是当前包装材料研究中较为热门的课题。关于可食性包装不断有新的品种和技术出现。可食性包装是世界食品工业新科技发展的主要趋势，它已涉及广泛的应用领域，如肠衣、果蜡、糖衣、糯米纸、冰衣和药片包衣等。由于可食性包装功能多样，无害环境，取材方便，可供食用，因此近年来发达国家食品业竞相研制开发，新产品、新技术不断涌现，应用前景广阔。

四、保鲜包装材料

保鲜是指从采后到消费期间的新鲜保持。它包括贮藏、运输和销售等环节的保鲜，更多的是指贮藏保鲜。

保鲜包装就是指通过包装的方法实现产品的保鲜，包括果蔬保鲜包装以及水产食品、肉食品及水分较多的糕点食品（面包、蛋糕等）等的保鲜包装，只是不同食品的保鲜方法和保鲜材料有所不同。

保鲜包装材料指具有保鲜功能且用于食品包装的材料。保鲜包装材料可分为硬材、软材和散材。保鲜包装软材指纸或塑料薄膜类；硬材指那些有一定刚性的板材或片材，如塑料板材、瓦楞纸板、金属板材等；散材多指粉剂或水剂（如保鲜剂等）。

1. 保鲜包装软材

保鲜包装软材常见的是保鲜包装膜。保鲜包装膜也有很多，主要有纸膜和塑料类膜。

塑料类保鲜包装膜按用途分，有鲜贮膜、冷藏膜、包装膜等；按原料分，有 PE、PVC、硅橡胶（硅胶）、PVDC、PVA、PP 等；按生产工艺分，有吹塑膜、压延膜、流延膜、共挤吹塑复合膜；按规格分，有宽幅、窄幅、薄型、超薄型；按颜色分，有无色膜和有色膜；按功能分，有透明膜、遮光膜、气调膜、真空膜、多功能膜等；按农产品分，有粮食膜、果品膜、菜类膜、加工食品膜等。上述各类的不同组合，形成了诸多保鲜包装膜产品系列。

2. 保鲜包装硬材——保鲜包装片与容器

(1) 功能性瓦楞纸板与纸箱 普通的瓦楞纸箱是由全纤维制成的瓦楞纸板构成的，近年来功能性瓦楞纸箱也开始应用，如在纸板表面包裹发泡聚乙烯、聚丙烯等薄膜的瓦楞纸箱；有在纸板中加入聚苯乙烯等隔热材料的瓦楞纸箱；还有聚乙烯、远红外线放射体（陶瓷）及箱纸构成的瓦楞纸箱等。这些功能性瓦楞纸箱可以作为具有简易、调湿、抗菌作用的果蔬保鲜包装容器使用。

(2) 隔热板及容器 主要是在纸板或纤维板材上涂布或浸渍阻热、隔热材料而得。代表性的隔热容器是发泡聚苯乙烯板或箱，其隔热性能优良并且有耐水性，在苹果、龙须菜、生菜、硬花甘蓝等果蔬中已有应用，但是废弃物难以处理。因此，作为其替代品，可以使用前述的功能性瓦楞纸箱和以硬发泡聚氨酯、发泡聚乙烯为素材的隔热性板材式覆盖材料，如硬质发泡聚氨酯加中、低压聚乙烯包覆或发泡聚乙烯加铝等。

(3) 其他保鲜包装片材 一般保鲜用包装片材都是在已有的基材中加入特殊的功能性材料而得。保鲜包装用片材大多是以高吸水性树脂为基材，其树脂基材种类很多，如吸水能力数百倍于自重的高吸水性片材。在这种片材中混入活性炭后除具有吸湿、防湿功能外，还具有吸收对保鲜有害的乙烯、乙醇等的能力。还有在高吸水性片材中混入抗菌剂的抗菌性片材等。

3. 保鲜包装散材

应用于保鲜系统的保鲜包装散材有以下几种。

(1) 抑氧剂 所有抑氧剂都需制成具有以下典型结构的复合薄膜，包括内层至外层，如有一层高阻隔性的聚合物（如 PA)、抑氧剂、一层低阻隔性聚合物（如 PE 或 EVA)。其中，抑氧剂可隔离空气中的氧气，并且通常不直接接触食品。用无机物填充的 PE 薄膜——活性薄膜（AF）具有调节水中氧气和二氧化碳浓度的作用。有资料表明，将 Na_2CO_3、$Ca(OH)_2$、NaCl、活性铁粉、硅藻土按一定比例脱氧包装效果明显，可延长蛋糕的保鲜期，提高其感官质量。

(2) 抗菌剂 食品变质主要是由微生物作用引起，在食品内添加杀菌剂可起到很好的作用。事实证明，在塑料中添加抗菌剂也取得了良好效果，特别是用在潮湿环境中的 PVC 制品中。目前，Nisine 是普遍流行采用的部分食品杀菌剂。部分有机酸（如山梨酸、丙酸、苯甲酸衍生物）也已证实可用作食品防腐剂。上述各种活性包装的应用越来越多，延长食品保质期的效果也不断增加，但应用时不能忽略食品卫生标准的要求。

(3) 乙烯捕捉剂 乙烯可以在植物的新陈代谢中产生，其作用像催化剂一样可促使水果成熟和变软。尤其是乙烯积聚在包装材料内，就会使得在商店里采用密封包装出售的新鲜水果和蔬菜很快腐烂、变质。其主要对策是利用放在包装内的一小袋乙烯捕捉剂。用于去除乙烯单体十分有效的矿物质有沸石、方石英以及部分种类的碳酸盐。

(4) 水分吸收剂 干燥剂在去除包装内的水汽，降低食品表面的水分活度，延长货架期方面已应用很多，主要以小包形式应用，其中基质为石灰、白土、氧化钙等。现已研制开发出吸水薄膜，用来降低冷冻食品表面的水分活度，延长保质期。这种活性包装可使鱼类的货架寿命延长 3～4 天。该吸水薄膜干燥后可重复使用 10 次。

(5) 二氧化碳生成剂和除去剂 新鲜食物的贮存包装，往往会产生二氧化碳，而二氧化碳又有抑制微生物生长的作用。控制二氧化碳含量可在包装膜内装上二氧化碳产生系统或除去系统。高二氧化碳浓度（10%～80%）对于肉禽类的贮藏尤为重要。但二氧化碳对塑料薄膜的透过率是氧气的 3～5 倍，因而需要二氧化碳产生剂。但如果二氧化碳浓度过高，会使水果进入糖酵解阶段，导致水果品质快速下降，这时需要二氧化碳除去剂。

含铁粉和氢氧化钙的小包，可用于新加工咖啡的包装，它可同时控制包装内的氧气和二氧化碳含量，使咖啡的货架寿命延长 3 倍。

(6) 天然香辛料 天然香辛料的防腐效果也已得到确认。在肉馅中加入大蒜的精油成分比未添加的肉馅保存期明显延长。但为了防止香辛料自身带来的微生物污染，需要用乙烯氧化物进行熏蒸，因此香辛料中即使带有若干防腐性，也会由于自身的细菌问题使其防腐性与微生物污染性互相抵消。所以不可过高期望香辛料的防腐效果。

(7) 植物激素 研究试验表明，植物激素具有保鲜功能。植物激素有赤霉素、细胞激动素、青鲜素、维生素 B_9 等，它们可抑制呼吸、延缓衰老、推迟变色，保持果蔬的脆度和硬度等。

(8) 其他保鲜材料 除上述材料外，还有许多材料经证明也具有保鲜作用，如生物酶制剂、乳酸、乙酸、山梨酸、安息香酸等。

五、绿色包装材料

绿色包装又称为环境友好包装或生态包装，它是指对生态环境和人体健康无害，能循环复用和再生利用，可促进国民经济持续发展的包装。也即包装产品从原材料选择、产品制造、使用、回收和废弃的整个过程均符合生态环境保护的要求，包括了节省资源、能源，减量，避免废弃物产生，易回收复用，可再循环利用，可焚烧或降解等生态环境保护要求的内容。

绿色包装材料一般可分为可降解包装材料和非降解无公害包装材料（如玻璃、陶瓷等无机矿产材料）。或根据其来源划分为下述三种类型。

1. 工业加工包装材料（无公害材料）

如生物降解、光降解、水溶性等塑料类或近似塑料包装材料膜与容器，以及金属、陶瓷等包装材料及容器。

2. 天然材质包装材料

(1) 纸包装材料

(2) 植物类天然绿色包装材料

① 草质购物方便袋；

② 植物纤维快餐饭盒；

③ 编织包装容器；

④ 玉米穗苞叶芯管；

⑤ 天然木质包装盒。

(3) 矿物类绿色包装材料

① 珍珠岩缓冲包装件；

② 黏土、陶瓷制品。

(4) 动物类天然绿色包装材料

① 动物的皮毛；

② 贝壳；

③ 动物胶。

3. 组合类绿色包装材料

包括天然材质与工业合成材质的组合，如木材与纸板组合的包装、木材与金属组合的包装、可降解塑料类薄膜与纸的复合包装等。

1. 简述纸类包装材料的特点及包装特性。
2. 试述瓦楞纸箱的包装特性，并说明其常用范围。
3. 试比较 PE、PP、PVC、PVDC、PET 的包装特性及其适用的场合。
4. 简述玻璃包装容器的强度特性及影响强度的因素。
5. 简述金属包装材料的包装特性及改进方向。
6. 简述铝质材料的包装特点及铝箔材料的性能特征。
7. 试述金属罐的分类及其特点。举例说明不同类型罐的应用。
8. 食品功能性包装材料主要包括哪些?

第四章 常用食品包装技术

学习目标

1. 掌握防潮包装的定义及其原理、常用包装材料及防潮包装的设计计算方法。
2. 掌握无菌包装的定义及其原理、常用的灭菌方法。
3. 掌握常用收缩、拉伸包装材料的性能指标及工艺要点。
4. 掌握防氧化包装的定义及其原理、常用的防氧化包装工艺。

食品包装技术是随着科学技术的进步、市场的需求以及新型包装材料的不断出现而逐渐形成和发展的。常用的食品包装技术有防潮包装、无菌包装、收缩和拉伸包装、气调包装等，新兴的食品包装技术有微波食品包装、绿色包装、防伪包装等（将在下一章介绍）。

食品包装技术根据需要主要解决以下问题：根据产品的种类和需要选用合理的条件进行食品包装，以延长食品的保藏期；选用适当的包装材料，使食品在出厂以后，能经受运输、贮藏、分配和零售各个环节的周转；所用包装材料和工艺方法，在经济成本上合理可行，能使企业获得效益。

第一节 防潮包装技术

含有一定水分的食品，尤其是对环境湿度敏感的干制食品，在环境湿度超过其质量所允许的临界湿度时，食品将迅速吸湿而使其含水量增加，达到甚至超过维持质量的临界含水量，从而使食品因水分影响而引起质量变化。水分含量较多的潮湿食品也会因内部水分的散失而发生物性变化，降低或失去原有的风味。因此，对于那些吸湿散湿后质量会受到影响的产品，应用防潮包装是非常必要的。

防潮包装就是采用具有一定隔绝水蒸气能力的防潮包装材料对食品进行包封，隔绝外界湿度对产品的影响；同时使食品包装内的相对湿度满足产品的要求，在保质期内控制在设定的范围，保护内容物的质量。目前，一般防潮包装采用高阻湿性的防潮纸包装或塑料薄膜包装就可达到一定的防潮包装要求，但对防潮要求高的膨化食品或其他高级商品，还需封入干燥剂以保证食品的风味或脆度等方面的质量要求。

一、食品包装内湿度变化的原因

包装内湿度变化的原因有两方面，其一为包装材料的透湿性而使包装内湿度增加，其二为环境温、湿度的变化所致，在相对湿度确定的条件下，高温时大气中绝对含水量高，温度降低则相对湿度会升高，当温度降到露点温度或以下时，大气中的水蒸气会达到过饱和状态，而产生水分凝结。这种温、湿度变化关系与防潮包装有很大的相关性，如果在较高温度下将产品封入包装内，其相对湿度是被包装产品所允许的，当环境温度降低到一定程度时，包装内的相对湿度升高到可能超过被包装产品所允许的条件。所以，食品包装时环境大气中的相对温、湿度条件对防潮包装有重要意义，若产品在较高的温、湿度条件下进行防潮包装，反而可能会加速食品的变质。

每一种食品的吸湿平衡特性不同，因而对水蒸气的敏感程度也不同，对防潮包装性能的要求也有所不同。大多数食品都具有吸湿性，在水分含量未达饱和之前，其吸湿量随环境相对湿度的增大而增加。每一类食品都有一个允许的保证食品质量的临界水分和吸湿量的相对湿度范围，在这个范围内吸湿或蒸发达到平衡之前，产品的含水量能保持其性能和质量，超过这个湿度范围，则会由于水分的影响而引起品质变化。例如，茶叶在炒制烘干后水分含量约为3%，在相对湿度20%时达到平衡，在相对湿度50%时茶叶的平衡水分为5.5%，在相对湿度80%时，其平衡水分为13%。当茶叶的水分含量超过5.5%时，茶叶质量急剧下降，因此把5.5%的水分作为茶叶保持质量的临界水分含量，在进行防潮包装时在规定的保质期内必须保证茶叶的水分含量不超过5.5%。

部分食品的临界水分和饱和吸湿量见表4-1。

表4-1 部分食品的临界水分和饱和吸湿量（20℃，相对湿度90%）

食　品	饱和吸湿量/%	临界水分/%
椒盐饼干	43	5.00
脱脂奶粉	30	3.50
肉汁粉末	30	2.25
洋葱干粉末	60	4.00
果汁粉末	35	—
可可粉末	60	3.00
	45	—
干燥肉	72	2.25
蔗糖	85	—
干菜（番茄）	20	—
果脯（苹果）	70	—

二、 防潮包装原理

1. 防潮包装材料的透湿性

一般气体都具有从高浓度向低浓度区域扩散的性质，空气中的湿度也有从高湿区向低湿区扩散流动的性质。要隔断包装内外的这种流动，保持包装内产品所要求的相对湿度，就必须采用具有一定透湿要求的防潮包装材料。

水蒸气透过包装材料的速度，一般符合费克气体扩散定律，即：

$$\frac{\mathrm{d}R}{\mathrm{d}t}=DA\frac{\mathrm{d}p}{\mathrm{d}x} \tag{4-1}$$

式中 D——扩散系数，取决于材料和气体性质；

A——包装材料的有效面积；

$\frac{\mathrm{d}R}{\mathrm{d}t}$——扩散速率；

$\frac{\mathrm{d}p}{\mathrm{d}x}$——水蒸气压力梯度。

$$\frac{\mathrm{d}p}{\mathrm{d}x}=\frac{p_1-p_2}{\delta} \tag{4-2}$$

式中 p_1，p_2——材料两面的水蒸气压力；

δ——材料厚度。

由以上两式可知，对一定的包装材料，扩散速度主要取决于材料两面的水蒸气压差。因此，测定材料的透湿性能必须控制材料两面的水蒸气压差接近恒定，才能保证测定的准确性。

包装材料的透湿性能取决于材料的种类、加工方法和材料厚度，一般通过测定其透湿度（R）来判断包装材料的透湿性能。透湿度通常是指在一定的相对湿度差、一定厚度、$1m^2$面积薄膜在24h内透过的水蒸气的质量。透湿度是防潮包装材料的一个重要参数，也是选用包装材料、确定防潮期限、设计防潮工艺的主要依据。但包装材料透湿度的大小受测定方法和实验条件的影响很大，当改变其测定条件时其透湿度值也随之改变，故各国都制定了透湿度的测定标准。我国目前参照日本TLS-Z-0208标准操作，即有效面积为$1m^2$的包装材料在40℃下，一面保持90%相对湿度（RH）、一面用无水氯化钙将空气完全干燥，然后用仪器测定24h内透过包装材料的水蒸气量，即为该材料的透湿度，单位用$g/(m^2 \cdot 24h)$表示。

按上述方法测定的包装材料透湿度，可作为防潮包装设计的依据。但实际产品包装时不可能只在这特定条件（40℃，90%RH）下进行，通常环境的温、湿度变化较大，在不同温、湿度条件下其透湿度有很大差别。当温度高、湿度梯度大时，其水蒸气扩散速率就会增大；反之则扩散速率会降低。

此外，包装材料的透湿度与其厚度成反比，增加包装材料的厚度，则可提高防潮性能。为了提高防潮包装材料的防潮性能，降低其透湿度，一般采用不同材料进行复合。复合包装材料在防潮包装中应用广泛，对用同一种塑料薄膜叠合的多层薄膜，其透湿度与叠合的层数成反比例，即随叠合层数的增加而减少，而防潮性能随层数的增加而成比例地提高。不同材料的复合，其透湿度随各层薄膜的材质、厚度等不同而异。复合材料的防潮性能，是各层薄膜防潮性能的总和。当复合膜各层材料的透湿度分别为 $R_1, R_2, \cdots, R_n$ 时，复合膜的透湿度可根据下式求出：

$$\frac{1}{R}=\frac{1}{R_1}+\frac{1}{R_2}+\cdots+\frac{1}{R_n} \tag{4-3}$$

2. 常用防潮包装材料的透湿度

防潮包装材料是指不能透过或难于透过水蒸气的包装材料。常用防潮包装材料有纸、塑料、金属、玻璃、陶瓷等。防潮包装材料除具有普通包装材料的功能外，在防潮包装中的特殊要求是透湿度小。防潮材料的透湿度越小，防潮性能就越好。防潮性能较好的材料是玻璃、陶瓷和金属包装材料，这些材料的透湿度可视为零。目前大量使用的塑料包装材料中适宜用于防潮包装的单一材料品种有：PP、PE、PVDC、PET 等，这些材料的阻湿性较好，热封性能也好，可单独用于包装要求不高的防潮包装。在食品包装上大量使用的是复合薄膜材料，复合薄膜比单一材料更优越的防潮性能和综合包装性能，能满足各种包装的防潮和高阻隔要求。表 4-2 所列为几种常用防潮复合薄膜的透湿度。

表 4-2　几种常用防潮复合薄膜的透湿度（40℃，90%RH）

序　号	复合薄膜组成	透湿度/［g/（m^2·24h)］
1	玻璃纸（30g/m^2）/聚乙烯（20～60μm）	12～35.3
2	防湿玻璃纸/聚乙烯	10.5～18.6
3	拉伸聚丙烯（18～20μm）/聚乙烯（10～70μm）	4.3～9.0
4	聚酯（12μm）/聚乙烯（50μm）	5.0～9.0
5	聚碳酸酯（20μm）/聚乙烯（27μm）	16.5
6	玻璃纸（30g/m^2）/纸（70g/m^2）/聚偏二氯乙烯（20g/m^2）	2.0
7	玻璃纸（30g/m^2）/铝箔（7μm）/聚乙烯（20μm）	<1.0

三、防潮包装设计

防潮包装具有两方面的意义，一是为了防止被包装的含水食品失水，二是为了防止环境中的水分透入包装而使干燥食品增加水分，影响食品品质。防潮包装的实质问题是：使包装内部的水分不受或少受包装外部环境影响，选用合适的防潮包装材料或吸潮剂及包装技术措施，使包装内部食品的水分控制在设定的范围内。

防潮包装设计方法有两种，即常规的防潮包装设计方法和封入吸潮剂的防潮包装设计方法。

1. 常规防潮包装设计方法

根据被包装产品的性质、防潮要求、形状和使用特点，合理地选用防潮包装材料，设计包装容器和包装方法，并对防潮保质期进行测算。

(1) 防潮包装设计的基本参数

防潮包装设计的基本参数如下：

m_1——被包装物品的净重，g；

w_1——被包装物品的含水量，%；

w_2——被包装物品的允许最大含水量，%；

A——包装材料的有效面积，m^2；

t——防潮包装有效期（以“24h”为计算单位）；

h_1——包装品贮存流通环境的平均湿度，%；

h_2——包装内的湿度，%；

θ——包装贮存环境的平均气温，℃。

（2）防潮包装设计步骤

① 计算允许透过包装的水蒸气量 m_2(g)。

$$m_2 = m_1 \cdot (w_2 - w_1) \tag{4-4}$$

② 计算包装材料允许的透湿度 R_v [g/（m^2·24h）]　在食品保存期内，允许的最大吸湿量即为其包装材料所准许的最大水蒸气透过量，由此即可求出包装材料的允许透湿度。

$$R_v = \frac{m_2}{A \cdot t} = \frac{m_1 \cdot (w_2 - w_1)}{A \cdot t} \tag{4-5}$$

③ 确定包装材料在某食品贮存温、湿度条件下的实际透湿度 R_θ　根据费克气体扩散定律，对式(4-1) 积分得：

$$R_\theta = \frac{D \cdot A \cdot \Delta p}{\delta} \times t \tag{4-6}$$

一般情况下材料的扩散系数 D 是在 40℃、90%RH 的特定条件下测得的，把在此特定条件下测量并计算得到的包装材料的透湿度用 R 表示，则包装材料在某温、湿度条件下的实际透湿度 R_θ 可由下式得到：

$$R_\theta = R \cdot K_\theta \cdot \Delta h \tag{4-7}$$

式中　Δh——包装内外的湿度差，%；

K_θ——包装放置在环境温度 θ℃时的温度影响系数（见表 4-3）；

R——在 40℃、90%RH 条件下材料的透湿度（见表 4-2）。

表 4-3　各种包装材料在不同温度下的 K_θ 值

θ/℃	40	35	30	25	20	15	10	5	0
PS	1.11×10^{-2}	0.85×10^{-2}	0.64×10^{-2}	0.48×10^{-2}	0.35×10^{-2}	2.57×10^{-3}	1.84×10^{-3}	1.31×10^{-3}	0.92×10^{-3}
（软）PVC	1.11×10^{-2}	0.73×10^{-2}	0.49×10^{-2}	0.31×10^{-2}	0.20×10^{-2}	1.26×10^{-3}	0.70×10^{-3}	0.46×10^{-3}	0.28×10^{-3}
（硬）PVC	1.11×10^{-2}	0.80×10^{-2}	0.58×10^{-2}	0.31×10^{-2}	0.29×10^{-2}	1.99×10^{-3}	1.30×10^{-3}	0.90×10^{-3}	0.61×10^{-3}
PET	1.11×10^{-2}	0.73×10^{-2}	0.48×10^{-2}	0.31×10^{-2}	0.20×10^{-2}	1.29×10^{-3}	0.80×10^{-3}	0.48×10^{-3}	0.29×10^{-3}
LDPE	1.11×10^{-2}	0.70×10^{-2}	0.45×10^{-2}	0.28×10^{-2}	0.18×10^{-2}	1.05×10^{-3}	0.60×10^{-3}	0.36×10^{-3}	0.21×10^{-3}
HDPE	1.11×10^{-2}	0.69×10^{-2}	0.44×10^{-2}	0.27×10^{-2}	0.17×10^{-2}	1.00×10^{-3}	0.50×10^{-3}	0.33×10^{-3}	0.19×10^{-3}
PP	1.11×10^{-2}	0.69×10^{-2}	0.43×10^{-2}	0.25×10^{-2}	0.16×10^{-2}	0.92×10^{-3}	0.53×10^{-3}	0.29×10^{-3}	0.17×10^{-3}
PVDC	1.11×10^{-2}	0.65×10^{-2}	0.39×10^{-2}	0.22×10^{-2}	0.13×10^{-2}	0.74×10^{-3}	0.40×10^{-3}	0.21×10^{-3}	0.11×10^{-3}

④ 根据被包装食品的防潮要求、包装尺寸及贮藏环境条件选择包装材料。

当包装材料的允许透湿度 R_v 和实际透湿度 R_θ 相等时，由式(4-5) 和式(4-7) 即可求出所要选定的包装材料的 R。

$$R = \frac{m_1 \cdot (w_2 - w_1)}{A \cdot t \cdot K_\theta \cdot \Delta h} \tag{4-8}$$

根据 R 即可选择与此相接近的包装材料。

⑤ 核算实际的防潮有效期　由于计算所得的 R 与实际选用的包装材料的 R 有差异，因此必须根据实际选用包装材料的 R 确定有效期。

$$t=\frac{m_1 \cdot (w_2-w_1)}{A \cdot R \cdot K_\theta \cdot \Delta h} \tag{4-9}$$

2. 封入吸潮剂的防潮包装设计

当防潮包装的防潮要求较高时，设计防潮包装必须采用透湿度小的防潮包装材料，并在包装内封入吸潮剂。

(1) 防潮设计方法　在设计使用吸潮剂的防潮包装时，假定透入包装内的水分完全由吸潮剂吸收，因此可根据包装的目的和包装条件来计算吸潮剂的封入量。

设计时的有关参数及设计步骤为：

① 选定防潮包装材料的透湿度 R，通过测定或查表得到。

② 根据被包装食品与湿度的关系，由该食品的临界水分值决定包装内的相对湿度 h_2(%)。

③ 根据所使用吸潮剂的吸湿等温曲线，求出包装内相对湿度 h_2(%) 所对应的干燥剂最大含水量 w_2(%)，并选定吸潮剂的原始含水量 w_1(%)。

④ 设计出包装容器的表面积 A(m^2)，包装有效期 t(24h)，假设外部环境温度为 θ℃、相对湿度 h_1 (%)，则可决定温度系数 K_θ。

⑤ 将以上参数代入式(4-10) 中即可求得吸潮剂的用量 m(g)。

$$m=\frac{R \cdot A \cdot t \cdot K_\theta \cdot \Delta h}{w_2-w_1} \tag{4-10}$$

(2) 吸潮剂使用方法及注意事项

① 必须在包装材料透湿度小并且密封性好的包装容器中才能使用吸潮剂。

② 为节约吸潮剂及保证吸潮效果，应尽量缩小包装预留空间。

③ 吸潮剂一般不宜直接放在容器内，应将颗粒状吸潮剂包封在透气性良好的纱布袋或其他透气性薄膜小袋中，再放入包装容器内。也可将吸潮剂制成片状置于容器中。

④ 吸潮剂放入包装之前应是未吸潮的或被干燥过的。

⑤ 包封吸潮剂的小袋应标明不能食用，用于食品包装的吸潮剂必须无毒、无不良气味。

第二节 食品无菌包装技术

无菌包装技术是在包装物、被包装物、包装辅助器材均无菌的条件下，在无菌的环境中进行充填和封合的一种包装技术。

无菌包装常用于牛乳和乳制品、果汁、饮料、食品及某些药品等中，尤其是液态食品的包装。经过无菌包装的食品，在常温下可以贮存 12～18 个月不变质，风味可以保存 6～8 个月不损失。

经无菌包装的食品无须冷藏库贮存、冷藏车运输、冷藏柜台销售等，延长了产品的贮存期。

无菌包装技术采用的包装容器有杯、盘、袋、桶、缸、盒等，容积10～1135mL不等。包袋材料主要采用塑料/铝箔/纸/塑料的复合膜，用这种复合膜制成的容器可比金属容器节省15%～25%的费用，大大降低了包装成本，广泛应用于饮料类食品的包装中。

一、被包装物的灭菌技术

1. 灭菌机理

实际上无菌包装并非绝对无菌，无菌包装只是一个相对无菌的加工过程，也就是商业无菌。商业无菌就是经过无菌处理之后，按照所规定的微生物检验方法，在所检食品中没有活的微生物检出，或者只能检出极少数的非病原微生物，但它们在贮存过程中不可能进行生长繁殖。目前，无菌包装中采用的杀菌（灭菌）方法主要有加热杀菌（也称为热杀菌）和非加热杀菌（也称为冷杀菌）两大类。

(1) 热杀菌的机理　加热是灭菌和消毒方法中应用最广泛、效果最好的方法之一。从一般生物学概念上讲，这是由于与繁殖性能相关的基因受热变性，使得细菌细胞丧失繁殖能力。微生物中最耐热的是细菌孢子，当环境温度在100℃以上时，温度越高，孢子死亡得越快，即所需灭菌时间越短。表4-4是肉毒杆菌孢子在中性磷酸缓冲溶液中的死亡时间与温度的关系。

表4-4　肉毒杆菌孢子在中性磷酸缓冲溶液中的死亡时间与温度的关系

温度/℃	100	105	110	115	120	125	130	135
死亡时间/min	330	100	32	10	4	4/3	1/2	1/6

食品通常有香味、色素，并含有各种维生素，当食品在一定的温度加热一定的时间时，它们会发生不同程度的变化，但是这种变化对温度的依存关系相对小一些，而对时间的依存关系较大。所以，加热灭菌法主要应在尽可能短的时间内以一定的温度杀灭有害菌，以保持食品的品质。一般来说，温度越高，杀菌所需时间越短，食品化学变化就越小。所以，采用高温短时灭菌能更好地保持包装内食品的鲜味及营养价值。

(2) 冷杀菌的机理　高温在杀菌的同时往往会给食品的品质带来不利影响。为此，非加热杀菌技术日益受到人们的重视。目前采用的冷杀菌技术主要有紫外线杀菌、药物杀菌、射线杀菌、臭氧杀菌、高压杀菌、高电压脉冲杀菌、磁力杀菌等。其作用机理各有不同，但都是在不需加热的情况下作用于细菌的蛋白质、遗传物质及酶等，使细菌变性致死。这种方法因不需加热，所以对食品的色、香、味有很好的保护作用，更适合于一些不能加热的食品杀菌，现已被广泛采用。

2. 被包装物的灭菌

用于被包装物品灭菌的技术较常用的有两种，一种是巴氏灭菌技术，另一种是超高温短时间灭菌技术。近年来，一些新的杀菌方法如微波杀菌、电阻加热灭菌、高电压脉冲灭菌、磁力灭菌、臭氧灭菌等也逐渐用在被包装物的灭菌上。

(1) 巴氏灭菌技术 巴氏杀菌是将食品充填并密封于包装容器后，在低于100℃的温度下保持一定时间。其目的是最大限度地消灭病原微生物。

巴氏杀菌温度低、时间短、不破坏食品的营养与风味，主要用于柑橘和苹果等果汁饮料、乳酸饮料、发酵乳、低度酒、生啤酒、熏肉、火腿等食品的灭菌。

其杀菌对象是酵母、霉菌和乳酸杆菌等。

(2) 超高温短时间灭菌技术 超高温杀菌是指在135～150℃温度条件下，短时间对被包装食品进行杀菌处理，以杀灭包装容器内的细菌。采用这种技术不仅能保证食品的质量，生产效率也可大大提高。目前该技术广泛用于牛乳、果汁及果汁饮料、豆奶、茶、酒、矿泉水及其他产品的无菌包装中。

实践表明，超高温杀菌时间过长，会导致食品的品质下降，特别是对食品的颜色及风味影响较大。通常情况下，灭菌温度在100～120℃时，细菌死亡时间一般较长；将温度提高到135℃以上时，则死亡时间大为缩短。

经研究表明，杀菌温度增加10℃，取得同样杀菌效果的时间仅为原来杀菌时间的1/10左右。在灭菌条件相同的情况下，超高温短时间灭菌与低温长时间灭菌相比，不仅杀菌时间显著缩短，而且与质量有关的食品成分保存率也很高。由表4-5可知，在120℃以下杀菌，食品成分的保存率可达到70%左右；而在130℃以上的高温短时灭菌与超高温灭菌中，食品成分的保存率则上升到90%以上。

表4-5 高温灭菌时芽孢致死时间和与质量有关的食品成分保存率

温度/℃	芽孢致死时间	与质量有关的食品成分保存率/%	温度/℃	芽孢致死时间	与质量有关的食品成分保存率/%
100	400min	0.7	130	30s	92
110	36min	33	140	4.8s	98
120	4min	73	150	0.6s	99

(3) 微波杀菌技术 微波是指波长在1～1000mm、频率为300～300000MHz之间的电磁波，它遇到物体阻挡时能引起反射、穿透、吸收等现象，被物体吸收后能引起物体分子间的摩擦，把电磁能转变为热能。

微波杀菌技术克服了常规加热方式中先加热环境介质，再加热食品的缺点，对食品的加热方式是瞬时穿透式加热，被加热的食品直接吸收微波能量而产生热能。该技术加热速度快，内外受热均匀，同时食品中的微生物因吸收微波能量而使体温升高，破坏菌体中的蛋白质成分，从而起到杀菌作用。

微波杀菌可在120～130℃和1～2min的条件下对多种液体、黏稠体及固体形状食品进行杀菌处理，可达到保色、保香、保味的效果。该技术可用于肉、鱼、豆制品、牛乳、水果及啤酒等的杀菌，还可以在食品包装后连同包装一起进行灭菌处理。

(4) 电阻加热灭菌技术 电阻加热灭菌技术是利用连续流动的导电液体的电阻热效应来进行加热，以达到杀菌的目的，它是对酸性和低酸性的黏性食品和颗粒状食品进行连续杀菌的一种新技术。

电阻加热灭菌要求交流电的频率在50～60Hz之间。因为此时它的电化学性能稳定，交流电的转换率较高，且操作安全。

电阻加热因为是在连续流动的液体中加热，不需高温热交换，各种营养成分损失很少，且能量转化率达90%以上，适合于对物料进行整体加热，所以是颗粒及片状食品实现瞬时无菌包装的较好的技术方法。如马铃薯、胡萝卜、苹果片及牛肉、鸡肉干等。

(5) 高电压脉冲灭菌技术 高电压脉冲灭菌技术是将高压脉冲电场作用于液体食品，有效地杀灭食品中的微生物，而对食品本身的温度无明显影响，因而最大限度地保存了食品中原有的营养成分。

高电压脉冲的杀菌效果受很多因素的影响，不仅取决于电场强度、脉冲宽度、电极种类等，还与液体食品的电阻率、pH值、食品中微生物种类及原始污染程度等有关。目前已经成功地将高电压脉冲杀菌用于牛乳、果汁等中。其杀菌过程是：

液体食品→贮液罐→热交换器、加热装置（升温至44～50℃）→真空脱气装置（除去液体中的气体，以免影响处理槽中电场的均匀性）→脉冲电场处理槽（电场强度12～30kV/cm，脉冲宽度10～40μm）→热交换器→冷却装置（降温至10℃以下）→无菌包装→冷藏。

高电压脉冲杀菌是一新型的非热杀菌技术，耗能低，具有广阔的应用前景。

(6) 超高压灭菌技术 超高压灭菌技术就是将食品在200～600MPa超高压下进行短时间的处理，由于静水压的作用使菌体蛋白质产生压力凝固，达到完全杀菌的目的。

微生物并非一个均一的体系，其包含有水、磷酸、脂肪酸、氨基酸等组成成分，具有多种不同性质和不同构造特征，在200～600MPa的超高压下，由于组成细胞的各物质的压缩率不同，体积变化在不同方向上有所不同。这些不同构造的物质界面膜在高压下就会产生断裂而受到破坏，达到杀菌的目的。

超高压灭菌技术的最大优越性是对食品中的风味物质、维生素C、色素等没有影响，营养成分损失很少，特别适用于果汁、果酱类食品的杀菌。

(7) 磁力灭菌技术 磁力灭菌技术是把需灭菌的食品放在磁场中，在一定的磁场强度作用下，使食品在常温下达到灭菌的目的。

由于这种方式不需要加热，不影响食品的风味和品质，主要适用于各种饮料、流体食品、调味品及其他各种固体食品的杀菌包装方面。

(8) 臭氧灭菌技术 臭氧的灭菌机理主要有两种解释：一种是认为臭氧很容易同细菌细胞壁中的脂蛋白或细胞膜中的磷脂、蛋白质发生化学反应，从而使细菌的细胞壁和细胞膜受到破坏，导致细菌死亡；另一种说法认为臭氧可以破坏细菌中的酶或DNA、RNA，从而使细菌死亡。

臭氧杀菌多用于饮用水或食品原料的杀菌，近年来由于人们对臭氧利用技术了解的深入，臭氧被广泛地用于食品的杀菌、脱臭、脱色等方面，尤其是用于解决固体食品在生产过程中细菌的二次污染问题，臭氧有着其他杀菌方法所不及的特殊作用。

除以上几种杀菌技术外，还有人们常用的紫外线杀菌技术、射线杀菌技术、电子辐射杀菌技术及药物杀菌技术等。由此可以看出，当代食品杀菌工艺正在逐步摆脱传统的加热杀菌方式，而是向着高温短时或不直接对食品加热的方向发展，以求最大限度地减少食品中营养成分的损失，尽量保持食品原有风味，完善食品的贮藏条件，延长食品的货架寿命。

二、包装材料（容器）的灭菌技术

无菌包装的包装材料（容器）的灭菌方法视容器材质的不同而不同。以下介绍纸塑类包装材料及容器的灭菌。

无菌包装用纸塑类材料为纸与塑料薄膜，或再加上铝箔的多层复合薄膜和复合纸板材料。这类材料在复合加工时的温度高达200℃左右，相当于对包装材料进行了一次灭菌处理，但包装材料在贮运、印刷等加工过程中会重新被微生物所污染，因此在无菌包装时必须对包装材料单独进行杀菌处理。

用于纸塑类包装材料及容器的杀菌方法有物理方法和化学方法两种。物理方法有加热处理、紫外线照射、高频电场处理等。对纸塑类包装材料进行彻底的热处理会使其材料发脆而难以封合，单独使用紫外线照射杀菌处理和高频电场处理，其杀菌效果差。因此，实际工程中常采用化学药剂灭菌技术或化学方法与物理方法相结合的灭菌技术。双氧水是无菌包装技术中最普遍使用的杀菌剂之一。

(1) 过氧化氢（H_2O_2，双氧水）杀菌　H_2O_2 是一种杀菌能力很强的杀菌剂，其毒性小，对金属无腐蚀作用，在高温下可分解为氧和水：

$$H_2O_2 \longrightarrow H_2O+[O]$$

这种分解的“新生态”氧［O］极为活泼，有极强的杀菌能力，而水在高温下可立即汽化。

H_2O_2 的杀菌效果与温度和浓度直接相关，当 H_2O_2 的浓度小于20%时，单独使用杀菌效果不佳。22%双氧水在85℃时杀菌，可得到97%的无菌率；15%浓度的 H_2O_2 在125℃温度下杀菌处理，可得到99.7%的无菌率。由此可见，H_2O_2 杀菌处理时其浓度和温度对包装材料的无菌率影响均很大，以温度影响更大，例如，当 H_2O_2 应用于嗜热脂肪芽孢杆菌时浓度为30%，处理温度为20℃，其 D 值（杀死90%细菌所需的杀菌时间）为20min；若处理温度提高到87.8℃，则仅需4s。H_2O_2 这种在一定温度条件下的快速杀菌能力，使它可用在高速无菌包装机上对包装材料进行有效灭菌。

目前，各种单独使用双氧水杀菌的无菌包装机采用30%～35%较高浓度的 H_2O_2，用无菌热空气加热包装材料表面至120℃左右即可使 H_2O_2 分解成水和氧气，从而达到较好的杀菌效果，并减少 H_2O_2 在包装材料表面的残留。美国食品及药物管理局（FDA）允许无菌包装采用 H_2O_2 作为食品包装材料消毒剂，规定最高残留量为0.01mg/kg。

(2) 紫外线杀菌　紫外线具有有效杀菌能力的波长区为250～260nm。紫外线的照度乘以照射时间即为照射剂量。普通紫外灯照射灭菌时间一般较长，尤其对霉菌达到灭菌效果的照射时间更长。瑞士 Brown Boveri 公司生产的 UV-C 型强力紫外线杀菌灯，因其发射波长区主要集中在245nm处，具有较强的杀菌能力，其杀菌强度是普通紫外灯的40倍，已为许多无菌包装设备所采用。但实际应用中单独使用 UV-C 型紫外灯杀菌，其速度和效果仍不能达到理想的要求，故实际工程上常把紫外线与 H_2O_2 杀菌配合应用，以获得令人满意的杀菌效果。

(3) 紫外线与化学杀菌剂并用的杀菌方法

① 紫外线与 H_2O_2 结合使用 两者结合使用将产生非常好的杀菌效果。图 4-1 所示是双氧水加紫外线与单独紫外线或单独双氧水杀菌效果的比较。低浓度 H_2O_2 液（<1%）加上高强度的紫外线，只需在常温下就会产生立即生效的强杀菌效力，比两者单独使用（即使在高温下用高浓度的双氧水液）要强百倍。紫外线和即使浓度低到 0.1%的 H_2O_2 液结合使用，也有相当大的杀菌效果。在此浓度下使用，1L 容量的纸盒包装材料仅用 0.1mL H_2O_2，这是一种十分经济的高效杀菌方法，且对于法定残留 H_2O_2 的最低限量也无需采用什么措施。

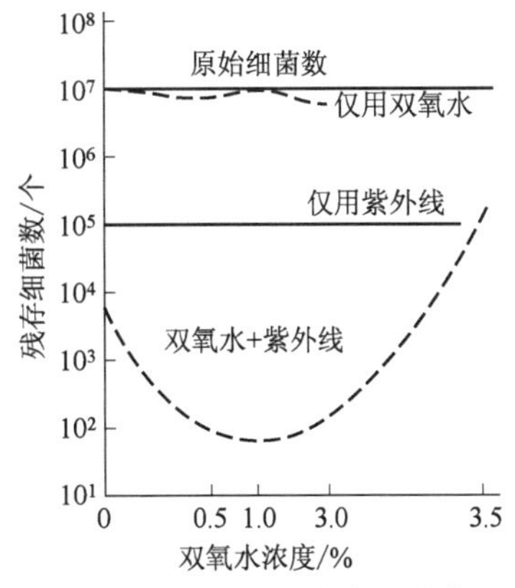

图 4-1 紫外线和双氧水相结合的杀菌效果

② 紫外线与乙醇或柠檬酸等并用 70%的乙醇、柠檬酸溶液单独使用时无杀菌效果，但与紫外线并用后均可在 3～5s 内达到杀菌要求，其中最引人注目的是紫外线与柠檬酸并用的杀菌效果，当枯草杆菌孢子原始污染程度达 10^6 个/cm^2 时，可在 3s 内达到无菌状态。日本的 FFS 塑料杯无菌包装系统采用这种杀菌方法对成型的杯材和盖材进行杀菌处理。

(4) 使用其他化学杀菌剂杀菌 其他化学杀菌剂有次氯酸钠和环氧乙烷等。次氯酸钠产生的氯离子一般对营养型细胞的杀菌力较强，如要在 1min 内达到杀菌目的，氯离子浓度约需 10mg/kg。它对细菌孢子的杀菌效果较弱，如要在 1min 内达到杀菌要求，氯离子浓度需在 1000mg/kg 以上，但对霉菌分生孢子则仅需 20mg/kg。使用含氯杀菌剂的最大缺点是残存氯很难消除，并对食品风味有影响，故很少用于无菌包装。

美国的 Pure Pak 等无菌包装系统对预制纸盒采用环氧乙烷作为预杀菌剂。环氧乙烷在常温时为气体，沸点 10.4℃，具有广泛的杀菌效果，其杀菌效果一般随温度和浓度的增高而增强，即使在相对湿度较低的条件下，也具有较强的杀菌能力，使用时可与氟利昂气体或 CO_2 气体等混合使用。环氧乙烷的特点是可以低温杀菌，对非阻气性材料亦可杀菌；缺点是杀菌时间长。因此，除一般用于干酪包装纸等食品包装材料杀菌外，在其他食品的无菌包装中，一般将环氧乙烷与 CO_2 等气体混合后用于成型纸盒或塑料杯的杀菌。

第三节 收缩包装与拉伸包装技术

收缩包装就是利用有热收缩性能的塑料薄膜裹包产品或包装件，然后经过加热处理，包装薄膜即按一定的比例自行收缩，贴紧被包装件的一种包装方法。

拉伸包装是利用可拉伸的塑料薄膜在常温下对薄膜进行拉伸，然后对产品或包装件进行裹包的一种方法。

这两种包装方法既有相同点又有不同点，本节将分别介绍收缩与拉伸包装的有关技术知识。

一、收缩包装

收缩包装始于20世纪60年代中期，70年代得到迅速发展，目前已在一些经济发达国家广泛应用。据统计，美国、日本及欧洲等国家和地区每年消费的收缩薄膜均在10万吨以上，瑞典有30%的流通包装已从瓦楞纸箱改变为收缩薄膜组合包装，整个西欧的流通包装中有15%采用了收缩包装。我国现在也已经广泛使用收缩包装。

1. 收缩包装的原理与特点

对于在聚合物的玻璃化温度以上拉伸并迅速冷却得到的塑料薄膜，若重新加热，则能恢复到拉伸前的状态，收缩包装技术就是利用薄膜的这种热收缩性能发展起来的，即将大小适度（一般比产品尺寸大10%）的热收缩膜套在被包装物品外面，然后用热风烘箱或热风喷枪加热几秒后，薄膜会立即收缩，紧紧包裹在产品外面，从而达到便于商品运输或销售等目的。收缩薄膜的性能在收缩包装中起着决定性作用。

2. 收缩薄膜

适用于热收缩包装的薄膜有PE（聚乙烯）、PVC（聚氯乙烯）、PVDC（聚偏二氯乙烯）、PP（聚丙烯）、PS（聚苯乙烯）、EVA（乙烯-醋酸乙烯酯）和离子聚合物薄膜等，其中以PE薄膜用量最大，其次是PVC，两者用量约占收缩薄膜总量的75%左右。

收缩薄膜按其制造方式及使用范围不同，大致分为两种：一种是双向热收缩薄膜，薄膜在加工时纵横两个方向的延伸量几乎相等；另一种是单向热收缩薄膜，薄膜制造时只向一个方向拉伸。双向热收缩薄膜的适用范围很广，可用于包装新鲜食品或食品的托盘包装等；单向热收缩薄膜常用于管状收缩包装和标签包装，如酒类容器的标签包装，矿泉水、饮料瓶上的标签包装，塑料瓶和玻璃瓶盖的密封包装及新鲜果蔬等的套管包装等。

(1) 收缩薄膜的主要性能指标

① 收缩率与收缩比　收缩率包括纵向收缩率和横向收缩率，两个方向收缩率的比值称为收缩比。收缩率的测试方法是先量出薄膜的长度 L_1，然后将薄膜浸放在120℃的甘油中1～2s，取出用冷水冷却，再测量长度 L_2，按下式进行计算：

$$收缩率(\%)=\frac{L_1-L_2}{L_1}\times 100\% \tag{4-11}$$

式中　L_1——收缩前薄膜长度；

L_2——收缩后薄膜长度。

目前包装用的收缩薄膜，一般要求纵横向收缩率相等，约为50%；也有单向收缩薄膜，收缩率为25%～50%，还有纵横两个方向收缩率不相等的偏延伸薄膜。

② 收缩张力　收缩张力是指薄膜收缩后施加给包装物的张力。收缩张力的大小与产品的保护性关系密切，包装金属罐等刚性产品可允许较大的收缩张力，而一些易碎或易褶皱的产品，收缩张力过大，就会变形甚至损坏。因此，收缩薄膜的收缩张力必须恰当。

③ 收缩温度　收缩薄膜加热到一定温度开始收缩，温度升到一定高度又停止收缩，在此范围内的温度称为收缩温度。对包装作业来说，包装件在热收缩通道内加热，薄膜收缩产

生预定张力时所达到的温度也称为收缩温度。收缩温度与收缩率有一定的关系，不同薄膜收缩温度不同。

在收缩包装中，收缩温度越低，对被包装产品的不良影响越小，特别是新鲜蔬菜、水果及纺织品等。

④ 热封性　收缩包装作业中，在加热收缩前，必须先进行热封，使被包装物品处于封闭的收缩薄膜之中，且要求封缝具有较高的强度。

包装时常用的封合方法有热封法、脉冲熔断封接法、辐射封接法、超声波封接法等。

(2) 常用收缩薄膜的性能和用途　常用的收缩薄膜有聚氯乙烯收缩薄膜、聚乙烯收缩薄膜、聚丙烯收缩薄膜及聚偏二氯乙烯收缩薄膜等，其中聚氯乙烯收缩薄膜收缩温度比较低而且范围大，收缩温度为40～160℃，加热通道温度为100～160℃；且热收缩快，作业性能好；包装件透明且美观，热封部分也很整洁；氧气透过率比聚乙烯低，而透湿率高；故对含水分多的蔬菜、水果包装比较适宜。其缺点是抗冲击强度低，在低温下易变脆，不宜用作运输包装。另外，其封缝强度差，热封时会分解产生臭味，当其中的增塑剂发生变化后，薄膜易断裂，失去光泽。目前聚氯乙烯薄膜主要用于杂货、食品、玩具、水果和纺织品等的包装。

聚乙烯收缩薄膜的抗冲击强度大，价格低，封缝牢固，多用于运输包装。其光泽与透明性比聚氯乙烯差。在作业中，其收缩温度比聚氯乙烯高20～30℃。因此，在热收缩通道后段应有鼓风冷却装置。

聚丙烯收缩薄膜有较好的透明性和光泽，耐油性与防潮性良好，收缩张力强；其缺点是热封性差，封缝强度低，收缩温度比较高且范围窄。其主要用于录音磁带和唱片等物品的多件包装。

其他收缩薄膜也用途各异，如信件包装主要用聚苯乙烯；肉类包装主要用聚偏二氯乙烯。

乙烯-醋酸乙烯共聚物抗冲击强度大，透明度高，软化点下降，熔融温度宽，热封性能好，收缩张力小，被包装产品不易破损，适合于带突起部分的物品或形状不规则物品的包装。

近年来，随着收缩薄膜的发展，进一步改善了薄膜气体阻隔性，降低了热封温度，改进了粘合性能，提高了保鲜效果，如PVDC-PVC共聚收缩薄膜，具有良好的不透气性，特别适合于食品包装，如加料烹调的午餐肉、冷冻禽类及冷冻糕点等。

3. 收缩包装工艺

收缩包装工艺一般分为两步进行，首先是预包装，用收缩薄膜将产品包装起来，留出热封需要的口与缝；然后是热收缩，将预包装的产品放到热收缩设备中加热。

(1) 预包装操作　预包装时，薄膜尺寸应比产品尺寸大10%～20%。如果尺寸过小，充填物品不方便，还会造成收缩张力过大，可能将薄膜拉破；尺寸过大，则收缩张力不够，包不紧或不平整。所用收缩薄膜厚度可根据产品大小、质量以及所要求的收缩张力来决定。如PE热收缩薄膜一般选用厚度为80～100μm，对大托盘收缩包装，厚度可增加到500μm。

用于收缩包装的薄膜有平膜、筒状膜和对折膜三种，供不同包装方法选择。

(2) 热收缩包装方法

① 两端开放式（或称套筒式）收缩包装法　是用筒状膜或平膜先将被包装物裹在一个套筒里，然后再进行热收缩作业，包装完毕在包装物两端均有一个收缩口。

用筒状膜包装的优点是减少了1至2道封缝工序，外形美观，缺点是不能适应产品多样化要求，只适用于单一产品的大批量生产的包装。

用平膜包装可不受产品品种的限制，平膜多用于形状方整的单一或多件产品的包装，如多件盒装产品的组合包装等。

② 四面密封式（或称搭接式）收缩包装法　将产品四周用平膜或筒状膜包裹起来，接缝采用搭接式，用于要求密封的产品包装。

a. 用对折膜可采用L形封口方式。采用卷筒对折膜，将膜拉出一定长度置于水平位置，用机械或手工将开口端撑开，把产品推到折缝处。在此之前，上一次热封剪断后留下一个横缝，加上折缝共两个缝不必再封，因此用一个L形热封剪断器从产品后部与薄膜连接处压下并热封剪断，一次完成一个横缝和一个纵缝。该方法操作简便，手动或半自动均可，适合包装异形及尺寸变化多的产品。

b. 用单卷平膜可采用枕形袋式或筒式包装。这种方法是用单卷平膜，先封纵缝成筒状，将产品裹于其中，然后横封切断制成枕形包装或者将两端打卡结扎成筒式包装。筒式包装主要用于熟肉制品如火腿肠的包袋。

以四面密封方式顶封后，内部残留的空气在热收缩时会膨胀，使薄膜收缩困难，影响包装质量，因此在封口器旁常有刺针，热封时刺针在薄膜上刺出放气孔，在热收缩后封缝处的小孔常自行封闭。

c. 一端开放式（或称罩盖式）收缩包装法。它是有边容器使用的一种包装方法，将容器或托盘边缘下部薄膜加热收缩。

托盘收缩包装是运输包装中发展较快的一种方法，其主要特点是产品可以以一定数量为单位牢固地捆包起来，在运输过程中不会松散，并能在露天堆放。包装时将装好产品的托盘放在输送带上，套上收缩薄膜袋，由输送带送入热收缩通道，通过热收缩通道后即完成收缩包装。

(3) 热收缩操作　热收缩用设备称为热收缩通道（也称热收缩隧道），由传送带和加热室组成。将预包装件放在传送带上以规定速度运行进入加热室，利用热空气吹向包装件进行加热，热收缩完毕离开加热室，自然冷却后从传送带上取下，产品体积大或薄膜热收缩温度较高时，应在离开加热室后用冷风扇加速冷却。

加热室是一个内壁装有隔热材料的箱形装置，加热室为保证热风均匀地吹到包装物上，均采用温度自动调节装置以确保室内温度恒定（温差在±5℃），并采用强制循环系统进行热风循环。加热时，热风速、流量、输送器结构、出入口形状和材质等对收缩效果均有影响。由于各种薄膜的特性不同，所以应根据它们的特点，选择合适的热收缩通道参数。

常用收缩薄膜与热收缩通道的主要参数关系见表4-6。

另外，对于大型托盘集装式产品或体积大的单件异形产品，可以采用手提式热风喷枪进行现场热收缩，这种作业方法简单快速、方便经济。

表 4-6 常用收缩薄膜与热收缩通道的主要参数关系

薄 膜	厚度/mm	温度/℃	加热时间/s	风速/m·s^{-1}	备 注
聚氯乙烯	0.02～0.06	140～160	5～10	8～10	因为温度低，对食品之类较适宜
聚乙烯	0.02～0.04	160～200	6～10	8～10	紧固性强
聚丙烯	0.03～0.10	160～200	8～10	6～10	收缩时间长
	0.10～0.20	160～200	30～60	12～16	必要时停止加热

二、拉伸包装

拉伸包装主要用于超市销售禽类、肉类、海鲜产品、新鲜水果和蔬菜等的需要。拉伸薄膜在包装过程中不需进行热收缩处理，适用于某些不能受热的产品包装，并有利于节省能源，便于集装运输，降低运输费用。拉伸包装在托盘运输包装方面可替代收缩包装，是一种很有前途的包装技术。

1. 拉伸包装的原理与特点

拉伸包装是通过机械张力的作用，将薄膜围绕商品进行拉伸，由于薄膜经拉伸后具有自黏性和弹性，牢牢将商品裹紧，然后进行热合的包装方法。薄膜由于要经受连续张力的作用，所以必须具有较高的强度。

拉伸包装不需热收缩设备，可节省设备投资、能源和设备维修费用；包装过程中不需加热，很适合包装不适宜加热的产品，如鲜肉、蔬菜和冷冻食品等；可以准确地控制裹包力，防止产品被挤碎；薄膜具有透明性，可看见商品，尤其是运输包装，比木箱和瓦楞纸箱容易识别内袋商品；可以防窃、防火、防冲击和振动等。但拉伸包装的防潮性比收缩包装差，拉伸包装薄膜具有自黏性，不便堆放。

2. 拉伸薄膜

(1) 拉伸薄膜的性能指标

① 自黏性　自黏性是指薄膜间接触后的黏附性，在拉伸缠绕过程中和裹包之后，能使包装产品紧固而不会松散。自黏性受外界环境等多种因素影响，如湿度、灰尘和污染物等。获得自黏性薄膜的主要方法有两种：一是加工薄膜表面，使其光滑具有光泽；二是用增加黏附性的填充剂，使薄膜表面产生湿润效果，从而提高黏附性。

② 拉伸与许用拉伸　拉伸是薄膜受拉力后产生弹性伸长的能力。纵向拉伸增加时，薄膜变薄，宽度变窄，易撕裂，施加于包装件的张力增加。

许用拉伸是指在一定用途的情况下，保持各种必需的特性所能施加的最大拉伸。许用拉伸越大，所用薄膜越少，包装成本越低。

③ 应力滞留　应力滞留是指在拉伸裹包过程中，对薄膜施加的张力能保持的程度。应力滞留性越差，包装效果越差。

④ 韧性　韧性是薄膜抗戳穿和抗撕裂的综合性质。所以要求薄膜包装后应具有足够的韧性，以保证包装质量。

另外，拉伸薄膜还应具有光学性能和热封性能，以满足某些特殊包装件的需要。

(2) 常用的拉伸薄膜 常用的拉伸薄膜有 PVC（聚氯乙烯）、LDPE（低密度聚乙烯）、EVA（乙烯-醋酸乙烯共聚物）和 LLDPE（线性低密度聚乙烯）。

PVC 薄膜使用最早，自黏性好，拉伸和韧性好，但应力滞留差；常用的 EVA 薄膜中含醋酸乙烯 10%～12%，自黏性、拉伸、韧性和应力滞留均好；LLDPE 薄膜出现较晚，但综合特性最好。拉伸薄膜的最终性能取决于所用原料的质量和加工工艺，吹塑的 LLDPE 薄膜的自黏性比 PVC 及 EVA 薄膜略差，但挤出式薄膜则相同，表 4-7 介绍了几种拉伸薄膜的性质。

表 4-7 拉伸薄膜的性质

拉伸薄膜	拉伸率/%	拉伸强度/MPa	自黏性/g	抗戳穿强度/Pa
线性低密度聚乙烯	55	0.412	180	960
乙烯-醋酸乙烯共聚物	15	0.255	160	824
聚氯乙烯	25	0.240	130	550
低密度聚乙烯	15	0.214	60	137

3. 拉伸包装工艺

拉伸包装方法按包装用途可分为销售包装和运输包装两类，不同类型的包装所用的包装机不同，因此包装工艺方法也不一样。

(1) 销售包装 根据自动化程度不同分为手工拉伸包装、半自动拉伸包装和全自动拉伸包装三种方法。

① 手工拉伸包装 一般由人工将被包装物放在浅盘内，特别是软而脆的产品及多件包装的零散产品，如不用浅盘则容易损坏。但有些产品本身具有一定的刚性和牢固程度，如小工具和大白菜等，可不用浅盘。

手工操作包装过程为：从卷筒拉出薄膜，将产品放在其上并卷起来，向热封板移动，用电热丝将薄膜切断，再移到热封板上进行封合；然后用手抓住薄膜卷的两端，进行拉伸；拉伸到所需程度，将两端的薄膜向下折至卷的底面，压在热封板上封合。

② 半自动拉伸包装 将包装工作中的部分工序机械化或自动化，可节省劳力，提高生产率，主要用于带浅盘的包装。半自动操作拉伸包装使用较少，生产率一般为 15～20 件/min。

③ 全自动拉伸包装 手工操作虽然有许多优点，但劳动强度大，生产率低，成本高，从而推动了全自动拉伸包装机的迅速发展。目前自动拉伸包装机所采用的包装工艺大体可分为两种。

a. 上推式工艺。这是拉伸包装用于销售方面的主要包装方法。其操作过程为：将产品放入浅盘内，由供给装置推至供给传送带，运送到上推装置；同时预先按产品所需长度切断薄膜，送到上推部位上方，用夹子夹住薄膜四周；上推装置将物品上推并顶着薄膜，薄膜被拉伸，然后松开左、右和后面的三个夹子，同时将三边的薄膜折入浅盘底下；启动带有软泡沫塑料的输出传送带，浅盘向前移动，同时前边的薄膜被拉伸，此时松开前薄膜夹，将前边薄膜折入浅盘底，再将包装件送至热封板封合，完成包装过程。

b. 连续直线式工艺。这是自动拉伸包装最早出现的形式，因为包装较高产品时不稳定，在使用上受到了一定限制。其操作过程为：由供给装置将放在浅盘内的产品送到薄膜前（浅盘长边方向与前进方向垂直）；前一个包装件的后部封切时，同时将两个卷筒的薄膜封合。被包装物送至此处，继续向前推移时，使薄膜拉伸；当被包装物全部被包裹时，用封切刀将后部热封并切断，然后将薄膜左右拉伸后折进浅盘底部，送到热封板上热封。

(2) 运输包装　将拉伸包装用于运输，比传统用的木箱、瓦楞纸箱等包装质量轻，成本低，因此，其应用广泛。这种包装大部分用于托盘集合包装，也有用无托盘集合包装的。常用的包装方式为回转式拉伸包装工艺。将货物放在一个可以回转的平台上，把薄膜端部贴在货物上，然后旋转平台，边旋转边拉伸薄膜，转几周后切断薄膜，将末端粘在货物上，如图4-2所示。图4-2（a）为整幅薄膜包装，即用与货物高度一样或更宽一些的整幅薄膜包装。这种方法适于包装形状方正的货物，优点是效率高而且经济，缺点是材料仓库中要贮备幅宽规格齐全的薄膜。图4-2（b）为窄幅薄膜缠绕式包装，薄膜幅宽一般为50～70cm，包装时薄膜自上而下以螺旋线形式缠绕货物，直至裹包完成，两圈之间约有1/3部分重叠。这种方法适于包装堆码较高或高度不一致的货物，以及形状不规则或较轻的货物，包装效率较低，但可使用一种幅宽的薄膜包装不同形状和堆码高度的货物。

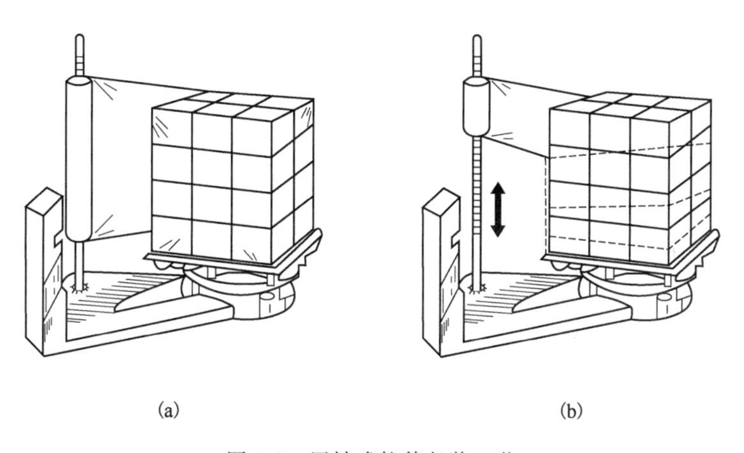

图4-2　回转式拉伸包装工艺

三、收缩包装与拉伸包装的比较

收缩包装与拉伸包装既有相同之处，也有不同的地方，且各有利弊。这两种工艺特点的对比参见表4-8。

表4-8　收缩包装和拉伸包装的比较

比较内容	收缩包装	拉伸包装
对产品的适应性		
①对形状规则的或异形产品	均可	均可
②对新鲜水果和蔬菜	特别适合	特别适合
③对单件、多件产品的销售包装	均可	均可
④对有托盘和无托盘的运输包装	货物可紧固于托盘上	—
⑤对冷冻的或不适宜受热的产品	不适合	适合

续表

比较内容	收缩包装	拉伸包装
对流通环境的适应性 ①包装件存放场所 ②防潮性（指运输包装件） ③透气性（指运输包装件） ④低温操作	 仓库、露天存放均可，不怕雨淋、节省仓储面积 好（可进行六面密封） 差 不适合	 薄膜受阳光照射或在高温天气将发生松弛现象，只能在仓库内存放 差（一般只进行侧面裹包） 好（一般顶部不密封） 可在冷室内操作
设备投资和包装成本 ①设备投资和维修费用 ②能源消耗 ③材料费用 ④投资回收期	 需热收缩设备、投资和维修费用均较高 多 较高 较长	 无需加热，投资和费用低 少 比收缩包装少25% 短
裹包应力	不易控制，但比较均匀	容易控制，但棱角处应力过大易损坏
堆码适应性	好（包装件不会相互黏结）	差（薄膜有自黏性，包装之间易黏结，搬运过程易撕裂。必要时可用单面自黏性薄膜）
薄膜库存要求	需要有多种厚度的薄膜	一种厚度的薄膜可用于不同的产品

在收缩包装和拉伸包装方法之间进行选择时，必须从材料、设备、工艺、能源和投资等方面全面综合考虑，并针对具体产品包装要求和特性来选择合理的方法。

第四节 防氧化包装技术

食品的品质易受到包装内气体环境的影响，如空气中的氧气会引起食品的腐败变质。改善和控制气氛包装的实质就是降低包装内部的氧含量或保持内部的理想气体组成，以保持食品的品质，延长保质期。其中真空包装、充气包装和脱氧包装主要是通过降低包装内部的氧含量对食品进行保质，而改善气氛包装（MAP）和控制气氛包装（CAP）则是在真空、充气的基础上进一步发展，改善食品的环境条件，从而达到延长食品保质期的目的。

一、真空和充气包装

1. 真空和充气包装机理

(1) 真空包装

① 真空包装的特点　真空包装是指将产品装入气密性容器，抽去容器内部的空气，使

密封后的容器内达到预定真空度的一种包装方法。其特点是：氧分压低，水气含量低，这样能防止油脂氧化、维生素分解、色素变色和香味消失；能抑制某些霉菌、细菌的生长和防止虫害；排除了包装内部气体，能加速热量的传导，提高了高温杀菌效率，还能避免包装膨胀破裂；进行冷冻后，表面无霜，可保持食品本色，但也往往造成褶皱。

② 真空包装的机理 真空包装的目的是为了减少包装内氧气的含量，防止包装食品的霉腐变质，保持食品原有的色、香、味，并延长保质期。

黏附在食品表面的微生物一般在有氧条件下才能繁殖，当氧浓度≤1%时，它的繁殖速度急剧下降；当氧浓度为0.5%时，多数细菌将受到抑制而停止繁殖。此外，食品的氧化、变色和褐变等生化变质反应都与氧密切相关，当氧浓度≤1%时，也能有效地控制油脂食品的氧化变质。真空包装就是在包装内造成低氧条件而保护食品质量的一种有效包装方法。

食品真空包装的保质效果不仅取决于采用较高真空度的包装机械，还取决于正确合理的包装技术，包装后一般还需经适当的杀菌和冷藏，如加工食品经真空包装后还要经过80℃、15min以上的加热杀菌，生鲜食品在真空包装后应在10℃以下的低温环境中进行流通和销售。

(2) 充气包装

① 充气包装的特点 充气包装是在包装内填充一定比例的保护性气体如二氧化碳、氮气等，减少包装内的含氧量，破坏微生物赖以生存繁殖的条件，延缓包装食品的生物化学变化，从而延长食品保藏期的一种包装方法。

充气包装与真空包装的区别在于真空包装仅是抽去包装内的空气来降低包装内的含氧量，而充气包装是在抽真空后立即充入一定量的理想气体如氮气、二氧化碳等，或者采用气体置换方法，用理想气体置换出包装内的空气。

经过真空包装的食品，内外压力不平衡，使被包装食品受到一定的压力，容易粘连在一起或缩成一团；酥脆易破裂的食品，如油炸虾片、薯条等容易被挤碎；形状不规则的生鲜食品，易使包装件表面产生皱褶而影响产品质量和商品形象；有尖角的食品则易刺破包装材料而使食品变质。充气包装既能有效地保护包装食品的质量，又能解决真空包装的不足，使内外压力趋于平衡而保护内装食品，并使其保持形体美观。

② 充气包装的机理 充气包装常用的气体有二氧化碳、氮气、氧气及其混合气体，其他较少用的气体有二氧化氮、二氧化硫、氩气等。

a. 二氧化碳（CO_2）。CO_2 气体对阻止需氧菌的生长繁殖极为有效，当包装件内 CO_2 的浓度达10%～40%，对微生物有抑制作用；如果浓度超过40%，则有灭菌的作用。但 CO_2 不能抑制厌氧菌和酵母菌的生长繁殖。CO_2 气体对具有呼吸性能的果蔬等食品可以起到有效的保鲜作用，具体可参见前文相关内容。

b. 氮气（N_2）。如前所述，氮是无味、无臭、不溶于水的惰性气体，一般不与食品发生化学作用，用作充填气体可防止食品中的脂肪、芳香物质和色泽的变化。

c. 氧气（O_2）。氧的个性活跃，会引起食品变质和加速腐败细菌的生长，但高浓度氧可以抑制厌氧菌的活动。氧对维持新鲜肉类和鱼贝类的生鲜 状态有重要作用，若在无氧状态下保存，生鲜的肉类和鱼贝类中呈鲜红色的氧合肌红蛋白会还原变成暗褐色，使产品失去生鲜状态乃至商品价值。

含氧充气包装特别适用于生鲜果蔬的保鲜包装。不同果蔬要维持其正常代谢、保持新鲜所需的氧浓度是不同的，这主要取决于果蔬的品种、成熟度等许多因素。采用适当的包装材料和包装方法，控制果蔬贮藏环境的氧分压和果蔬的呼吸速度，这就是近代开发的果蔬气调保鲜包装（如控制气氛包装，CAP）技术。氧气常与二氧化碳和氮气混合成理想气体用于生鲜食品的充气包装，其作用是维持生鲜食品内部细胞一定的活性，延缓其生命过程，保持一定程度的生鲜状态。

在应用充气包装技术时，根据被包装食品的性能特点，可选用单一气体或上述三种不同气体组成的理想气体充入包装内，以达到理想的保质效果。一般情况下，氮气的稳定性最好，可单独用于食品的充气包装而保持其干燥食品的色、香、味；对于那些有一定水分活度、易发生霉变等生物性变质的食品，一般用二氧化碳和氮气的混合气体充填包装；对于有一定保鲜要求的生鲜食品，则需用一定氧气浓度的理想混合气体充填包装。

对于同一种薄膜，三种气体的透过比例为 $N_2:O_2:CO_2=1:3:(15\sim30)$，可见氮气是食品充气包装的一种理想气体。

2. 真空和充气包装工艺

（1）对包装材料的要求 真空和充气包装的效果，主要取决于包装材料的基本特性，选择好包装材料是包装成功与否的关键，因此需要注意以下要求。

① 透气性 根据食品保鲜特点，用于真空充气包装的包装材料对透气性要求可分为两类。一类为高阻隔性包装材料，用于食品防腐充气包装，减少包装容器内的含氧量和混合气体各组分浓度的变化，以避免好氧的微生物迅速增殖以及发生氧化作用；另一类是透气性包装材料，用于新鲜果蔬充气包装时维持其最基本的呼吸强度。

② 透湿性 真空和充气包装对包装材料的透湿性能要求是相同的，对水蒸气的阻透性越好越有利于食品的保鲜。

关于不同包装材料的透气度和透湿度见表4-9。

表 4-9 不同包装材料的透气度和透湿度

序号	材料		透气度①/[mL/(m^2·d)]			透湿度②/[g/(m^2·d)]
	代号	厚度/μm	N_2	O_2	CO_2	
1	LDPE	25	1400	4000	18500	20
2	HDPE	25	220	600	3000	10
3	CPP	25	200	860	3800	11
4	OPP	25	100	550	1680	9
5	PVC（硬）	25	56	150	442	40
6	PVC（软）	25	30～80	80～320	320～790	5～6
7	PS	25	880	5500	1400	110～160
8	PC	25	35	200	1225	80
9	PET	25	25	60	420	27

续表

序号	材料		透气度①/[mL/(m²·d)]			透湿度②/[g/(m²·d)]
	代号	厚度/μm	N_2	O_2	CO_2	
10	PA(N)	25	16	60	253	300
11	OPA	25	6	20	79	145
12	PVDC	25	2～23	13～110	60～700	3～6
13	PT	25	8～25	3～80	6～90	>120
14	KPT	25		2		10
15	PVA	25		7	10	很大
16	EVAL	25		2		50
17	KOPP	25	1.5	5～10	15	4～5
18	PA/PE	77		50		10
19	PP/PVDC/PE	76		15		5
20	PET/PVDC/PE	60		15		4
21	PA/EVAL/PE	80		12		8
22	PA/PVDC/PE	73		6		8
23	PET/EVAL/PE	71		4		7
24	PA/PP	90		50		4
25	PA/EVOH/LLDPE	55		47		13

① 在20℃、65%RH、0.1MPa条件下测得的透气度。

② 在40℃、90%RH条件下测得的透湿度。

注：空白表示无数据。

(2) 真空充气包装的工艺要点

① 注意贮藏环境温度对真空和充气包装效果的影响　各种包装材料对气体的透气性与环境温度有着密切关系。一般情况下，随着温度的升高，包装材料的透气性增大，气体对薄膜的透过率也就越大。表4-10列出了不同温度条件下三种常用气体对聚乙烯薄膜的渗透系数。

由表4-10可知，真空和充气包装的食品，宜在低温下贮藏，若在较高温度下贮藏，会因透气率增大而使食品在短期内变质。对于生鲜食品或包装后不再加热杀菌的加工食品，应在低于10℃以下贮藏和流通。

表4-10　不同温度条件下三种气体对聚乙烯薄膜的渗透系数

单位：10^{-10} cm³·cm·(cm²·s)⁻¹①

温度/℃	气体		
	CO_2	N_2	O_2
0	410.25	18.75	82.5
15	975	58.8	206.25
30	2100	161.25	520.5
45	4050	410.25	1072.5

① 0.1MPa条件测得。

② 注意真空和充气包装过程的操作质量　进行热封时，要注意包装材料内面在封口部位不要粘有油脂、蛋白质等残留物，确保封口的密封性。对真空包装的加热杀菌处理，应严格控制杀菌温度和时间，避免因温度过高造成包装内部压力升高，从而导致包装材料破裂和封口部分剥离，或由温度不够而达不到杀菌效果。另外，真空包装时必须充分抽气，特别注意对生鲜肉类和无定型食品的真空包装，不能残留气穴，防止因残存空气而导致残存微生物在保质期内繁殖，使食品腐败变质。

③ 注意真空和充气包装的适用范围　真空包装由于包装容器内外有压力差，所以一般不宜用于易碎或带有棱角的食品。对这类食品如果采用常规包装方法不能保持其风味和质量而又有一定的包装要求时，一般考虑采用充气包装。

二、脱氧包装

1. 脱氧包装的特点

脱氧包装是指在密封的包装容器内，封入能与氧起化学作用的脱氧剂，从而除去包装内的氧气，使被包装物在氧浓度很低、甚至几乎无氧的条件下保存的一种包装技术。

氧气是造成食品品质劣变的主要因素。有效地除去包装内的氧气，达到接近无氧的环境，可以抑制食品中的油脂、色素、维生素、氨基酸、芳香物质等成分的氧化，较好地保持产品原有的色、香、味和营养；同时，氧的脱除抑制了嗜氧微生物的生长繁殖，进而减少了由此引起的腐败变质问题。此外，所有的害虫都需要氧维持生命，若环境中的氧气低于0.1%，半个月内可使害虫全部死亡。

虽然真空包装或充气包装可解决氧气影响问题，但此种机械除氧方式仍有2%～3%的氧气残留在包装中，且无法除去从外界环境中渗入包装内的氧气，食品仍然会氧化、褐变和变味；而脱氧剂能将包装内的氧全部除去，还能将溶解在液体中或充填在固体海绵状结构微孔中以及从外界环境中渗入包装内的氧除去，从而有效控制包装内食品因氧而造成的各种腐败变质，使其降低到最低限度。

脱氧包装在日本、欧美等发达国家较广泛应用于食品贮藏保鲜。封入脱氧剂包装是在真空包装和充气包装出现之后形成的一种新的包装方法，它克服了真空包装和充气包装去氧不彻底的缺点，同时该技术所需设备简单、操作方便、高效、使用灵活。

脱氧包装具有其他包装技术所无法比拟的下述特点。

① 提高安全性。在食品包装中封入脱氧剂，就不必在食品生产工艺中加入防霉或抗氧化等化学添加剂，从而使食品更安全，有益于人们的身体健康。

② 保护食品质量。采用合适的脱氧剂，可使包装内部的氧含量降低到0.1%，食品在接近无氧的环境中贮藏，可防止其中的油脂、色素、维生素等营养成分的氧化，较好地保持食品原有的色、香、味和营养。

③ 抑制微生物的繁殖。脱氧包装比真空包装和充气包装能更有效地防止或延缓需氧微生物所引起的腐败变质，因而可适当增加食品中的水分含量（如面包），并可适当延长保质期。

在生产实践中，将封入脱氧剂包装与真空包装和充气包装结合起来应用，可提高食品保鲜的效果。

2. 常用脱氧剂及其反应特性

(1) 常用脱氧剂 虽然脱氧剂的组成有很大差异，但它们的作用原理是相同的，即利用脱氧剂中的无机或有机物质与包装内的氧发生化学反应而消耗氧，使氧的含量下降到要求的水平，甚至达到基本无氧。脱氧剂根据其组成可分为两种：一种是以无机基质为主体的脱氧剂，如还原铁粉、亚铁盐类、次硫酸钠等；另一种是以有机基质为主体的脱氧剂，如酶类、抗坏血酸（维生素 C）等。

① 无机系列脱氧剂

a. 铁系脱氧剂。铁系脱氧剂是最早研制和目前使用较为广泛的一类脱氧剂。在包装容器内，铁系脱氧剂以还原状态的铁经下列化学反应消耗氧：

$$Fe+2H_2O \longrightarrow Fe(OH)_2+H_2\uparrow$$

$$3Fe+4H_2O \longrightarrow Fe_3O_4+4H_2\uparrow$$

$$2Fe(OH)_2+\frac{1}{2}O_2+H_2O \longrightarrow 2Fe(OH)_3 \longrightarrow Fe_2O_3\cdot 3H_2O$$

$$2Fe+\frac{3}{2}O_2+3H_2O \longrightarrow 2Fe(OH)_3 \longrightarrow Fe_2O_3\cdot 3H_2O$$

以上反应过程较复杂，受到温度、湿度（水分）、压力及加入脱氧剂中的辅助成分（助剂）等因素的影响。铁发生氧化反应形成的终产物有差异，因而消耗的氧量不同。理论上，在铁转变为氢氧化铁时，1g 铁要消耗 0.43g（折合为约 $300cm^3$）的氧气，这相当于 $1500cm^3$ 正常空气中的含氧量。因此，铁系脱氧剂的除氧能力是相当强的，这是铁系脱氧剂得到较广泛应用的主要原因之一。

另外，铁系脱氧剂主剂原料容易获得，制作简单，成本较低。但铁系脱氧剂的脱氧速度相对较慢，且脱氧时需要一定量水分的存在才有较好效果。此外，在铁氧化时常伴有氢气生成，如何抑制氢气的产生或处理已生成的氢是铁系脱氧剂使用中需解决的问题。因此，在配制或生产这类脱氧剂时常需加入一些具有这一作用的助剂。

b. 亚硫酸盐系脱氧剂。亚硫酸盐系脱氧剂使用效果也较好，且应用较广泛。这类脱氧剂多以连二亚硫酸盐为主剂，以氢氧化钙和活性炭等为助剂。如在助剂中加入适量的碳酸氢钠，则除了能除去包装空间的氧外，还能生成二氧化碳，形成包装内的高二氧化碳环境，进一步提高对产品的保护效果。在有水分存在的条件下，化学反应如下：

$$Na_2S_2O_4+O_2 \xrightarrow{H_2O,活性炭} Na_2SO_4+SO_2\uparrow$$

$$Ca(OH)_2+SO_2 \longrightarrow CaSO_3+H_2O$$

如果在脱氧的同时还需产生二氧化碳，则可加入碳酸氢钠，发生以下反应：

$$2NaHCO_3+SO_2 \longrightarrow Na_2SO_3+H_2O+2CO_2\uparrow$$

1g 连二亚硫酸钠大约可消耗 0.184g 氧，即在标准状态下，1g 连二亚硫酸钠可脱除约 $130cm^3$ 的氧，因此它的脱氧能力不如铁系脱氧剂。但它脱氧速度快，1h 内即可将环境中的氧含量降低到1%以下，最终达0.2%以下，且可生成二氧化碳，这对食品贮藏保鲜非常有利。

c. 铂（Pt）、钯（Pd）、铑（Rh）等加氢催化剂。这类脱氧剂能催化氧化反应，使包装内存在的氢和氧化合成水，达到脱除氧气的目的。这些催化剂中以钯的催化效果较好，因为活化状态下的钯可以吸附比其自身体积大很多倍的活泼的氢。催化的氧化反应为：

$$2H_2 + O_2 \xrightarrow{\text{Pt 或 Pd 等}} 2H_2O$$

这类加氢催化剂是较早研制成功并应用的一类脱氧剂，由于它们脱除氧依赖于氢的存在，使用时需先采取一定方法（如抽真空）减少包装内的氧含量，然后再充入含氢的混合气体，如$92\%N_2+8\%H_2$，使用较麻烦。另外，催化剂钯或铂等都是稀有金属，成本较高，故这类脱氧剂现已很少单独使用，大多数被其他高效脱氧剂代替或与其他脱氧剂配合使用。

② 有机系列脱氧剂

a. 抗坏血酸型脱氧剂。这类脱氧剂是近年研制的新型脱氧剂。抗坏血酸（维生素C）本身是还原剂，在有氧的情况下，可被氧化成脱氢抗坏血酸，从而除去环境中的氧。常用此法除去液态食品中的氧，这是目前使用的脱氧剂中安全性较高的一种。在有Cu^{2+}存在的情况下，发生如下反应：

$$\text{抗坏血酸} + O_2 \xrightarrow{Cu^{2+}} \text{脱氢抗坏血酸} + H_2O$$

b. 酶系脱氧剂。这类脱氧剂以葡萄糖氧化酶为主，该酶对氧具有专一性，是葡萄糖氧化成葡萄糖酸的催化剂，它在催化氧化反应的过程中消耗了包装内部的氧，从而达到脱除氧气的目的，反应如下：

$$C_6H_{12}O_6 + O_2 + H_2O \xrightarrow{\text{氧化酶}} C_6H_{12}O_7 + H_2O_2$$

$$H_2O_2 \longrightarrow H_2O + [O]$$

此反应的适宜条件是温度30～50℃、pH4.8～6.2。目前这种脱氧剂仅在某些特定产品的包装中有应用，除葡萄糖氧化酶外，还有过氧化氢酶或过氧化物酶。由于是酶促反应，所以这些脱氧剂的脱氧效果受到pH、水分活度、温度和溶剂系统的影响，且它们制作难度大，易失活，成本较高，加上大多数系统要求水参加反应，因此它们主要用于高科技含量产品的液态食品。

③ 光敏脱氧剂　这是一类含有诱氧剂且遇光会与氧气发生反应的脱氧系统。这种脱氧技术是在透明包装袋的内顶部密封一乙基纤维素膜小薄片（内部溶解有光敏染料和单线态氧受体），当包装膜受到合适波长的光照射时，散发的染料分子就会把环境中渗入包装膜的氧分子致敏成单线态氧，此单线态氧分子与受体分子反应而被消耗掉，这一光化学反应可表示如下：

$$\text{光子} + \text{染料} \longrightarrow \text{染料}^*$$

$$\text{染料}^* + O_2 \longrightarrow \text{染料} + O_2^*$$

$$O_2^* + \text{受体} \longrightarrow \text{受体氧化物}$$

(2) 脱氧剂的反应特性

① 脱氧剂的脱氧速度　脱氧剂根据脱氧速度的不同可分为速效型脱氧剂和缓效型脱氧剂。亚硫酸盐系脱氧剂的吸氧速度最快，属速效型；铁系脱氧剂的吸氧速度较慢，属缓效

型。速效型脱氧剂一般在1h左右能使密封容器内游离氧降至1%，最终达0.2%以下。缓效型脱氧剂要达到这种程度需12～24h，但两者绝对脱氧能力无明显差异。在实际使用时，可将两种脱氧剂配合作用，并加入其他助剂，使其脱氧效果既迅速又长期有效。必要时还可加入能产生二氧化碳的组分，造成缺氧并有二氧化碳的较理想气氛环境。

② 脱氧剂反应速度与温、湿度条件　一般脱氧剂随包装环境温度、湿度升高而活性变大，脱氧速度加快。脱氧剂正常发挥作用的温度为5～40℃，若低于－5℃，其脱氧能力明显下降，但目前有一种名为KEEPIT的铁系脱氧剂可在－25℃低温状态下正常工作。

③ 脱氧剂反应类型　一般脱氧剂需在有水的条件下才能发生反应，根据脱氧剂组配时的水分条件，可把脱氧剂分为自力反应型和水分依存型两类。自力反应型脱氧剂自身含有水分，一旦接触空气即可发生吸氧反应，脱氧速度由水分含量、贮藏温度等而定。水分依存型脱氧剂自身不含水分，一般在空气中几乎不发生吸氧反应，但一旦感知到高水分食品中的水分，即发生快速吸氧反应。此类脱氧剂使用及保藏均比较方便。

3. 封入脱氧剂包装的技术要点

(1) 食品包装对脱氧剂的要求

① 脱氧剂应对人安全无毒　脱氧剂封入食品包装容器内有可能与食品发生接触，甚至有被误食的可能，因此脱氧剂必须安全无毒。

② 脱氧剂应具有一定的稳定性　脱氧剂不应与被包装物发生化学反应，更不能产生异味甚至发生产生有害物质的反应。因此，在使用脱氧剂时，对脱氧剂的性质及被包装物的特性都要有所了解。

③ 根据不同的脱氧需求选用适宜的脱氧剂　如要求快速降氧的产品包装，应选择脱氧速度快的（速效型）脱氧剂；相反，则可使用脱氧速度较慢的（缓效型）脱氧剂。用于对氧含量有严格限制的产品时，则应选择脱氧效果高的脱氧剂。

(2) 脱氧剂使用的方法、用量及使用条件

① 脱氧剂的使用方法　脱氧剂有粉末状、颗粒状和片状等形态，使用时可以直接应用某种形态，也可采取一定的方式使其附着在某种载体（如高发泡的泡沫塑料片）上再使用，使用的方法通常是先按一定的量分装在用透气性好的材料制成的小袋中（注意在袋上应印有警示标志或说明），然后再与被包装物一起封入包装内。这同现在普遍采用的在含水量低的食品中放入干燥剂的方法一样。一种更为先进的方法是将脱氧剂与包装材料结合起来，放在复合材料的夹层中使用。

② 脱氧剂的使用量　脱氧剂在使用时要足量，不仅要能保证除去包装容器内原有的氧，而且还需根据包装材料等情况考虑到氧气渗入量的多少，留有一定的安全系数，一般加量15%～20%。为了检查包装内的脱氧程度，可利用氧指示剂进行显色。氧指示剂为直径6～8mm、厚2～3mm的片状物，它能通过自身的颜色变化来指示包装容器内氧的含量。当包装内氧含量超过0.5%时，氧指示剂显蓝色；氧含量低于0.1%，显粉红色；氧介于0.5%～0.1%，呈现雪青色。因此，根据包装内氧指示剂的颜色，就可以判断含氧的多少。

③ 脱氧剂使用的温、湿度条件　脱氧剂的脱氧效果与脱氧环境温、湿度密切相关。在脱氧剂通常使用的温度范围5～40℃内，随温度升高，脱氧剂的活性变大，除氧速度加快；

温度降低，则活性变小，除氧速度减慢。由于有些食品适于采用低温贮藏，因此若脱氧包装的气密性能好，可贮于低温下，但为了清除缓慢渗入包装的氧，应把脱氧剂包装物贮藏于略高于脱氧剂发挥作用的低限温度下，以免脱氧剂在低温下失效。

包装容器内的相对湿度和产品的含水量对脱氧剂的脱氧效果也有明显影响。当相对湿度为50%时，铁系脱氧剂基本上不能吸氧；相对湿度为70%，需50h才能使包装内残存氧气含量降低到接近于零；而相对湿度达到90%以上，使包装内残存氧气含量接近零时不足20h。虽然脱氧剂与氧反应时需要有一定的水分存在，但如果内装物的水分含量太高，则不仅达不到保持内装物的物理特性和质量，而且还会降低脱氧剂的脱氧效果。因此，被包装物的含水量不应超过70%。

(3) 使用脱氧剂的注意事项

① 包装材料及包装容器　用于封入脱氧剂包装的材料要求具有很高的气密性，特别是对氧的隔绝性能要好，在25℃、0.1MPa时具透氧度要小于20mL/(m^2·24h)，多采用复合薄膜（如KOPP/PE、KONY/PE、KPET/PE、PETP/AlFoil/PE等）以及金属、玻璃、陶瓷等包装容器。

对于体积和形状固定的包装容器，要注意脱氧后的影响，如正常空气中有1/5的氧气，当氧气消耗以后，会使容器内产生负压，形成部分真空，因而要求包装材料或容器具备一定的强度。为克服因使用脱氧剂而使软包装体收缩，影响美观，可选用亚硫酸盐系等可产生二氧化碳的脱氧剂或结合充气包装来避免此缺陷。

② 脱氧剂在分包使用前必须包装完好　脱氧剂不能直接与大气接触，同时要求在包装使用的过程中要迅速，以免因吸氧而影响使用效果。目前用于食品包装的铁系脱氧剂一般用气密性好的包装材料包封，使用时应随开随用。脱氧剂开封后在相对湿度80%、温度25～30℃的环境中放置5h，对其脱氧效果无明显影响，故自力反应型铁系脱氧剂在开封后5h内务必使用。水分依存型铁系脱氧剂放置时间可较长。

③ 注意选择合适的脱氧剂类型和脱氧效果　封入脱氧剂包装能否保全食品质量取决于脱氧剂的吸收能力和吸收效果，一般铁系脱氧剂在封入包装4h内，氧气浓度可降低至0.35%以下，4h后可达0.1%。如果把速效型脱氧剂和缓效型脱氧剂配合使用，既可实现快速脱氧，又能维持包装内长期接近无氧的状态，因此可长期地保持包装食品的风味和品质。

思考题

1. 食品包装件内湿度变化的原因有哪些？
2. 防潮包装计算过程中涉及哪些参数？
3. 包装物常用的灭菌方法有哪些？
4. 纸类包装材料常用的灭菌方法有哪些？
5. 简述收缩薄膜的主要性能指标。
6. 简述拉伸薄膜的主要性能指标。
7. 简述拉伸包装与收缩包装的异同点。
8. 真空包装与充气包装各有何特点？

9. 充气包装中使用二氧化碳的目的是什么?

10. 常用的脱氧剂有哪些?

11. 使用脱氧剂需注意哪些事项?

第五章 专用食品包装技术

学习目标

1. 掌握微波食品包装的加热特点、包装要求及常用的微波材料。
2. 掌握绿色包装的定义、特点及材料。
3. 掌握防伪包装的定义、分类及常用的防伪包装技术，掌握常用的防盗包装技术。

第一节 微波食品包装技术

微波食品是指为适应微波加热要求而应用现代加工技术对食品原料采用科学的配比和组合，预先加工成适合微波炉加工或调制并采用一定包装方式制成的便于食用的食品。它并不是单独意义上的食品，而是可采用微波加热或烹制的一类预包装食品。

微波食品分为两种：一种是经微波灭菌后，可常温贮存的熟制食品，如微波汉堡包、微波速食汤料、微波熟肉类调理食品等；另一种是经选料调制后冷冻冷藏的制品，食用时只需将食物放入微波炉中解冻和加热，即可食用，如冷冻调理食品。

微波加热食品与传统加热食品相比，微波加热难以达到油炸和焙烤时所产生的松脆性和褐变，目前解决这一问题的方法主要集中在以下三方面：

第一是从加热装置着手，在微波炉中安装用于烧烤烘焙的电烤炉。

第二是从包装材料着手，采用薄涂层材料作为微波食品的包装材料，如在PET薄膜上蒸镀适当厚度的铝层、用氧化锡涂布玻璃等，此类材料在微波场中几秒内就可达到250℃左右的高温，可作为第二加热源，使食物表面产生焦黄的色泽。

第三是直接在食品表面涂覆可食用涂层，这类涂层主要是由水、面粉、面包屑、淀粉、化学膨松剂、蛋清等调料混合组成的面糊体系，且涂层可食用性、成膜性和持水性好，配合膨松剂可产生外脆内软的效果。另外，涂层中所含的色素和褐变剂，可以使食物表面产生诱人的色泽。

一、微波加热特性与包装要求

1. 微波加热的基本原理和特点

(1) 微波加热的基本原理 微波加热是依靠物料吸收微波能并将其转换成热能，从而使物料本身整体同时升温的加热方式，常用的微波频率有915MHz和2450MHz。由于具有高频特性，微波电磁场以数十亿次/s的惊人速度进行周期性变化，物料中的极性分子（典型的如水分子、核酸、蛋白质、脂肪、碳水化合物等）吸收了微波能以后，在微波电磁场的作用下呈有序性排列，改变了其原有的随机分布的特点，在高频电磁场的作用下，这些极性分子以同样的速度随交变电磁场的变化而做电场极性运动，从而引起分子的运动和转动，致使分子间频繁碰撞而产生大量的摩擦热，并以热的形式在物料内表现出来，从而导致物料在短时间内温度迅速升高，即加热、熟化物料。水是微波最好的介质，可以很好地吸收微波。

(2) 微波加热的特点

① 高效节能 微波加热时，被加热物一般都是放在金属制造的加热室内，加热室对微波来说是封闭的空腔，微波不能外泄；外部散热损失少，只能被加热物体吸收，加热室的空气与相应的容器都不会发热，没有额外的热能损耗，所以热效率极高；同时，工作场所的环境温度也不会升高。一般可节省30%～50%的电能。

② 均匀加热 微波加热时，无论物体各部位形状如何，通常都能均匀渗透微波产生热量，因此均匀性大大改善，可避免发生外焦内生、外干内湿现象，提高产品质量，有利于食品物料品质的形成。

③ 易于控制，工艺先进，实现自动化生产 微波加热干燥设备只要操作控制旋钮即可瞬间达到升、降、开、停的目的。在加热时，只有物体本身升温，炉体、炉膛内空气均无余热，因此热惯性极小，没有热量损失。应用微机控制可对产品质量自动监测，特别适宜于加热过程中和加热工艺规范的自动化控制。

④ 低温杀菌，无污染 微波加热灭菌是通过热效应和非热效应（生物效应）共同作用灭菌，因而与常规热力灭菌比较，具有低温、短时灭菌的特点。该灭菌方法不仅安全、保险，而且能保持食品营养成分不流失和不被破坏，有利于保持产品的原有品质，色、香、味、营养素损失较少，对维生素C、氨基酸的保持极为有利。有实验表明，晒干的鲜菜其叶绿素、维生素等营养成分仅剩3%，阴干则可以保持17%，热风快速干燥可保留到40%，微波干燥则能保留60%～90%，而微波升华干燥更可保持新鲜时的97%。

⑤ 选择性加热 微波对不同性质的物料有不同的作用，因为水分子对微波的吸收最好，所以含水量高的部位吸收微波功率多于含水量较低的部位；物料中水比干物质吸收微波的能力强，故水受热高于干物质，这有利于水分温度上升，促使水分蒸发，也有利于干物质发生过热现象，这对减小营养和风味的破坏极为有利。选择性加热的特点有：自动平衡吸收微波，避免物料加热干燥时发生焦化。

⑥ 安全无害 由于微波能是控制在金属制成的加热室内和波导管中工作，所以微波泄漏极少，没有放射线危害及有害气体排放，不产生余热和粉尘污染；既不污染食物，也不污

染环境。

综上所述，微波加热技术具有快速、保持营养与风味、均匀、消毒杀菌、节能、卫生、安全等优点。

2. 微波食品的包装要求

(1) 对微波包装材料的要求 凡是能透过微波的包装材料都具备微波加热的基本条件，如塑料、纸张、玻璃、陶瓷等都可作为微波食品的包装材料。

① 耐热性 在微波场中加热食品，食品吸收微波能升温，与食品直接接触的包装材料温度也会升高，特别是食品中含有油脂或者油脂黏附于包装材料时，材料受热的速度变快且温度很高（130～150℃）。所以，微波加热的食品的包装材料要有良好的耐热性。水性食品微波包装材料的耐热性要求不低于100℃，而油性食品包装材料的耐热性要求在130℃左右，同时能够耐受10min的加热处理。

② 耐寒性 大部分微波食品都是冷冻冷藏的食品，这就要求包装材料要具有良好的耐低温的性能，同时要求脆折点要低。所以，微波包装材料应能耐－20～－18℃的低温。

③ 耐油性 微波食品有油性和水性两种，对于油性食品，其包装材料应具有良好的耐油性，但水性食品的一次性包装材料不必考虑耐油性。

④ 卫生标准 鉴于微波食品的包装材料直接与食品接触，因此，所选用的材料的卫生标准要符合有关国家卫生标准的要求。

⑤ 廉价性 由于微波食品的特点，其包装材料多为一次性的，为了减少成本，在能够满足微波食品的包装要求的情况下，尽可能选择价格较低的包装材料，以便提高市场竞争力。

⑥ 废弃物容易处理 微波加热的产品多为一次性产品，包装材料的废弃处理是一个重要问题，应尽可能选择易回收的包装材料，如塑料具有热容量小、加热升温快、节能等特点，是微波食品包装的良好材料。

(2) 微波包装形式设计要求 市场上的微波食品越来越多，食品包装设计也在结构、材料和功能上配合着这种变化，包装上要求体现出便利性、简洁性的特点。

对于微波食品来说，其包装形式设计应考虑以下几方面：

① 是否需要对金属材料加以保护；

② 是否需要屏蔽，以防止食品加热不均；

③ 是否需要敏片包装；

④ 是否需要在包装外采用套标，防止烫手；

⑤ 是否需要在容器内保持适量蒸汽；

⑥ 是否需要控制包装内微波加热的分布。

二、微波食品包装材料

1. 微波食品用包装材料的分类

微波食品包装分为内包装和外包装两种。内包装是指盒式或盘式容器，便于微波炉直接加工处理；外包装通常是指印刷有精美图案和使用说明的包装纸盒，以便吸引消费者。微波食品的内包装，根据包装材料在微波场中的特性及在特定包装中的作用可分为微波吸收材料、微波穿透材料、微波反射材料以及可改变电磁场的包装材料等，以下选择介绍。

（1）微波吸收材料 微波吸收材料也是常用的微波包装材料，称为微波感受材料。常用的薄涂层材料是先把某金属粒子如铝，用热蒸镀或者喷镀的方法沉淀积于塑料薄膜表层约10nm厚的地方，然后再把此塑料薄膜与具有热稳定性的牛皮纸以层压的方式复合在一起。这样制作出来的材料最重要的性能之一就是它表面的电阻性能，当金属涂层的厚度非常大时，其表面电阻为零，传到涂层表面的微波能量会被全部反射回去。随着金属涂层厚度的减小，其表面电阻逐渐增加，吸收的微波能量也逐渐增加，当涂层厚度处于最佳状态时，它可以吸收微波能量的50%。此类薄膜在微波场中几秒内就可以达到250℃的高温，可以作为加热板使用，使食物表面产生焦黄的色泽，增加食物的美感。

（2）微波穿透材料 这类材料在微波场中很少吸收和反射波长，对微波的透过性高。微波食品在微波炉中加热或蒸煮时，只有微波最大限度地为食品所吸收，食品才能迅速加热升温，提高热效应。这就要求微波包装材料或容器能透过微波能，且材料本身要尽可能少地吸收微波能，这样食物才能得到更多的微波能。纸类、玻璃和塑料都是优良的微波穿透材料，其中塑料制品以其轻便耐用、综合性能好而被广泛应用。

（3）微波反射材料 铝锅、搪瓷锅和不锈钢锅等金属器皿，微波不能穿透，碰到金属时微波炉内壁会发生打火现象，故不能使用。根据金属这一特点，在微波食品包装中，可利用金属不能吸收和透过微波但能反射微波能这一特点，将其作为屏蔽微波能的材料，预防食品的边角或突出等部位被微波加热过度，从而达到均匀良好的加热效果。但使用这类材料时，要经过特殊处理，使用不当也会引起打火现象。

2. 常用的微波食品包装材料

（1）塑料

① 聚乙烯类 此类包装容器耐寒性能优良，可耐－40℃以下的低温，卫生性能可靠，耐油性中等，短时间盛装油性食品或者低温下一般不会产生问题，成型方便，成本低廉，废弃物易于回收；但此类材料耐高温性能差，100℃变形，120℃即熔化。

② 聚丙烯类 这类容器主要材料是聚丙烯均聚物或嵌段共聚物。嵌段共聚物可明显改善容器的耐寒性，可耐－20℃低温。嵌段共聚物的耐热性比均聚物差，但两者的耐热性均在110℃左右，对于水性微波食品的烹调，基本不存在耐热性方面的问题；而对于油性食品来说，嵌段共聚物的耐热性尚有不足。

③ 填充型聚丙烯容器 这类容器多采用滑石粉填充型聚丙烯。滑石粉可提高材料的耐热性和刚性，缩短生产周期，降低容器成本，废弃物更易燃烧，一般滑石粉用量为30%，耐热性在130℃以上；添加滑石粉量为50%，耐热性为140℃，并能耐－30℃的低温。但填充型聚丙烯不透明，不能透过容器观察到被包装物。

④ 聚酯容器 这种容器是由结晶型聚对苯二甲酸乙二醇酯片材制成的热成型容器，即CPET容器。它具有耐油性、耐化学药品、耐高温（耐高温可达230℃）、耐低温、卫生可靠、废弃物易回收处理等优点，是理想的微波炉塑料容器。但是制造这种产品技术难度较

大，成本较高，目前国内尚处于待开发阶段。

(2) 纸类

① 纸板　这类材料具有一定强度，且印刷性能好、易保持形状等。在微波炉加热过程中，它们可吸收微波升温，同时还能够吸收微波加热过程中由食品逸出的水蒸气在内表面所凝结成的水，避免凝结水影响食品外观品质。

② 涂塑纸板　主要有涂聚丙烯、聚乙烯、聚酯的纸和纸板，涂塑后的材料耐热性、耐油性、耐水性大大提高，适用性增强。其中聚酯是一种耐热性很强的树脂，可提高容器在微波炉的耐热能力，同时也可在普通炉中加热。但由于涂塑纸板本身能部分吸收微波能而被加热，长时间加热，纸张易被烤焦，尤其是边角部位和含水量低的食品。因此纸类包装的微波食品最好能用带盖的容器，加热更均匀；外观设计上，尽量采用圆滑过渡，避免局部过热。

③ 纸浆模塑制品　这是直接以纸浆为原材料加工成型的各种大小、深浅、形状不同的制品，还可添加助剂，使产品具有防油、耐热等性能。其中纸浆模塑托盘应用最多，这种托盘是先进行纸浆模制，再层合上耐热、阻水性很强的聚酯膜，其外观光洁、高档，聚酯膜起到阻隔作用，因此包装材料不会从内容物中吸水，非常适合冷冻调理食品的包装。

(3) 玻璃和陶瓷　玻璃具有能耐微波辐射、耐热性好、透明、强度高，并能承受较高内压、使用方便等特点，是一种优良的微波包装材料。玻璃加工过程中应用淬火处理除去表面应力，提高其耐热性和耐温差性能。玻璃包装材料多用于含水量大的液体食品的微波包装。玻璃瓶一般采用金属旋盖密封或用塑料保护的金属自卸压盖密封，前者去掉盖后可放入微波炉中直接加热，后者可直接放入微波炉中加热。

陶瓷对微波吸收较多，很少用于食品的包装，但可作为微波炉加热器皿。陶瓷能够吸收微波能，不宜在微波炉中长时间加热，而且微波炉加热后，陶瓷易烫手，取放时应注意。

(4) 金属　金属能否作为微波包装，一直是个争论不休的问题。反对者提出的理由是金属能反射微波，在微波炉中加热易打火，不宜在微波炉中使用；而支持者认为：只要适当地控制，金属完全可以作为微波食品包装，如可在金属表面涂塑或用纸张包裹的形式，可防止打火。但是利用金属的反射性，如将容器的开口一面用非微波透明材料制成，而其他表面仍为复合铝箔，一面可透入微波，另一面可反射微波，微波在容器内反复改变方向，使食品受热均匀，从而边角部位不易出现受热过度的现象。常见的金属制的微波容器有铝制、钢制等。铝制微波容器是“双炉通用型”材料，在包装工业中用量非常大，大部分用于冷冻食品的包装。钢罐包装是由 Weirton Steel 公司开发的一种带拉盖的空罐，用于包装单人份餐汤类食品，采用内外涂塑，内层涂塑是为了避免食品与金属接触；外层涂塑是为了避免金属与微波炉壁接触。

(5) 复合材料　目前最常用的是透气性的特殊乙烯材料，加热时不至于爆裂，也有由纸、导电性材料和耐热性材料三层构成的材料，可将点心烤得焦黄。近几年，还研发了镀 SiO_x 的包装材料，SiO_x 是在 PET、PP、PA 等基材上镀上一薄层硅氧化合物，具有高阻隔性、高微波透过性、透明性及极好的大气环境适应性，而且其阻隔性几乎不受环境湿度和温度变化的影响。其可作为微波加工食品的软包装，也可制成饮料和食用油的包装容器，具有良好的保鲜效果，长期贮存或高温处理也不会产生异味。但 SiO_x 镀膜成本高，技术还不够完善。

今后微波包装将以多层复合材料为主流，如不饱和聚酯、玻璃纤维等材料的多质多层复合可满足不同档次的微波食品在不同流通环境下的要求。

三、典型的微波食品包装

1. 微波爆米花包装

1986年，美国人申请了一项微波爆米花的配料和包装专利。这种产品是将专用玉米与调料混合后微压成块状，然后用纸塑复合材料真空包装，最后将包装袋整理折叠后进行外包装。这种包装外层是纸、内层是聚酯膜（PET），并涂布一层对高温和压力敏感的树脂。微波爆米花包装是易开口的纸袋，采用热封的方法密封，在纸袋顶端的边缘处有一个能撕开口的位置，可对角拉伸撕开纸袋，撕口位置要求具有足够的密封强度，确保袋中玉米粒在爆开时不会撑破纸袋，玉米花在爆裂后，打开纸袋密封，放掉蒸汽，以防玉米花回潮。为确证玉米膨爆结束后包装袋不破裂，要求包装能耐受一定强度的内压，同时包装袋展开后的有效内容积应大于袋内玉米膨爆后的体积，使用时可直接将内包装放入微波炉中加热，随着膨爆进行，产生的气体将包装袋撑开使玉米可以散开。

2. 微波加热食品包装

随着人们生活节奏的加快，比萨饼、汉堡包、三明治等多种微波加热食品涌入市场。比萨饼采用纸盒和外敷塑料薄膜的包装，纸盒的底面内表面有支撑物，微波加热时纸盒被托起离开炉底一定距离，便于被金属表面发射的微波透入包装，同时食品被托起离开纸盒，纸板上留有出气孔，撕去塑料薄膜后，微波加热时产生的水蒸气可从包装中逸出，防止水分重新被内容物所吸收，避免比萨饼变软和吸潮。汉堡包采用纸盒包装，纸板材料的中间部分复合有铝箔，顶盖以外其他的五个面是屏蔽的。用微波加热汉堡包时，将两个半块面包放在盒子的底部，小馅饼放在顶部。小馅饼因暴露在满功率的微波加热能量之下而被迅速加热，两个半块面包则处于微波能量相对较少的环境下，但也足够其解冻和加热。

这里需要注意的是，因比萨饼等食品在加热时会重新吸水而变软和受潮，包装时应设法使微波加热时产生的水蒸气能逸出包装，防止水分重新被内容物所吸收。传统包装时纸盒外加覆阻水膜，纸板上留出气孔，撕去阻水膜后水汽可逸出包装，并且纸盒底部及内表面具有支撑物，在微波加热时，可使纸盒离开炉底一定距离，便于微波透入包装，同时防止水汽凝结成的水珠被食品所吸收。德国 Sued pack UK 公司推出的 Ecovent 包装概念，可解决面包、意大利面食等产品的加热问题，通常这类微波加热食品应该是未烘透的面包或面食，保持一定的湿度和改性结构，Ecovent 包装采用了一种透气薄膜及非传导性纸质套封等技术，比传统烤箱的加热效果强。Mead West-vaco 的 Printkote Ovenable 则是一种漂白的纸包材，表面有 PET 涂层，提高了包装材料的阻隔性能，对油脂和水的阻隔性能都有增强，成本低，节省了纸箱及外包装的花费，可适用于冷藏及常温环境，用这种包材包装的预制食品可直接由冷藏环境中放入微波炉加热。

3. 微波屏蔽技术包装

这种包装利用的是微波屏蔽技术，可防止食品在微波炉中的过度加热，尤其是对多组分食品或由几部分组成的食物。最常用的金属是铝箔。举例如下。

包装时，将冰激凌与其顶端的配料分开，上面的配料可被微波加热，而下面的冰激凌被完全屏蔽仍然保持其冷冻状态，加热后，两层之间的包装可以被刺破，熔化的顶端配料就可以挂到冰激凌上，或将其浇到冰激凌上。使用这种包装，消费者就可以同时吃到一冷一热的冰激凌，感受新奇。

第二节 绿色包装技术

绿色包装技术主要体现在五个方面，即回收技术、减量技术、再生技术、包装废弃物处理技术、无污染新型材料利用与开发技术。这五个方面是绿色包装技术的五个阶段。目前，发达国家的绿色包装技术中前三方面的技术已趋成熟并普遍采用，正朝着包装废弃物处理技术与无污染新型材料利用与开发技术的方向发展。而国内在不断地开发回收、减量与再生绿色包装技术的同时，也已开始紧跟国际绿色包装技术发展的步伐，一些科研院所及部分企业开始着手对先进的包装物处理技术、无污染新型材料利用技术进行探索和研究。

1. 绿色包装的涵义

在世界绿色浪潮的冲击下，“绿色包装”作为有效解决包装与环境关系的一个新概念，在20世纪80年代初涌现出来。国外将此新概念称为“无公害包装”或“环境之友包装”。我国包装界则于1993年开始采用环保的寓意，统称为“绿色包装”。

（1）绿色包装的定义 绿色包装是对生态环境不造成污染，对人体健康不造成危害，能循环使用和再生利用，可促进持续发展的包装。也就是说，包装产品从包装材料选择及包装制品设计、制造、使用、回收和废弃的整个过程均对环境无害，符合生态环境保护的要求，或者说在包装全过程对环境的影响降到最低程度，且能够循环复用、再生利用或降解腐化的适度包装。简单而言，绿色包装就是无害包装或环保包装。

（2）绿色包装的内涵 从当前国际上对绿色包装的研究来看，包装必须处理好其与人类环境、能源消耗、地球资源、废物处理及人体健康等各方面的关系，才能算是真正意义上的绿色包装。国内专家早已重视绿色包装，提出了绿色包装的概念，认为绿色包装意味着包装材料除了发挥其应有功能及有助于提高商品附加值的作用以外，其内涵应包含环境保护和资源再生两大关系以及人类生存与生活的切身问题。它包括了节省资源、能源，避免废弃物产生，易回收再循环利用，可焚烧或降解等具有生态环境保护要求的内容。

2. 绿色包装的特点

(1) 包装减量化 (reduce) 绿色包装在满足保护、方便、销售等功能的条件下，应是用量最少的适度包装。欧美国家将包装减量化列为发展无害包装的首选措施。

(2) 包装易于重复利用 (reuse) 或回收再生 (recycle) 通过多次重复使用或通过回收废弃物、生产再生制品、堆肥化改善土壤等措施，达到再利用的目的，既不污染环境，又可充分利用资源。

(3) 可复原 (recover) 可获得新的价值，可利用焚烧来获取能源和燃料。

(4) 包装废弃物可降解腐化 (degradable) 为了不形成永久垃圾，不可回收利用的包装废弃物要能分解腐化，进而达到改善土壤的目的。这种降解周期应越短越好。当前世界各工业国家均重视发展利用生物或光降解的包装材料。

上述 4 个特点即当今世界公认的发展绿色包装的 4R 和 1D 原则。

(5) 包装材料对人体和生物无毒无害 包装材料中不得含有有毒的重金属等物质，或其含有量控制在有关标准以下。

(6) 无公害和无污染 在包装产品的整个生命周期中均不会对环境产生污染或造成公害。即包装制品从原材料采集、加工、制造产品、产品使用、废弃物回收再生，直至最终处理的生命全过程均不会对人体及环境造成危害。

3. 绿色包装材料

绿色包装材料是指在生产、使用、报废及回收处理再利用过程中，能节约资源和能源，废弃后能够迅速自然降解或再利用，不会破坏生态平衡，而且来源广泛、耗能低，易回收且再生循环利用率高的材料或材料制品。绿色包装材料大致可分为可降解塑料、可回收重新利用的包装材料、可食性包装材料等几类。

(1) 可降解塑料

① 双降解塑料 在塑料里面加淀粉称为生物降解塑料，加光降解引发剂称为光降解塑料，同时加入淀粉和光降解引发剂的称为双降解塑料。双降解塑料由于不能完全降解成分子状态，只能降解成小碎片或粉末，对生态环境的破坏非但不能减弱，反而更甚。光降解塑料和双降解塑料中的光敏剂有不同程度的毒性，有的甚至是致癌物。光降解引发剂大多是由蒽、菲、苯酮、烷基胺、蒽醌及其衍生物等组成，这几种化合物都是有毒物质，接触久了会致癌。这些化合物在光照下产生自由基，而自由基在衰老、致病因素等方面都会对人体产生不良影响，并且对自然环境造成的危害也很大。1995 年美国 FDA 就明文规定光降解塑料不能用于接触食品包装。

② 全生物降解包装材料 生物降解型聚合物作为一种可自然降解材料，在环境保护方面起到了独特的作用，其研究和开发也得到了迅速发展。所谓生物降解材料必须是能被微生物完全消化，并且只产生自然副产物（二氧化碳、甲烷、水、生物质等）的材料。淀粉作为一次性包装材料，生产和使用过程中无污染，而且使用后可作饲料，用于鱼及其他动物的喂养，也可降解后作肥料。在众多的全生物降解包装材料中，由生物合成的乳酸聚合而成的聚乳酸（PLA）因其良好的性能及同时兼具生物工程材料和生物医用材料应用特性，成为近

年来研究最活跃的生物材料之一。聚乳酸是由生物发酵生产的乳酸经人工化学合成而得到的聚合物，但仍保持着良好的生物相容性和生物可降解性。因此聚乳酸可以被加工成各种包装用材料，而且PLA的生产耗能只相当于传统石油化工产品的20%～50%，产生的二氧化碳气体也仅为相应的50%。近二十多年迅速发展起来了一种新型的全生物降解包装材料——聚羟基脂肪酸酯（PHA），它是由很多微生物合成的一种细胞内聚酯，是一种天然的高分子生物材料，具有良好的生物相容性、生物可降解性和塑料的热加工性能，它已经成为近年来绿色包装材料领域研究热点之一。

（2）可回收重新利用的包装材料 可再生的包装材料主要是指天然生物包装材料，如竹、木屑、芦苇、稻草、麦秸等，此类材料在自然条件下容易分解，不污染生态环境，而且资源成本低，可再生，是很好的绿色包装材料。植物的叶片是很好的天然包装材料，这些材料包括荷叶、竹叶、芭蕉叶等。例如广东的葫芦茶包装设计，就是直接用自然界的竹叶，把茶叶一段一段地用细草绳扎起来，形成一个个连续的小圆球状，有点像北方生长的压腰葫芦。茶叶采用这种方法进行包装，能够保持茶叶的香味长久不变，需要饮用的时候，随时可以把上面的草绳解开，取出其中的茶叶，而余下的则可以继续在竹叶的严密包装中封存，久不失味。草纤维包装是我国云南地区特有的一种包装形式，居住在那里的人们长期种植稻米和饲养家禽，由于稻草富有弹性，而且很结实，人们就用稻草编织成网状草袋来盛放鸡蛋，被包在稻草网中的鸡蛋鲜亮且感觉充满活力，给人一种原汁原味的自然清新感。竹子也是常用的天然材料。在我国南方，竹子是常见的植物，先人用竹篓作为包装器具盛放物品的方法至今为人们所沿用。这种竹篓由坚韧而且结实的竹条手工编织而成，透出一种自然材料特有的质朴美感，竹条之间有间隙，通透、自然，放置食品不易变质。云南的竹筒酒、竹筒米饭都是采用这种典型的绿色包装。

（3）可食性包装材料 可食性包装材料是指人体可自然吸收，对人体无害，也能够在自然环境中腐蚀风化的材料。它所用原料是氨基酸、植物纤维、蛋白质、凝胶等天然有机物质。这种包装材料卫生，无毒无味，质量轻，而且透明，常用于食品包装。可食性包装材料解决污染问题非常有效，其应用、开发前景好。

4. 绿色包装设计

（1）绿色包装设计的研究内容 绿色包装设计应致力于环境保护策略的实施，采用新的方法和工具来规范包装产品在其循环周期内每一个阶段对环境产生的影响：a. 建立包装产品设计与环境保护相互制约的配套设计规范；b. 包装产品在使用物流过程中对其输入和输出进行有效的检测和跟踪分析；c. 建立环境保护的评估模型，同时对有损于环境的设计、生产行为进行风险评估。

（2）绿色包装设计的程序

① 搜集绿色包装设计信息 绿色包装设计信息的搜集应兼顾下列条件：产品分析（产品类别、特性、品质等），市场条件分析（内销、出口、销售量、价格、销售周期等），环境条件分析（包装环境、流通条件等），绿色消费者分析（消费心理、购买动机、使用方便程度、经济性等），环保策略和法规，减废技术，绿色制造成本等。

② 建立绿色包装设计小组 通过绿色包装设计小组或类似的组织，来观察企业目前的

绿色设计表现，决定企业的绿色包装设计需要，掌握最新的绿色包装设计信息，并推动绿色包装设计企业的发展。

③ 制定绿色包装设计方案　根据搜集的信息，提出绿色包装的设计方案，其中主要包括：确定设计参数，如内容物的计量值、预留容量或允许偏差等参数；选择包装材料，首选是无毒无害、可重复使用或再生、可降解、高性能的材料；包装结构设计，应考虑实现保护性能、流通特性、重复包装、易于存放、便于制造装配等；包装容器设计，应考虑易于货架陈设或集中堆码排列，系列容器应整体协调、多用途包装再利用，应易于加工、消毒、充填、封口等；包装装潢设计，包括图形、文字、色彩、标签等。对提出的多个设计方案从绿色设计的角度进行评估，最后确定方案。

④ 绿色包装设计决策　进行绿色包装设计的企业应把与环境有关的生活条件、废弃物、空气、土壤和水质的污染、噪声、能源及资源的消耗等均纳入评价过程，并对最终绿色包装设计方案的确定起决策作用。

最后完成绿色包装设计。

(3) 绿色包装设计的评价　绿色包装设计必须符合“4R1D”原则，此外，还应满足使用功能、审美功能、节约能量、经济良好、对人体及其他生物无毒无害等。绿色设计较多采用的评价方法有经济分析法、专家咨询法、加权平均法、成本效益法、价值分析法、模糊评价法、层次分析法等。

① 绿色包装设计的评价指标体系　绿色包装设计的评价指标体系除包含传统包装设计的评价指标体系外，还必须满足环境属性指标、资源属性指标、能源属性指标和经济性指标。环境属性指标是指在包装产品的全生命周期内与环境有关的指标，主要包括大气污染指标、液体污染指标、固体污染指标和噪声污染指标。资源属性指标是指在包装产品的全生命周期中所使用的材料资源指标、设备资源指标、信息资源指标和人力资源指标等。能源属性指标是指绿色包装产品所消耗的能源类型、再生能源使用比例、能源利用率和回收处理能耗等指标。经济性指标除考虑传统包装产品的设计成本、生产成本、运输等费用外，还应考虑环境污染治理、生命周期后的回收、处理处置等费用。

② 绿色包装设计的评价标准　绿色设计评价中重要的一个环节就是绿色评价标准的制定。目前还没有系统的评价标准，往往是参照现行的环境标准或相应的技术参数。一方面参照现行的环境保护标准、行业标准及相关的政策、法规来制定评价标准；另一方面以现有产品及相关技术作为参照物，通过对比来评价绿色包装的绿色程度。

③ 对设计方案的评价　根据搜集到的绿色信息可以提出多种设计方案，评价过程中不仅要考虑技术性、经济性、社会性和审美性等传统包装设计的评价目标，更要结合绿色包装设计的特点，在全生命周期的流程中，即设计、生产、运输、废弃物处理或再回收利用的综合流程中，以能源和资源消耗最少、环境污染最小以及废弃物的减量化、最小化、资源化为设计目标，并根据每一个方案的技术可行性与市场配合性做综合性评估，确定出具体可行的设计方案。

④ 对绿色包装产品的评价　绿色包装产品的评价是指对最终生产出的绿色包装产品进行评价，这是针对绿色包装产品全生命周期的评价。从绿色设计信息的搜集、绿色材料的选择、绿色设计方案的提出及选择、绿色设计决策，到绿色包装产品的生产、运输、流通、使

用，再到废弃物的再循环利用等各个环节都需要遵循绿色包装设计的评价指标体系进行分析和评估，然后再将分析结果与绿色评价标准相比较，并通过相应的绿色评价方法将其变成评价结果。

第三节 食品防伪包装和防盗包装技术

一、防伪包装

防伪包装就是借助于包装，防止商品从生产厂家到经销商，以及从经销商到消费者手中的流通过程中，被人为有意识地窃换和假冒。

市场上有许多产品都有被假冒的情况，尤其是一些名优产品，被假冒仿制的情况更多，假冒伪劣产品之所以能够以假乱真，欺骗广大消费者，其中一部分就是通过假冒产品外包装和商标来实现的，这些假冒产品严重扰乱了市场秩序，为制假者谋取暴利，在损害广大消费者利益的同时，每年还给国家造成了上千亿元的经济损失。各个生产厂家为了保证自己的产品不被别人假冒，采用了许多防伪包装技术和方法，以达到保护自己产品、维护消费者利益的目的。防伪包装的目的就是防止商品在流通和转移的过程中被窃换、假冒。

1. 防伪包装的作用与特点

(1) 防伪包装的作用

①防伪包装既能保护商品生产企业的利益和声誉，又能保护消费者的利益和身心健康。

② 能遏制假冒伪劣商品泛滥的行为。

③ 杜绝假冒伪劣产品的生产销售，促进生产者运用新技术、新工艺、新的经营意识在产品开发、生产、改进方面的应用和推广，以便提高产品质量。

④ 具有科学验证作用，为假冒伪劣产品纠纷事件提供科学可靠的识别依据。

⑤ 为包装的产品增加信任度和安全感。

(2) 防伪包装的特点

① 防伪包装是为了防止人为的有目的的损害而对商品进行保护。

② 防伪包装在具有一般包装功能和防伪技术的共同特点的同时，还具有不易被仿造和容易识别两个关键特性。

③ 防伪包装所实现的功能多，传递的信息量大。

④ 防伪包装具有隐秘性的特点。

⑤ 防伪包装的防伪作用只有在商品的销售包装中才能体现，同时防伪包装的防伪作用有时必须依靠社会的力量才能实现。

2. 防伪包装的分类

防伪包装按识别真伪的方法分为一线防伪包装、二线防伪包装和组合防伪包装。一线防伪包装是只需借助于简单的方法或不需任何特殊技术，仅凭观察便可判别真伪的包装，不需专门的技术及识别仪器便可识别，很多是由人的直觉或常识便可识别，是便利、适用、直观的包装技术。二线防伪包装是指由专家（专业人员）或需专门仪器识别，将特殊材料或信息经过特殊工艺加入包装中而对商品加以保护、防止假冒的包装技术与方法。组合防伪包装是指将上述两种防伪技术组合使用，方便大众消费者识别，同时还可通过仪器做科学评判验证的包装。

防伪包装按包装种类分为防伪内包装、防伪外包装和标贴防伪。防伪内包装就是在商品内包装上施以防伪技术。防伪外包装是指在商品外包装上施以防伪技术。标贴防伪是指将防伪处理过的特殊贴签放入包装中或贴于包装上。

防伪包装按包装材料分为材质防伪包装、印刷油墨防伪包装、加密防伪包装。材质防伪包装是指对包装容器的材料进行特殊处理，使之具备特殊的物理、化学性能。印刷油墨防伪包装是指利用特殊防伪油墨制作特殊的防伪图案、色彩或文字等用于包装。加密防伪包装是指对包装容器所用的材料在加工过程中实施特殊的技术，使之具有加密功能，如激光全息防伪包装等。

防伪包装按特种技术分为信息防伪包装、条码防伪包装、核径迹防伪包装、重离子微孔防伪包装、电码电话防伪包装等多种包装技术。

3. 防伪包装技术

目前，防伪包装名目繁多，仅防伪标志类已有一百多种，但从总体分析，防伪包装技术集中于几方面：防伪标识、特种材料工艺、印刷工艺、包装结构和其他方法。现介绍几种常用的防伪包装技术。

（1）激光全息图像 利用全息印刷技术做出防伪标识，附于包装物表面是当前最为流行的防伪手段之一。全息图像由于综合了激光、精密机械和物理化学等学科的最新成果，技术含量高，在防伪包装中得到了广泛应用。激光全息防伪标识先后经历了2D/3D、2D/3D加密、点阵、透明全息、光聚合物全息、数字全息的变化，如今进入了第七代“合成全息图”时代。从技术含量上看，除了激光全息防伪技术自身的进步外，还有融合其他防伪技术的趋势。随着科学技术的发展，单一的技术方法很难达到理想的防伪效果，只有通过激光全息技术与其他高新技术相结合，才能增大其仿造难度，增强防伪功能。具有更好防伪功能的全息图像技术有：高质量全色真二维全息技术、复杂动态全息技术、加密全息技术、数字全息技术、特殊全息技术等。

（2）材质防伪包装技术 材质防伪包装技术是利用包装材料的特殊功能而使产品得到保护，防止假冒。该防伪包装具有保密性能高和难以破密的特点，易于消费者进行真伪识别。其防伪的包装材料应具备：材料的成分、配比及制作技术具有独占性；可辨认包装使用后的一次破坏的痕迹；检查时只需感官或简单仪器就能识别。

防伪材料可分为结构型材料和复合型材料。结构型材料本身就带有一定的特殊功能。复合型材料是在普通材质中加入具有特定功能作用的材质。常见的功能材料有荧光材料、变色材料、光学变色薄膜材料、纳米防伪材料等几种。

荧光材料当受到外来含有紫外线的光线照射时，因吸收能量，激发光子，产生不同色相的荧光现象，而当光停止照射后，发光现象便会消失，这类材料与高分子树脂连接料、溶剂和助溶剂复配研磨后可得荧光油墨，被广泛地应用于包装防伪印刷品中。变色材料是一种受热或光照后颜色发生变化的新型功能材料，有热变色和光变色两种，按照变色方式又分为可逆变色材料和不可逆变色材料，可逆变色材料制成的热变色油墨用于印刷包装上的商标可多次重复使用，不可逆变色材料制成热变色油墨用于印刷包装上的标记时，标记一旦被破坏，颜色便不能恢复，做成的包装因此不能重复使用，具有一次破坏的特点。光学变色薄膜材料是依据多层光学薄膜之间具有干涉效应的原理进行防伪，观察者从不同的角度能观察到黄色、褐色、绿色、灰色、金色等不同的颜色变化，这类材料经过特殊工艺处理可制成光变油墨，它属于反射性油墨，具有珠光和金属效应，彩色复印机和电子复印机都不能复制，所以具有极强的防伪功能。纳米防伪材料涂层具有较强的敏感性和化学性能，经纳米多层组合涂层处理后，在可见光范围内出现荧光，因此可在各种标识表面施以纳米材料涂层做成发光或反光标牌，进而产生特殊的防伪识别效果。例如氧化钇可作为红外屏蔽涂层，其反射热的效率很高。利用纳米微粒的敏感性可制取热敏材料、气敏材料、湿敏材料，将其加入包装材料或制成涂料涂布于材料表面做成的防伪包装，可通过热度、光线或湿度进行鉴别，从而实现色彩防伪、理化效应防伪等。

(3) 结构防伪技术 这是一种利用包装的特殊结构来防止假冒的技术与方法。它包括整体结构防伪和局部结构防伪两种。前者是将包装的整个外形或整个包装材料设计得与众不同，有特殊的造型结构、全封闭式结构、整体功能性包装材料结构等防伪包装。后者是在包装的某一部位采用特殊的结构进行防伪，经常会在包装的封口和包装出口进行防伪，还可在局部添加特殊的结构标志和附加结构，例如在包装盒的表面增设特殊的提手、开孔，或加密于内层，刮开表面便可识别真伪。

(4) 核径迹防伪技术 这是一种采用核尖端技术和核敏感设施制作防伪标志的防伪技术。该技术是用核粒子照射塑料薄膜形成径迹，再经化学试剂蚀刻和成像技术，得到微米级微孔图案，而且图案具有物质透过特性。用这种方法生产的核径迹防伪标志具有不易扩散，制作设备不易得到，产品难以仿造，识别简单、快速、可靠等特点。该防伪方法是具有技术和设备双重保险的防伪新技术。这种标识通过了放射性安全检测，对人体无害，可用于食品包装。

核径迹防伪标志的识别有专家防伪识别和普通防伪识别两种。前者是利用在图案中由核径迹形成的微孔进行识别。具体方法为：撕下核径迹防伪标志膜，在光学显微镜下观测到核径迹防伪标志的图案部分是由核径迹形成的微米级微孔组成。这些微孔的孔径和孔密度可依据用户要求而改变。微孔的孔型为圆柱状，孔的分布具有随机性，如果是重离子加速器生产的核径迹防伪标志，各圆柱孔道几乎平行；若是由核反应堆生产的核径迹防伪标志，各圆柱孔道按照一定的离散角随机分布。也可用图像分析仪分析图案部分的孔径、孔密度进行识别，方法简单、快速、可靠。

普通防伪识别是利用微孔道的透过性识别，即用水、酒等液体涂抹核径迹防伪标志图案，由于孔道充满液体，膜的光学结构发生变化，图案会变浅或消失。如果图案背面印有彩色图案，则图案背面的彩色图案会变得更加明显，一旦液体蒸发，图案便可复原。当用钢笔、圆珠笔或其他彩笔在防伪标志上画写时，由于墨水透过，在防伪标志的图案部分背衬的白纸上会留下相应的颜色，而在防伪标志没有图案的部分，则不会留下任何颜色。此外，还可利用孔道的吸附性、高倍放大镜、特殊显色等方式进行识别。

另外，还有数码防伪、语音磁码防伪、网纹加密防伪、冷热致变防伪等其他一些防伪包装技术在食品包装上广泛应用。

4. 防伪包装在食品中的应用

(1) 名酒的防伪包装 酒作为商品，已由过去单一的以实用为主转变为欣赏与实用并重的形式，并不断向追求美观、获得精神享受为主转化。

为了有效遏制假冒行为，在产品进行包装防伪设计时就要分析制假的主要途径，并有针对性地设计出能真正起到防伪作用的包装。当前假冒名酒的途径一般可归纳为三类：一是制假者利用旧的包装容器、标签等实施制假活动；二是制假者使用新的包装容器、标签等实施制假活动；三是有些企业利用现有的技术团队，仿制各种名优产品，达到制假的目的。针对这三类制假途径，在设计名酒的防伪包装时就应综合考虑，满足防伪包装的“三防”设计原则。

第一，防止利用旧容器制假的防伪包装设计原则。

防止利用旧容器制假（以下简称“防旧”），主要是针对一些中小型制假者利用旧包装制假而提出的，这些中小型制假企业，由于受经济条件的限制，往往利用旧容器制假，大肆假冒名优产品。对于这种制假者，厂家只要采用破坏性的防伪包装技术就可应对。将产品包装或装潢巧妙设计成一次性的破坏结构，当打开包装取用物品时，就必须将包装或装潢破坏掉，从而有效制止了利用旧容器制假，实现了“防旧”。

如有一款“浏阳河”的外包装带有一把无孔锁，一旦开启外包装就会将酒盒破坏。也有用于内包装的单向保护阀门结构、防盗盖结构、一次性防伪酒瓶等防伪设计，如“董酒”全部采用金属防盗盖；“茅台”酒内外包装瓶盖均使用红色扭断式防盗螺旋铝盖；“西凤”酒采用铝质扭断式防盗盖；“五粮液”采用金属扭断盖等。扭断式防盗盖已深入人心，成为“防旧”的附加值最低的防伪技术。

第二，防止利用新包装制假的防伪包装设计原则。

在大多数生产厂家采用破坏性防伪包装技术以后，制假者也转向利用新包装制假这一途径。他们主要是从“黑市”上买来新包装、标签等进行制假。这种制假途径比第一种情况更难应对，因为新包装、标签等大多可以很方便地集中制造、分散使用，使假冒者无需太多投资就能制造出逼真的假货。目前的“防新”方法主要有两种：一是利用复杂的技术，使造假行为不易实施；二是利用巨额投资在生产线上实施防伪，即生产厂家采用一项必须在生产线上实施的技术，且这种技术的投资非常大，使一般制假者难以承受，这就形成了投资性防伪，它也是“防新”的主要措施。

目前，激光烧印是一种较好的防伪包装技术，与防盗盖结合使用效果更好。它是在酒液被灌装完并封口加盖后，在盖与容器接缝处进行激光印字，使字形的上半部分印在盖上，下半部分印在容器上。当消费者打开瓶盖时瓶盖上的印字即被破坏，而容器上的印字完整无损，留在容器上的印字由于不能擦去而形成永久性标志，因此使用该酒瓶造假非常困难。由于该技术需要对设备进行高昂的投资，且这些设备是在包装现场使用，因而具有较好的防伪效果。

第三，“防大”的防伪包装设计原则。

对于一些强大的制假者，防止其制假的最好方法是秘诀防伪（以下简称“防大”）。无论是采用新技术还是专利技术，对于经济实力强的制假者来说，都不能起到防伪的作用。因为这些制假者同样拥有高级的设备，也能制作出技术含量高的包装产品，因此，采用秘诀防伪是抵制这些制假者最好的办法。激光烧印技术将印字模版通过字形更换组合成不同的密码，严格管理和控制其使用时间和模版型号，加强对这些技术的管理等。现在市场上还有一种密码防伪酒瓶盖，它是集机械密码组合加电码识别为一体的防伪技术，可让造假者望而却步。如“孔府家”酒对标识进行了加密，“酒鬼”酒使用电码防伪标识等，“青稞酒”使用了二维码防伪综合纳米湿敏防伪标签。

在对名酒进行防伪包装设计时，一般应遵循以上设计原则，方可使产品的防伪包装真正起到防伪作用。

(2) 糖果的防伪包装 精美的包装不仅能够提升产品的品位，还具有促进商品宣传的重要功能，增加消费者的购买热情，因此，精美的包装设计备受重视。目前，糖果防伪包装正在向防伪印刷等现代防伪包装转变。糖果防伪包装有以下两种：第一，包装盒上加贴防伪标签，如激光全息防伪标识、荧光防伪标识、电话防伪标识、热敏防伪标识等。第二，采用防止开启包装盒。在包装盒外加贴防伪防揭封条或封口签，使用激光全息薄膜封装等方式实现防伪，有金、银、红、绿、黑等颜色的 PVC、PET、BOPP 激光全息镀铝膜和激光全息烫印膜。常用的纸盒有常规的纸盒、开窗纸盒、带提手纸盒等创新纸盒，既能保护商品，还能提升企业形象、促销产品。另外，在纸盒的开口处采用方便、防盗、防伪的设计，开启后可保留纸盒的美观性。例如，“雀巢咖啡”纸盒顶部的“易撕线”就是这种设计形式。

二、防盗包装

对于商品的盗窃主要可分为两种形式。一种是对包装物整体的盗窃，这类主要是由于个体包装体积小，商品易被盗窃者携带或隐藏后调换或盗窃。对于这类可采用组合包装形成不同的组合和造型，使其包装体积增大。另一种是对包装内容物的盗窃，可以采取非复位性防盗包装。

偷换真品的包装盗窃行为其特点是只制作或偷换包装内的物品，最终将开启后的包装“恢复”原样，即使包装的开启部位复位，从而借助于正品的包装进行获利。

非复位性防盗包装是利用消费者及用户在使用商品时，需要开启包装，而在开启包装过程中，会使包装内物品位置或包装开启部位发生变化，因此在进行防盗包装设计与制作时，通过专门的设计，使包装开启后难以恢复原有位置从而防止这种盗窃行为。防盗包装不仅要防盗，更要保证其包装的功能，在设计非复位性包装的开启结构时，无论结构是否破坏，都不会对整个包装的功能产生影响。这种技术的关键是使包装开启后无法复位，即保持包装的完整，最常见的如酒类、药品等包装中的防盗瓶盖。

(1) 折叠螺旋扭断盖防盗法 螺旋扭断盖是一种破坏性包装，它是利用瓶盖和其连接带断裂，而使瓶盖开启后不可复位的原理来进行防盗的。塑料防盗盖一般有传统盖、一片式盖和两片式内塞盖三种。传统盖采用聚丙烯（PP）作为盖体材料，内垫采用改性聚乙烯（PE）

料。通过内垫机塑压成型，盖体与内垫黏结，成为一体，这种盖至今仍在广泛应用。一片式盖采用压塑设备，其材料为高密度聚乙烯（HDPE）。两片式内塞盖盖体为一片，内塞为另一片，互相装配而成，通常采用聚丙烯（PP）作为盖体材料，内塞材料采用聚乙烯（PE）。内塞是通过内塞机嵌入盖体，盖与塞之间不黏结，可以有一定的活动空间。三种盖型中，传统盖对瓶口变化的宽容度较大，成本低，适用范围广，适合饮料生产企业，可为多家企业的不同类型的瓶口配套；一片式盖对瓶口尺寸要求较为严格，各企业一般有自己的制瓶线，适合自我配套的制盖企业；两片式内塞盖有极好的泄漏和断环角度，但盖子成本最高，卫生死角解决不彻底，使用受到了一定的限制。

(2) 力学定位设计 力学定位设计是利用弹性力学和材料力学中材料的受力与变形关系进行设计。包装容器中的瓶盖、瓶塞的瓶口密封中最能体现这种设计。力学定位设计主要有瓶塞压合定位、玻璃球堵口定位和旋盖定位。瓶塞压合定位是利用特定的瓶塞（材料与结构）压入瓶口内，让瓶塞产生变形，实现封口与密封。当开启后再次用作密封时，它便失去了原有的弹性，而不能再起到密封作用。玻璃球堵口定位是在瓶中压入一玻璃球，使瓶口与玻璃球之间产生微量的变形（弹性变形），并形成较紧的过度配合或过盈配合，从而使包装瓶口有较好的密封性。开启时，需用硬物将堵在瓶口处的玻璃球捅入瓶内，方能取出瓶内的物品（液体或粉料）。这种设计由于回收利用性差，难以环保而逐渐被淘汰。旋盖定位是将包装瓶的盖旋到一定值（旋转圈数或松紧程度），并使旋盖产生一定的变形，通过控制并设定标记来实现防盗要求。

(3) 填充定位设计法 选用合适的材料，对包装进行填充定位，且该材料在充填后便可固定成型，而一旦打开或启用后则恢复不了原样。填充定位有整体填充与局部填充两种。整体填充设计是指内包装或单件物品放入包装容器中，再加入填料后，使之固定成型。一旦使用拆开后，其固化结构就被破坏或散架。局部填充设计是指在包装容器的封口处填充固化材料，包装封口完毕后，将封口处的空间全部填平、填满并固化。当使用开启时，其填充材料必须先被挖掉破坏，填充材料仅能一次性发挥固化作用，再进行填充固化时，已失去原有功能，不可能再做固化与成型密封。

(4) 机械定位设计法 防盗包装中的非复位性机械定位设计是通过包装中的变形、装配、卡合等工艺技巧来实现的。包装件封合时靠机械力作用产生弹性变形，封合完毕卡合部位恢复原来的尺寸后而自锁。打开包装时，卡合部位被撕破而不能再还原。卡合时包装的变形属于弹性变形，当卡合时的机械力消除后，也就是卡合到位包装过程结束后，变形又恢复，最后自锁达到防止重复，以免制假或包装物被偷换。机械定位设计法必须注意防伪材质的选择与匹配。卡合件包括塞（舌）、盖、罩等，其开启部位在开启过程中破坏，也就是在开启时的开启力足以使卡合件破坏，但又不能损坏包装容器本身，最终要保证通过开启而使封口部位的包装材料（或附件）产生不能复位的破坏（变形或破裂、破损），使开启的包装附件、卡合件不能再复位使用。在包装封口时则是通过机械力使材料变形而实现包装封合（卡合）或紧密配合。

(5) 组合定位设计法 利用封口部位的各部分封口元件使包装得以严密封合，而当使用物品打开包装时，必须将封口处各个元件破坏方可取出包装内的物品。五粮液酒的防盗瓶盖就是利用组合定位设计法设计的，该瓶盖由三部分组成：保险环、压盖和瓶口塞。其保险环是与压盖配合的连接体，当保险环被拉开破坏后，压盖才能旋动或拉启。而瓶口塞是一种特殊的结构，只有将瓶体旋转到某一方向时才能把瓶内的酒倒出。

非复位性防盗包装最重要的特点是局部结构破坏性，它是一种很有前途的、结构和技术多样性的防伪防盗包装技术。其设计更趋多样化，技巧更趋科学和合理。还可通过喷墨打印或加封防伪标志在瓶盖与瓶口，一旦拧开或使用后，这部分就损坏，不可复位，从而达到防盗的目的。

随着科技的进步，非复位性防盗包装也在不断地完善和发展，如由单一的局部结构向组合型方向发展，加大加工与装配技术的难度，采用新材料和高新技术，使用和识别趋于方便明了等，其应用也更加广泛。

1. 什么是微波食品？
2. 简述微波食品的包装要求。
3. 列举常用微波食品包装材料及其应用。
4. 什么是绿色包装？绿色包装具有什么特点？
5. 常见的绿色包装的材料有哪些？
6. 绿色包装设计的评价体系是什么？
7. 什么是防伪包装？防伪包装的作用有哪些？
8. 简述防伪包装的分类与特点。
9. 举例说明防伪包装在食品中的应用。
10. 非复位性防盗包装有哪几种类型？各有什么特点？

第六章 食品包装实例

学习目标

1. 掌握鲜蛋、蛋制品的产品特性及包装特点。
2. 掌握牛乳、乳制品的产品特性及包装特点。
3. 掌握各种软饮料、酒精饮料的产品性质及各产品的包装方法。
4. 掌握粮谷类加工产品的性质及各产品的包装要求。
5. 掌握生鲜肉的性质及包装要求。
6. 掌握酱卤制品、熏烤制品、香肠制品、罐藏肉的性质及包装要求。
7. 掌握果蔬采摘后的生理特点及保鲜方法。
8. 掌握糖果、茶叶、咖啡的特点及包装要求。

本章通过具体的实例介绍了日常生活中常见的食品的包装，包括蛋类食品的包装、乳类食品的包装、饮料的包装、饼干类的包装、新鲜肉类的包装、熟肉制品的包装、果蔬的包装以及糖类、茶叶、咖啡的包装等，每一类食品根据产品的特点都有其常用的包装材料和包装方法。

第一节 蛋类食品的包装

蛋类食品是人们日常生活中最重要的食品之一，其具有很高的营养价值，而且易被人体吸收利用。日常生活中经常消费的是鸡蛋，其次是鸭蛋、鹌鹑蛋、鸽蛋、鹅蛋等。

鲜蛋经过加工而成为蛋制品。比如鲜蛋经过腌制等加工，可以制作成风味独特的再制蛋：咸蛋、松花蛋等。也有一些风味独特的熟制蛋，即将鲜蛋熟制并添加各种调味品，经包装后投放市场销售，如市场上销售的“乡巴佬”牌熟制蛋，由于其具有独特的风味，深受消费者的喜爱。另外，鲜蛋还可制作成蛋粉、冰蛋、蛋白片等。

一、 鲜蛋的特性

鲜蛋蛋壳上有毛细孔，它是胚胎的氧气通道，主要作用是为受精蛋中的胚胎发育成幼禽的过程中补充氧气。但在鲜蛋贮运过程中，毛细孔的存在为微生物的侵入提供了通道和氧气。微生物易从蛋壳毛细孔和破损处入侵鲜蛋内部，从而导致鲜蛋腐败变质。

在贮运过程中，环境温度、湿度对鲜蛋质量的影响也至关重要，一方面会引起蛋内水分逐渐转移，温度越高，湿度越低，蛋白中的水分一部分通过蛋壳毛细孔向外蒸发而损失重量，一部分水向蛋黄内渗透，使蛋黄水分增加而影响质量，且贮存时间越长，这种影响越显著；另一方面，温度、湿度的变化对微生物引起的变质影响也很大，蛋品中微生物生来就具有，而且在贮运操作过程中也会感染微生物，贮运环境的温度过高、湿度过大，必然会引起微生物大量繁殖，并通过蛋壳毛细孔侵染内容物而引起变质。因此，低温保藏是防止鲜蛋质量变化的有效方法。

二、 鲜蛋的包装

鲜蛋的主要贮存问题是防止沙门菌等微生物从蛋壳毛细孔和机械损伤处侵入蛋内引起腐败变质。同时，贮运过程中由于振动和冲击，其破损也非常严重。

常温下保存鲜蛋，须将蛋壳毛细孔堵塞，常用的办法是涂膜，如用水玻璃、石蜡、火棉胶、白油及其他水溶性胶类成膜物质涂膜。据报道，用聚偏二氯乙烯（PVDC）乳液浸涂鲜蛋，在常温下可保存 4 个月不变质，保鲜效果良好，且价格低廉。日本一家养鸡场研究出一种保存种蛋的方法，可延长保存期和提高出雏率。其方法是先把种蛋放入聚偏二氯乙烯薄膜制成的包装袋内，再往袋内放入脱氧剂，使种蛋处于无氧环境，然后把脱氧袋放置在 10℃的贮藏室内保存。采用这种方法保存种蛋，可安全存放 4 周，是一般方法的 2 倍，而且在相同保质期的情况下，可提高出雏率 10%以上。

鲜蛋运输包装采用瓦楞纸箱、蛋托和塑料蛋盘箱等。为解决贮运过程中的破损问题，包装中常用纸浆聚乙烯蛋托、泡沫塑料蛋托、模塑蛋托及塑料蛋盘箱。塑料蛋盘箱有单面的（冷库贮存用）和多面的（适用于收购点和零售点）以及可折叠多层蛋盘箱（运输用）。鲜蛋的包装也可采用收缩包装，每一蛋托装 4～12 个鲜蛋，收缩包装后直接销售。英国人威廉·约翰逊制造了一种包装鸡蛋的新容器，不仅可以减少鸡蛋在运输时的破损率，而且盛蛋器还有煮蛋计时功能，使鸡蛋成为一种方便食品。约翰逊只做了盛装一个鸡蛋的聚苯乙烯小盒，盒子结实而透明，内有减震物。另外制作了一种盘子，每个盘子可以牢牢固定 6 个、10 个或 12 个鸡蛋。煮鸡蛋时，每个蛋都可连同包装盒一起放入沸水中。盒底的孔洞让水慢慢浸入直至浸没整个蛋，以防蛋壳破裂。每个蛋盒均有颜色记号，让人们在煮蛋的不同阶段捡出鸡蛋。当盒底变成黄色时，说明这只蛋仍较嫩；变成绿色时，表示蛋煮得适中；如变成蓝色，则说明蛋煮得太老了。盛蛋器不存热，很容易从沸水中取出而不伤手。鸡蛋煮熟后，可以连盒底一起上餐桌。

三、蛋制品的包装

1. 再制蛋

再制蛋指松花蛋、腌制蛋、糟蛋等传统蛋制品。再制蛋由于在制作过程中加入了纯碱、食盐或腌制用的糯米酒糟等，这些物质可较好地抑制微生物生长繁殖和杀菌，同时还可赋予蛋制品独特风味。再制蛋在常温下有较长的保质期，一般不进行包装而在市场上直接销售。但为了提高传统产品的外表形象和卫生质量，适应现代市场的需求，作为地方传统的特产需采用先进的包装技术。对于传统风味的再制蛋，常采用聚苯乙烯热成型盒的方式进行包装，也可以采用装潢精美的手提式纸盒作为再制蛋食品的礼品包装。

2. 冰蛋

冰蛋指鲜蛋去壳后将蛋液冻结，有冰全蛋、冰蛋黄、冰蛋白以及巴氏杀菌冰全蛋，可把液体蛋灌入马口铁罐或衬袋瓶（盒）中速冻，也可在容器中速冻后脱模，再采用塑料薄膜袋或纸盒包装，然后送入－18℃以下冷库冷藏，达到长期贮藏的目的。

3. 蛋粉

蛋粉是指蛋液采用喷雾干燥制得的产品，富含蛋白质和脂肪等营养成分，极易吸潮和氧化变质，包装上主要考虑防潮和隔氧，并防止紫外线的照射。为了延长货架期，一般采用金属罐或复合软包装袋包装，常用的复合膜有 KPT/PE、PET/PVDC/PE、BOPP/铝箔/PE 等。

第二节 乳类食品的包装

乳制品营养丰富，又易被人体消化吸收，是一种非常理想的食品。随着人们生活水平的提高和对乳制品认识的加深，乳制品的消费量逐渐增加。乳制品不再是婴儿和老人、病人的专用食品，而是成为人们饮食中的一种日常食品。特别是近些年来，随着科技的发展，乳制品的种类逐渐增多，保存期更长，携带或饮用更加方便，深受广大消费者的喜爱。

一、乳制品的特性

乳是哺乳动物出生后赖以生存发育的唯一食物，它含有适合其幼子发育所必需的全部营养素。乳含有丰富的动物蛋白质和人体需要的、维生素、矿物质、钙质等多种营养成分。每100g 牛乳所含的营养成分为：乳糖 4.6g、脂肪 3.5g、矿物质 0.7g、生理盐水 88g。牛乳脂肪球颗粒小，呈高度乳化状态，易消化吸收。牛乳蛋白质含有人体生长发育的一切所需的氨基酸，消化率可达 98%～99%，为完全蛋白质。

牛乳是微生物的天然培养基，极易受到污染。乳挤出后，在贮存和运输中，由于用具、环境的污染，温度适宜，其中的微生物很快繁殖。多数乳制品的酸败属于微生物酸败，表现为牛乳的酸度提高，加热时会出现凝固，发酵时产生有酸臭味的气体，有的会出现变色现象。

多数细菌在环境温度为10～37℃时最活泼，乳中微生物活性的温度下限为0～1℃、上限约为70℃，因此在乳挤出或加工后，应立即降至10℃以下，但是对于直接销售用的液体鲜乳，由于乳冷冻后会引起滋味和物理结构的变化，解冻后会出现沉淀、分层等现象以及风味改变等，因此乳不能进行冷冻贮存和运输。

多数乳制品中脂肪的含量都较高，一般以脂肪球粒或游离脂肪存在，所以在氧气作用下，脂肪酶被激活，乳脂肪就在脂肪酶的作用下分解产生游离脂肪酸，从而带来脂肪分解的酸败气味，特别是在温度较高时这种作用就会更加明显。

在光线的作用下，乳会产生光照效应，日光能破坏其中的维生素C、维生素A、胡萝卜素及维生素B_1和维生素B_2等成分，因此，乳是一种复杂而不稳定的液态食物，不仅在室温下，即使处于冷藏下也会发生多种自发变化。

二、乳制品的主要种类

乳制品的种类繁多，有乳粉类、消毒乳、酸乳、乳饮料和冰激凌等，主要分为以下几类。

1. 乳粉类

以乳为原料，经过巴氏杀菌、真空浓缩、喷雾干燥而形成的粉末状产品，一般水分含量在4%以下。乳粉类产品常见的品种有：全脂乳粉、全脂无糖乳粉、脱脂乳粉、婴儿配方乳粉等。

2. 液态乳

以牛乳为原料，经标准化、均质、杀菌工艺，基本保持了牛乳原有风味和营养物质。液态乳根据杀菌工艺和包装特点分为消毒牛乳、超高温灭菌乳等。

3. 酸乳

以新鲜牛乳为原料，经过巴氏杀菌后，接入乳酸菌种，保温发酵而成。根据原料及工艺，酸乳可按脂肪高低分为全脂、低脂和脱脂酸乳；按组织状态分为凝固型、搅拌型酸乳。

4. 炼乳

炼乳分为淡炼乳和甜炼乳，两者的制作工艺不尽相同。淡炼乳是将原料牛乳直接进行预热杀菌、真空浓缩、均质，使乳固体浓缩2.5倍，冷却后装罐、封罐，然后进行二次杀菌、振荡，最后得到成品。甜炼乳是在处理过的原料乳中加入蔗糖，以蔗糖为防腐剂，然后真空浓缩蒸发，冷却后直接装入铁罐密封。

5. 奶油

牛乳含脂肪3%以上，经过离心，可以分离成脱脂乳与稀奶油。稀奶油含脂肪35%～40%，呈液态，可以直接食用或制作甜点，最主要的用途是做冰激凌。将稀奶油进一步搅烂、压炼，可获得固态的奶油，其脂肪含量为80%，有加盐和不加盐之分，用作涂抹面包和食品工业原料。

三、乳制品的包装

1. 消毒乳的包装

(1) 巴氏消毒乳的包装 巴氏消毒乳经巴氏杀菌，一般保质期较短，但较好地保存了牛乳的营养与天然风味，在所有牛乳品种中是最好的一种，也是世界上消耗最多的品种之一，英国、澳大利亚、美国、加拿大等国家的巴氏消毒乳的消耗量都占液态乳的80%以上，在美国市场上，几乎全是巴氏消毒乳。巴氏消毒乳的包装有以下几种。

① 玻璃瓶装 玻璃瓶装消毒牛乳是一种传统的包装形式。过去，瓶装消毒牛乳在我国许多城市广为采用。现在它在上海、南京、广州等南方城市仍然受欢迎，人们认为这种产品“新鲜”。它的优点是成本低，可循环使用，光洁，便于清洗，性能稳定，无毒；缺点是质量大，运输费用高，对光敏性物质不利，易破损，瓶的回收、洗涤劳动强度大。玻璃瓶在灌装前用酸、碱、水交叉洗涤，最后用次氯酸水消毒，直接进入灌装室。灌装完成后，贮存于2～10℃冷库中，保质期24h。运送采用冷藏车。

② 塑料瓶装 用于罐装消毒牛乳的塑料瓶使用的包装材料为聚乙烯和聚丙烯，通常与其他材料一起制成复合膜，以隔绝空气。高密度聚乙烯（HDPE）和线形低密度聚乙烯（LLDPE）耐热性好，可用100℃的温度杀菌。塑料瓶的优点是质量轻、破损率低、耐油脂、防震、隔热、不溶于内容物、可循环使用；缺点是使用一段时间后，由于反复洗刷，瓶壁起毛，不易洗净，另外，塑料瓶口易变形漏奶。其包装规格和贮运同玻璃瓶。

③ 塑料袋装 为单层聚乙烯或聚丙烯塑料袋或双层聚乙烯袋。双层袋内层为黑色，可防止紫外线破坏牛乳，外层为白色，上面印有标志。这种包装袋成本低，包装简单，运输销售方便，但其保质期短，且废袋污染环境。

④ 屋顶型纸盒包装 国外目前采用纸盒包装牛乳已比较普遍。其材料为纸板内层涂食用蜡，外层可印刷各种标示。这类包装不论从防护和方便功能，还是从展销方面来说都是可行的。未上色的纸板容器仅能透过1.5%的波长为550nm以下的光，能完全阻挡波长430nm以下的光。这类包装都是在成型—充填—封包包装机上进行操作，该种设备比较昂贵，因此纸盒包装成本高于玻璃包装。

⑤ 手提环保立式袋装 用瑞典生产的一种新型包装材料制作的手提袋，称爱克林手提包装袋。这种材料是以碳酸钙为主要原料的新型环保包装材料，制作的包装袋废袋可在阳光照射下自动降解。这种袋价格适中，包装巴氏杀菌乳在冷藏条件下保质期可达7～10天。

(2) 超高温灭菌乳的包装 超高温灭菌可以使牛乳持续流过加热过程中的各工序段，在高温下产品经历很短的灭菌时间，随即进行无菌包装。高温至少到135℃，保持1～2s。超高温工序可采用直接或间接的热交换器。无菌包装需要高韧性、高弹力、高密封性及高耐磨能力的包装材料及与之配套的包装机械，保证罐装前包装材料的预灭菌及包装后内容物无二次污染。产品不需冷藏，不需二次蒸煮即可有较长的贮存期。目前，超高温灭菌乳的包装容器主要有复层塑料袋和复层纸盒两种形式。

① 复层塑料袋装 三层复合袋包装的超高温灭菌乳常温下可保质1个月，五层复合袋能在常温下保质3～6个月。目前，这种形式的包装销量正在增长。

② 复层纸盒装 复层纸盒包装容器使用的包装材料有纸板、塑料和铝箔，在纸的两面复合塑料或用塑料、铝箔覆盖。其形状有四角柱形、圆筒形、四面体形、砖形和金字塔形等，代表性的产品有美国的Purepack、德国的Zupack和瑞典的Tetrapack（利乐包）。Purepack是历史上最早的纸容器，由美国Excell公司1935年开发，形状为直立方体，上部呈屋顶形，容量在236～400mL。Zupack为直立的长方体，上部两端呈耳状伸出，容量在200～1000mL。Tetrapack有不同类型，三层包装膜中间为牛皮纸，两面覆盖一层聚乙烯膜；五层包装膜有两种，一种为从外向内依次为PE/纸/PE/铝箔/PE，另一种为PE/纸/PE/纸/PE。现在的利乐包多为七层材料。五层和七层包装均可用于超高温灭菌乳。

2. 酸乳的包装

酸乳分为凝固型和搅拌型两大类。凝固型酸乳的灌装在发酵前进行，搅拌型酸乳的灌装在发酵后进行。凝固型酸乳的凝冻在机械作用下易遭受破坏或发生乳清分层，产品经合适包装后受到机械破坏的作用将减少。

凝固型酸乳最早采用瓷罐，之后采用玻璃瓶，目前塑杯包装是酸乳的主要包装形式，考虑到环保要求，也有采用纸盒包装形式的。

搅拌型酸乳多用塑料杯和纸盒，它适合生产规模大、自动化程度高的工厂使用。容器的造型有圆锥形、倒圆锥形、圆柱形和口大底小的方杯等多种形式。圆锥形适合用调羹食用，倒圆锥形适合维持酸乳的硬度，小盖封口卫生且较安全，对振荡有保护作用，尤其适合凝固型酸乳。塑料杯的制造材料有聚氯乙烯、聚氯乙烯/聚偏二氯乙烯、聚苯乙烯、高密度聚乙烯等。塑料容器包装的主要问题是容器成型时的加工助剂，这些有害低分子混合物从塑料容器中向产品转移，产品与包装材料接触时间越长，这种现象越严重。

酸乳出售前应置于2～8℃低温条件下，贮存时间不应超过72h。

3. 乳粉制品的包装

乳粉及固体乳饮料的包装可分为密封包装和非密封包装两种。

(1) 密封包装 用马口铁罐或其他不使空气渗入的材料可制成各种形式的包装容器。这种罐可进行高速灌装，高的机械强度使其更易运输和装卸，封口后其阻光性能极好。如用可开启盖，盖内应有使容器内外隔绝的铝箔、薄马口铁皮或用其他无害、无味材料等密封。

密封包装分为充氮包装、非充氮包装和抽真空包装三种。充氮包装适合于灌装。若采用真空包装，一是要求空罐有较高的坚固性，二是乳粉在真空状态下可能飞散出来，所以，灌装乳粉一般采用充氮包装，氮气的纯度要求在99%以上。抽真空包装适合于复层膜包装。由于乳粉的水分含量低，极易吸潮而引起微生物繁殖，另外，在较低的水分含量条件下，脂肪也很容易氧化，因此，要求包装材料的密封性好，最好隔绝氧气。软包装的复层袋采用两层聚乙烯中间夹一层铝箔或夹一层纸和一层铝箔。有的在装袋后再装入硬纸盒内。这种包装基本上可避光、隔断水分和气体的渗入。聚偏二氯乙烯透气性更小，比一般用的高密度聚乙烯效果更好。

非充氮包装的乳粉在24℃贮存4个月风味即显著下降，而充氮包装的乳粉9个月时风味亦无变化。

马口铁罐密封充氮包装保存期为2年；马口铁罐密封非充氮包装保存期为1年；抽真空复层袋软包装保存期也为1年。

(2) 非密封包装 这种包装的容器为无毒、无味塑料袋、塑料瓶、玻璃瓶或具有防水措施的纸盒等。瓶装时，瓶口应有封口盖或封口纸。采用封口纸时，外盖内应衬1mm厚纸板；采用单层塑料袋包装时，袋厚必须大于60μm。也可采用双层或多层复合膜包装，要求封口处不得渗漏。

瓶装保存期为9个月，袋装为4个月。

另外，用作加工原料的乳粉采用大包装。包装容器为马口铁箱、硬纸板箱和塑料袋。马口铁箱和硬纸板箱内应衬以无毒、无味塑料袋、硫酸纸或蜡纸，规格一般为12.5kg；袋装可用聚乙烯膜作内袋，外面用三层牛皮纸套起，每袋12.5kg或25kg。

4. 奶油的包装

根据奶油的用途，奶油的包装可分为小包装和大包装两种。小包装奶油用于烹调或餐桌使用，大包装用作食品工业的加工原料。奶油的包装材料要求为：强韧柔软；不透气、不透水、不透油，具有防潮性；无味、无臭、无毒；能避光；不受细菌侵染。以上要求，铝箔除强韧度稍差，其他均能满足，通常采用纸和铝箔复合材料以增加其强度。小包装应以硫酸纸或特制的铝箔纸包装，外面套纸盒，也可用马口铁罐真空密封包装或塑料盒包装。大包装用马口铁罐、木桶或纸箱包装，内衬硫酸纸和牛皮纸各一层，每箱25kg。此外，国外有用一种表面平滑的硬质铝容器包装奶油的，这种包装形式的产品形状平滑且安全卫生。

奶油易变质，不耐贮存，用冷藏车运输，出售前应贮于2～8℃，时间不超过72 h。

第三节 饮料的包装

饮料是人们日常饮食的重要组成部分。我国一般把饮料分为三大类：软饮料、含醇饮料和固体饮料。不同种类的饮料其特性完全不同，适宜的包装形式和方法也不同。

一、软饮料的性质与包装

软饮料是指不含乙醇或乙醇仅作为香料等配料使用且其含量不超过0.5%的饮料。我国的软饮料主要包括：碳酸饮料、果蔬汁饮料、乳饮料、植物蛋白饮料、天然矿泉水和纯净水等。

1. 碳酸饮料的性质与包装

(1) 碳酸饮料的性质 碳酸饮料是指产品中充有CO_2气体的饮料，如可乐、橘汁汽水、苏打汽水等。碳酸饮料的充气程度一般用容积来表示，1容积近似等于2g/L。在常温下，1容积CO_2气体使包装内部产生0.1MPa内压。温度对碳酸饮料的内压有明显影响，一个含4容积CO_2的饮料瓶（如可乐），在38℃时其包装内压大于0.7MPa。不同品种碳酸饮料其CO_2含量不同，橘汁碳酸饮料含1.5容积CO_2、可乐类含4容积CO_2、苏打水含5容积CO_2，因此常温下碳酸饮料包装内均有一定的内压。

碳酸饮料的包装首先要能承受一定的内压，防止CO_2渗漏，保证产品理化性质的稳定；其次，要保证内部的必需芳香油成分的稳定，避免氧化分解或香气逸散，故在灌装之前，应先进行脱气除氧处理，再充入CO_2气体。

(2) 碳酸饮料的包装

① 玻璃瓶　玻璃瓶是传统的碳酸饮料包装容器，它具有透明、坚韧、环保的特点，能被制作成具各种形状和颜色的制品，从而与其包装的内容物相匹配，以提高产品的价值和质量，且其阻隔性好、安全无毒，可回收使用。但玻璃瓶由于机械强度低、易碎、重量大、周转运输不便、温差大时容易爆裂等缺点，常常不被人们所接受，这也是之后聚酯（PET）不断取代玻璃材料市场的原因。

② 金属罐　目前碳酸饮料用罐主要为铝质二片罐。二片罐铝制包装材料的质量轻、价格低、回收再造性好，较高的CO_2内压使薄壁罐具有较好的刚度和挺度，能抗较高的内压，非常适合用于装载碳酸饮料这种仅对压力、空气和耐酸性有少许要求的饮品。但因碳酸饮料pH较低，对金属内壁有较强的腐蚀性，要求金属罐内涂层有较好的耐酸腐性能。

③ 塑料容器　用于碳酸饮料的塑料容器主要是PET瓶，因其质轻方便运输，又具有良好的阻气性而得到广泛应用。和玻璃瓶相比，PET瓶的质量轻、强度高，特点是冲击强度大大优于玻璃瓶，且废料也容易处理，因此使用范围越来越广。但PET瓶对CO_2的阻隔性不够理想，在常温下较长时间贮存时CO_2损失较大。PET瓶的阻隔性可用K涂来提高，即在其表面涂覆0.01mm左右厚度的聚偏二氯乙烯（PVDC），其成本较低，但阻气性却大大提高，阻氧性提高了3倍，对CO_2气体的阻隔性也大大提高，用其包装的饮料的货架期可延长2倍。

塑料包装材料中另一种新材料是聚萘二甲酸乙二醇酯（PEN），其耐热性更高。PEN瓶的热灌装温度高达102℃，长期使用温度可达130℃以上，属于B级绝缘材料。另外，它的阻隔性更优，对O_2和CO_2的阻隔率是PET的4～5倍，对水汽的阻隔率是PET的3～4倍。PEN瓶的抗紫外线性能良好，能遮挡波长380nm以内的紫外线。此外，其透明度高、热收缩率较小、耐酸碱、耐有机溶剂、耐水解、不易在受热加工过程中产生低分子聚合物，因此而优于PET，但因价格昂贵限制了其在包装材料中的应用。

2. 果蔬汁饮料的性质与包装

果蔬汁饮料是近年来被营养界推崇的深受消费者喜爱的软饮料之一。所谓果蔬汁是指未添加任何外来物质，直接从果蔬中榨取的汁液。以果蔬汁为基料，经加水、糖、酸或香料调配而成的饮料则称为果蔬汁饮料。果蔬汁在欧美等发达国家是一种主要的软饮料，随着我国人民生活水平的不断提高，果蔬汁的消费量也迅速增长，已逐渐成为人们现代食品结构中重要的组成部分。

(1) 果蔬汁饮料的性质

① 果蔬汁的营养特性　与其他食品相比，果蔬汁及果蔬汁饮料富含丰富的营养物质。从营养学角度来看，果蔬汁可作为人体必需的碳水化合物、无机盐及维生素的重要供应源。此外，很多果蔬汁在饮用后，可在体内形成碱性化合物，因此它常被称作碱性食品。果蔬汁中的有机酸主要是柠檬酸、苹果酸和酒石酸。有机酸是决定水果及其果蔬汁口味的重要成分，水果的糖、酸含量比是影响果蔬汁滋味的主要因素，有机酸与其他芳香成分结合形成了果蔬汁特有的风味。

② 影响果蔬汁品质的主要因素　影响果蔬汁品质的主要因素有氧气、酶促反应、化学因素和微生物等。

a. 氧气　氧是促使果蔬汁品质发生变化的物质基础，酶促反应以及营养成分的直接氧化均需氧的参与，大部分微生物的生长繁殖也与氧的存在密切相关。在果蔬的榨汁分离、过滤灌装等加工过程中会混入大量的氧气，这对包装产品的质量稳定极为不利，故在果蔬汁灌装封口之前应采取脱氧处理。

b. 酶促反应　在果蔬汁加工过程中，果蔬组织结构一旦被破坏，各种酶将从细胞中逸出，酶促反应便立即加剧，其中最主要的是多酚氧化酶、抗坏血酸氧化酶、过氧化物酶。在有氧条件下，酶促反应的结果是营养物质的破坏并伴随果蔬汁的褐变。水果的典型芳香成分是酯类物质，在酶的作用下，酯类芳香物质会被分解从而使果蔬汁风味发生不利变化，因此，必须控制果蔬汁的酶促反应，在加工过程中采取灭酶措施。

c. 非酶促褐变　即美拉德反应，是果蔬汁在加工贮存过程中出现的使氨基酸、氨基化合物、还原糖等营养物质转变成分子量更高的褐色物质。有氧存在时，其反应速度大大加快，无氧时则反应非常缓慢，温度、pH、果蔬汁成分等也会影响美拉德反应速度，固形物含量提高，其反应速度也会提高，故浓缩汁比原汁易发生非酶促褐变。控制氧气含量和低温贮存是抑制非酶促褐变的有效方法。

d. 微生物　这是影响果蔬汁品质的重要因素。果蔬汁的主要败坏方式有三种，即长霉、发酵同时产生CO_2、酸败，这主要是因果蔬汁中残存或加工包装过程中污染的霉菌、细菌和酵母菌所致。微生物引起的酸败一般可采用严格的高温杀菌处理来避免。

(2) 果蔬汁饮料的包装　目前果蔬汁饮料一般采用三种包装形式，即金属罐装、玻璃瓶装和纸塑铝箔复合材料包装盒。

① 金属罐　金属罐是国内外常用的包装方式，果蔬汁经热交换器升温到90℃左右进行

真空脱气后直接灌装于金属罐中封口，再杀菌。热灌装可降低罐顶部空间的含氧量，这样处理的产品保质期可达1年以上。

由于果蔬汁含有较多的有机酸，对金属罐的耐酸性和耐腐蚀性要求较高，目前广泛采用的是马口铁三片罐和铝质二片罐，内涂环氧酚醛型涂料，要求较高的采用二次涂层，即在环氧酚醛内涂层的基础上再涂乙烯基涂料，以提高其耐酸腐能力。

② 玻璃瓶　玻璃瓶是我国近年来广泛采用的果蔬汁饮料包装。玻璃具有良好的耐腐性能，光亮透明、清洁卫生、易清洗，果蔬汁经升温真空脱气后直接热灌装，使瓶内产生0.04～0.05MPa的负压，有效降低了包装内的氧含量。

③ 纸基复合包装材料　这是目前国际上流行的无菌包装用材料。果蔬汁采用无菌包装意义很大，高温短时杀菌（HTST）和超高温瞬时杀菌（UHT）技术可基本上保全果蔬汁饮料中的热敏性营养物质，使包装的产品营养丰富、口感鲜美。我国已引进大量的无菌包装生产线用于乳类和果蔬汁饮料的生产中。

3. 矿泉水和纯净水的性质与包装

(1) 矿泉水和纯净水的性质　瓶装饮用水是目前饮料市场中的一个主导品种。矿泉水由于产地不同，往往含有不同的微量矿物元素和具有特定的滋味。纯净水是指采用超滤和反渗透膜去除水中杂质和离子的饮用水，也包括采用蒸馏方法制得的纯净水。瓶装水的变质主要是微生物的增殖而引起。一般矿泉水经粗滤和超滤后，还需经臭氧处理，一方面可以对水中的微生物进行有效杀灭，另一方面可以将水中的过量矿物杂质氧化而使之沉淀下来，再通过最后的超滤进行装瓶，从而保证矿泉水在保质期内的质量稳定。

经臭氧处理后，水中会残留一定量的臭氧，当采用塑料瓶包装时，残留臭氧也会与塑料接触产生氧化异味而影响矿泉水原有的口味。故经臭氧处理后应尽可能使溶入的臭氧散逸。

蒸馏水中存在溶解氧，它是产生蒸馏水特有气味和口感的主要成分，目前有些瓶装水采用增氧措施来提高产品中的溶解氧以达到改善或提高口感的目的。如果在保质期内过多地失去这种溶解氧，会影响包装产品新鲜的口感，故需采用阻氧性能较好的包装材料。

(2) 矿泉水和纯净水的包装　瓶装水的包装要求一般不高，只需保证包装材料和外界因素不会影响水质和固有口感即可，故一般采用塑料瓶包装。

① 高密度聚乙烯（HDPE）瓶　自饮用水开始装瓶，HDPE就是一种首选的包装材料，其无毒、卫生、质轻、方便且价格较低，在美国饮用水市场上占有很大的比例。但由于HDPE瓶是半透明的，不能增强水的感染力，从而被透明、光亮的PET瓶和PVC瓶所取代。

② 聚酯（PET）瓶　PET瓶因其良好的气体阻隔性和光亮、透明性而大量用于碳酸饮料的包装中，在饮用水包装中的应用也有所增加，特别是用于含气的饮用水包装。目前国内饮用水大多采用PET瓶包装。

③ 聚氯乙烯（PVC）瓶　PVC瓶在欧洲市场上广泛用于饮用水的包装，这种塑料瓶透明、表面光泽较好、对氧有一定的阻隔性，用于包装蒸馏水可防止水中溶解氧的散逸损失，从而保持其新鲜良好的口感。

④ 聚碳酸酯（PC）瓶　PC是适合瓶子加工的树脂，其透明、光亮，但因其价格较高

而不被用来吹制非回收性的饮用水包装瓶，在美国市场上一般用 PC 材料制成 20L 以上的大罐用于饮用水配送市场。大容量 PC 瓶透明度高、硬度好、重量轻、不易破坏，平均可回收使用85 次。

二、酒精饮料的性质与包装

酒精饮料包括乙醇含量在 0.5%（体积分数）以上的各类酒类，包括发酵酒、蒸馏酒和各种配制酒。发酵酒和蒸馏酒的区别在于发酵酒在制酒原料经发酵后不经蒸馏，而是经压缩和过滤制成，故发酵酒的乙醇含量低于蒸馏酒，但含有大量的营养成分，易酸败和变质。我国生产的发酵酒主要有啤酒、各类果酒等。

1. 发酵酒的性质与包装

(1) 啤酒的性质与包装

① 啤酒的性质　啤酒由麦芽发酵酿制而成，富含 CO_2气体，具有啤酒花特有的苦味，pH4.0 左右。在酿制过程中，CO_2、酒精和酒花浸出物的综合作用能抑制低温贮存的啤酒中微生物的生长，采用巴氏杀菌和无菌冷过滤除去野生酵母菌，可避免啤酒品质的变化。然而，在啤酒贮藏过程中会发生不可逆的美拉德反应而致混浊出现，进而产生异味并使色泽加深，光照和金属离子的存在会加剧这种反应。

② 啤酒的包装　大包装的啤酒先经 70℃、20s 巴氏杀菌后，冷却再进行灌装。瓶装和罐装啤酒是先包装，再经喷淋巴氏杀菌后冷却。啤酒灌装时，一般采用等压灌装，将氮气充入瓶或罐中而排走空气，使啤酒灌装过程中溶入的氧量从 0.25mg/L 减少到 0.05mg/L，从而减缓了保质期内啤酒品质的变化，保持风味物质的稳定。

目前，啤酒包装主要有以下几种形式。

a. 玻璃瓶　玻璃瓶是传统的啤酒包装形式，采用皇冠盖密封后再经巴氏杀菌。皇冠盖由马口铁压制而成，内衬 PVC 或 HDPE 衬层，压盖后具有良好的密封性。由于光线中的紫外线对啤酒中的营养成分影响较大，故一般采用棕色或墨绿色玻璃瓶，可遮挡 400nm 以下的紫外线，避免光照对啤酒质量的影响。玻璃瓶是目前啤酒包装的主流。

b. 金属罐　目前用于啤酒包装的主要是铝质二片罐。由于金属罐的高阻隔性、遮光性及密封性，使得包装内的啤酒更稳定。但此为一次性包装，成本相对较高，故其使用量比玻璃瓶少得多。

c. 塑料包装容器　PVC/PVDC 衬层的 PET 瓶是一种多层复合瓶，用其包装啤酒可有效阻隔 CO_2的渗透，防止发生氧化反应和啤酒风味败坏。大容量短期贮存的散装啤酒可用聚乙烯桶包装，由于其重量轻、耐冲击、耐高温，适用于蒸汽清洗消毒，特别是适用于就地销售的散装啤酒。

(2) 葡萄酒等果酒的性质与包装

① 葡萄酒等果酒的性质　葡萄酒由葡萄汁经发酵陈酿而制成，可分为佐餐葡萄酒和加浓开胃葡萄酒两类。由于自然存在于葡萄中的糖分有限，佐餐葡萄酒中的可发酵性糖大部分被发酵成乙醇而使佐餐葡萄酒中的乙醇含量一般在 12%左右；并且由于糖分基本消耗，在

酿制工艺后期酵母发酵失去了物质基础，酒度也达到稳定，如果保持无氧条件，微生物也不会繁殖生长。佐餐葡萄酒包括不含 CO_2 的蒸馏葡萄酒和含有 CO_2 的发泡葡萄酒（香槟酒），发泡葡萄酒经历了两个完整的发酵过程，其中第二个过程主要是产生大量的 CO_2 并保留在其中。

加浓开胃葡萄酒的乙醇含量为 15%～21%，较高的酒精度可阻止微生物生长。

在葡萄酒酿制过程中，SO_2 起着重要作用，当葡萄破碎时即用 SO_2 处理，用以抑制除酵母以外的有害微生物的生长，否则葡萄汁的腐败会导致发酵失败。SO_2 添加量越多，微生物引起的腐败就越不易发生，但成品葡萄酒中 SO_2 的残留量又不能过高，一般发酵酒中总 SO_2 的残留量不得超过 250mg/L。

白葡萄酒的变质主要是由于内容物的氧化，氧能逐渐改变葡萄酒的性质，导致酒液褐变，并产生异味。红葡萄酒的变质因素更复杂，其中的单宁和花青素发生缩聚反应，结果使鲜红的酒色变暗。

②葡萄酒的包装　成品葡萄酒在包装之前需要经巴氏杀菌和过滤，一方面可杀灭酒中残留的微生物，另一方面又可挥发掉 SO_2，使酒中 SO_2 残留量达到规定指标，而过滤可使酒液更清澈。灌装时可用充氮方法除去包装容器中的空气，从而达到降低酒中溶解氧和顶隙氧气含量的目的。另外，可适当加入抗坏血酸类抗氧化剂来防止葡萄酒贮藏过程中的氧化变质。

葡萄酒的包装主要有以下几种。

a. 玻璃瓶　玻璃瓶是葡萄酒最常见的包装形式。玻璃瓶的良好阻隔性避免了葡萄酒香气的散逸和氧气的透入，采用着色（一般为棕色或墨绿色）玻璃瓶可有效地阻挡紫外线对内装酒的影响。通过玻璃瓶的良好造型设计及其特有的色泽和光洁度，能赋予瓶装葡萄酒高档华美的感觉。

葡萄酒瓶的封口常采用软木塞，木塞外包一层保护性的锡铅纸，以保证优良的密闭性，锡铅箔由一层薄铅层夹在两层更薄的锡层之间，滚压在瓶口上，外表面可进行高质量的装饰，包括印刷和浮雕图案等。顶盖也可采用铝和 PVC 防盗盖，既具有良好的装饰性，也能保护软木塞不受霉菌等的侵染，并可提高封口的阻隔性。近年来，由于人们担心用锡铅箔作葡萄酒瓶口的外封可能引起铅污染，故采用单一锡制成的顶盖作为外封口，用纯锡制成的顶盖成本更高些。

b. 衬袋箱（盒）　衬袋箱是一种新型的大容量贮运包装容器，20 世纪 50 年代末首先在美国用于牛乳包装，之后也应用于葡萄酒、果汁等产品的包装中。

衬袋箱最初的结构是用聚氯乙烯/K 涂层尼龙/低密度聚乙烯膜制成的衬袋放入纤维板箱中。用衬袋箱包装的主要问题是灌装和贮运时的透氧性。酒的抗氧化能力主要取决于游离 SO_2 的含量。如果制袋和封口材料选用不当，O_2 便会侵入、SO_2 含量降低，从而使内装酒无限氧化。为了提高衬袋的高阻隔性和密封性，衬袋材料多用高性能复合材料制作，一般内层为聚乙烯，具有良好热封性，中层为高阻隔层，常用聚酯（PET）、尼龙、聚偏二氯乙烯（PVDC）、乙烯/乙烯醇共聚物等，外层可用聚丙烯、聚氯乙烯或乙烯-醋酸乙烯共聚物。

c. 塑料瓶　用于葡萄酒包装的塑料瓶主要是聚酯（PET）瓶及其复合瓶。用聚氯乙烯/聚偏二氯乙烯（PVDC）衬膜的聚酯（PET）瓶，可有 10～12 个月的保质期。聚酯（PET）瓶对 SO_2 和氧的阻隔性比玻璃瓶稍差，这也是其包装保质期稍短的主要原因。

d. 金属罐　20 世纪 60 年代后，欧洲有少量的葡萄酒用铝制罐或马口铁罐包装，灌装时充入氮气以减少酒中的溶解氧量和增加内部压力。

e. 纸基复合包装材料　20 世纪 80 年代后，传统蒸馏葡萄酒开始采用纸板/铝箔/PE 复合材料包装，并采用无菌包装技术。与传统的玻璃瓶包装相比，无菌包装盒轻巧、美观、方便、遮光、具高阻气性，保质期可达 12 个月。

2. 蒸馏酒的性质与包装

蒸馏酒是利用各种含糖物质经酒精发酵，再进行蒸馏所得的含有酒精量在 30%～68%的酒类。由于其酒精含量高使得微生物难于生存，所以包装的主要问题是阻止酒精、特殊香味散失挥发，同时为贮运、销售提供方便。

目前，我国蒸馏酒的包装主要是采用玻璃瓶和陶瓷器皿，这类包装能保持酒类特有的芳香而且能长期存放，包装器皿的造型灵活多变，既能体现古朴风格，又能表达时代气息，能很好地体现出酒的文化品位和商品价值，但玻璃和陶瓷笨重易碎，运输、销售不便。近年来，塑料包装容器已开始引入酒类包装，可选用塑料共挤复合瓶，也可选用 K 涂的 PET 瓶包装，它们轻便、耐冲击，十分适合旅行携带和野外工作者携带饮用。塑料包装一般适用于中档、低档酒类包装。

第四节 粮谷类食品的包装

谷物类主要是指大米、小麦、玉米、大麦、小米、荞麦、高粱等，尤以前两者为更常见。在我国居民膳食中，有 60%～70%的热能来自谷类，粮谷是我国人民的主食。粮谷类食品是指以谷物为主要原料制成的各种形式的食品，常见的粮谷类食品有面条、面包、饼干、糕点以及一些谷物膨化食品等。

一、粮谷的性质与包装

1. 粮谷的性质

粮谷通常组织结构较为紧实，不易受外力作用而发生机械损伤。粮谷的干物质含量高，水分含量相对较低，生命活动较弱，物质转变慢，因此，粮谷在适宜环境下可长时间贮藏，质量不易发生明显变化。但粮谷类表面通常带有一定的微生物而易受污染，当条件适宜时，它们能迅速生长繁殖致使谷物变质。

粮谷类在贮藏过程中常会受到仓库害虫如甲虫类、螨虫及蛾类等的侵害，经仓储害虫损害的粮谷感官质量变劣且食用价值大大降低。

2. 粮谷类食品的包装要求

粮谷类食品加工形式多样，应该针对不同的产品特点，采用不同的包装。干面条包装的目的首先是防潮、防霉，其次是防灰尘污染；饼干包装主要是防潮、防霉、防碎裂；面包的包装要求是保持面包的水分，并防止老化及防止细菌、霉菌等微生物的侵染以及防尘。含水分较低的食品包装的要求首先是防潮，其次是阻气、耐压、耐油和耐撕裂；含水分较高的食品包装的要求是防止霉菌污染和水分散失，其次是防氧化串味等；油脂含量高的食品，容易因油脂的氧化酸败而导致色、香、味劣变，这类食品包装的关键是防止氧化酸败，其次是防止油脂渗出包装材料造成污染而影响外观。

3. 粮谷类食品的包装

粮谷类加工食品是以面粉、淀粉、油脂、糖等为主要原料加工而成的。有的食品含水量高，如蛋糕；有的食品含水量低，如方便面、饼干；有的食品含油脂较高，如炸薯片。因此，应该按照不同食品的不同特点采用不同的包装材料和包装方法。

(1) 含水分较高的粮谷加工食品 包装时应选用具有较好阻湿、阻气性能的包装材料进行包装，如 PT/PE、BOPP/PE 等薄膜，既可裹包又可用包装袋进行封合。档次较高的可选用高性能复合薄膜配以真空充气包装技术，可有效地防止氧化、酸败、霉变和水分散失，显著延长货架寿命。另外，在包装时还可以同时封入脱氧剂或抗氧、抑菌剂等。

(2) 含水分较低的粮谷加工食品 选用 PT/PE、BOPP/PE 等薄膜充填包装；纸盒、浅盘包装外裹包 PT 或者 BOPP 等薄膜；纸盒内衬塑料薄膜袋等。另外，根据食品外形，用塑料片材吸塑成型制成各种大小的包装盒，装入物品后用盖材覆盖热封或套装透明塑料袋封口。

(3) 油炸食品 内包装采用 PE、PP 等防潮、耐油的薄膜材料裹包或袋装。要求较高的油炸风味食品可采用隔氧性较好的高性能复合膜，如 BOPP/PE、BOPP/Al/PE 等，也可采用真空或充气包装或在包装中封入脱氧剂等，以保持其独特的风味，延长货架寿命。

二、面条、方便面的性质与包装

1. 面条的性质及其包装

现制现卖的面条称为潮面（切面），不易保存，一般也不加包装。需要加以包装的是干面条，即挂面、通心粉等。

干面条的包装主要考虑防潮、防霉和防灰尘。用包装纸进行包装，只能在短时间内销售和食用，卫生要求也难以达到规定的标准。超市中销售的长期保存的干面条一般有两种包装形式，即塑料袋包装和用纸进行初包装后再用热收缩塑料薄膜进行收缩包装。塑料袋包装透明性好，防潮、防灰尘性能优良，可以进行精美的印刷装饰，销售效果较好。经常选用的材料有PE、PP、BOPP/PE等，袋型多采用扁平袋，结构简单，制作方便。包装工艺可采用较先进的装袋—充填—封口机或其他方式进行生产。塑料袋包装的缺点是成本相对较高。

2. 方便面的性质及其包装

方便面又称泡面、杯面、快熟面、速食面、即食面，我国南方一般称为碗面、香港称之为公仔面，它是一种可在短时间内用热水泡制食用的面制食品。方便面的面饼大多是油炸品，阻氧问题是其包装首要考虑的，其次是要求能防潮、防油脂氧化酸败，另外还要求定量包装。随着包装材料和技术的发展，方便面的包装也在不断更新和改进，方便面的包装主要有袋装和碗装两种形式。袋包装的材料主要是复合薄膜，如塑料/塑料复合薄膜、塑料/铝箔复合薄膜和真空镀铝薄膜等，也有用塑料、纸、金属箔等多层复合材料的。碗包装材料主要有：制作包装碗的纸板、制作碗盖的铝箔复合材料、碗外包装的一层热收缩薄膜（主要有聚氯乙烯或聚乙烯热收缩薄膜）。

三、面包的性质与包装

1. 面包的性质

面包是以面粉、酵母、水和其他辅料调制成面团，经发酵、烘烤后制成的一种方便食品。面包的保质期很短，在贮存过程中很容易发生淀粉的结晶失水而引起面包老化变硬和掉渣，以及因细菌生长繁殖引起的面包瓤发黏和霉菌引起的面包皮霉变等品质变劣现象。因此，面包包装的要求主要是保持面包水分、防止老化，防止细菌、霉菌等微生物的侵染以及防尘。

面包心部的平衡湿度约为90%，因而很容易散失水分而变硬，面包皮的平衡湿度较低，在潮湿条件下容易吸潮而变湿润。因此，面包的裹包材料应具有一定的防潮性能。如果包装材料的水蒸气透过率太低，凝结水的出现将促进霉菌生长，而且面包皮会变软；反之，如果包装材料的透湿率太高，水分从淀粉向蛋白质的转移致使淀粉变干，丧失其组织性，则面包很容易发干。

2. 面包的包装

面包通常采用软包装材料裹包，主要的包装材料有如下几种。

(1) 蜡纸 蜡纸是最经济的包装材料之一，在自动裹包机上也具有足够的挺度，封合容易，能有效防止水分散失。其缺点是透明度不好，而且折痕容易造成漏气，引起面包水分散失和发干。目前我国仍有相当数量的面包采用蜡纸裹包。

(2) 玻璃纸 涂塑玻璃纸的应用解决了防潮性和热封问题。玻璃纸的包装成本比蜡纸高得多，比较适合用作高档面包包装。

(3) 塑料薄膜 用于包装面包的塑料薄膜有许多种。聚乙烯薄膜包装成本比玻璃纸低30%左右，但是，厚度较薄的薄膜机械操作工艺性能较差。聚丙烯薄膜透明性优于聚乙烯，而且挺度较理想，机械操作工艺性能也好，不过，单纯的聚丙烯薄膜在－17.7℃时就会脆裂，且热封困难。PE/PP/PE三层共挤材料的出现满足了面包包装的需要。

目前，大约90%的面包是采用聚乙烯塑料袋包装。这种包装可反复使用，方便，面包的货架期也较长，而且不需要捆扎，可采用热封或塑料涂膜的金属丝捆住袋口，也有采用聚丙烯塑料袋扭结袋口的。

面包还可采用收缩薄膜和泡罩包装，收缩包装用聚氯乙烯收缩薄膜将面包裹紧，但泡罩包装成本较高。

四、饼干、糕点的性质与包装

1. 饼干的性质与包装

饼干是由面粉、油脂、糖、水、香精等调制成的面团经焙烤后制成。饼干包装主要是防潮、防油脂氧化、防碎裂。所有类型的饼干，其含水量均很低，约为3%，必须防止它们从大气中吸收水分，故需选用高度防潮的包装材料。多数饼干含有脂肪，包装材料应耐油脂且应避光，防止光线照射引起饼干褪色和油脂氧化。饼干的包装材料应能适应自动包装机械操作的要求，并能保护酥脆的饼干不被压碎。此外，包含果浆的饼干容易长霉，包含果仁的饼干容易酸败，都应采取相应措施进行保护。

饼干的包装除金属罐盒和纸盒外，通常采用防潮玻璃纸、双向拉伸聚丙烯/聚乙烯复合薄膜、铝箔复合薄膜等，用PVDC涂塑的玻璃纸具有优异的防潮和隔氧性能，且可以热封，表面光泽好，耐戳穿性能好，是比较理想的包装材料；双向拉伸聚丙烯/聚乙烯复合薄膜比较经济，只是对自动包装机的工艺适应性稍差一些；此外，PVDC涂塑纸张也是很好的包装材料；采用铝箔复合材料包装，则在潮湿的空气条件下也能满足货架寿命的要求；密封的金属罐、盒，一般用于礼品饼干包装。以上包装材料都可使饼干的货架寿命得到有效延长。

2. 糕点的性质与包装

糕点是以面粉、油脂、糖、蛋品等为主要原料，添加果仁、蜜饯等辅料混合后，经熟制而成的方便食品。各地生产的糕点种类、特点各有不同，有的糕点含水量较高，如蛋糕、年糕；有的含水量较低，如桃酥等；有的含油脂很高，如油酥饼、开口笑等；有的包馅，如月饼等。因此，糕点的包装应适应这些不同特点。

（1）含水分较低的糕点 酥饼、香糕、酥糖、蛋卷等食品进行包装时首先是注意防潮，其次是阻气、耐压、耐油和耐挤裂。其主要的包装形式是选用PE、PT/PE、BOPP/PE等薄膜充填包装；纸盒、浅盘包装外裹包PT或BOPP薄膜；以及纸盒内衬塑料薄膜袋等。另外，根据糕点外形用塑料片材吸塑成型制成各种大小包装盒装入物品后用盖材覆盖热封或套装透明塑料袋封口，用这种硬盒包装糕点不仅具有很好的防护性，其防潮、阻气性能也较理想，故货架寿命长，陈列效果也好。

（2）含水分较高的糕点 蛋糕、奶油点心等，很易发生霉变；同时其内部组织呈多孔结构，表面积较大，很容易散失水分而变干、变硬；另外，由于糕点成分复杂，氧化串味也是其品质劣变的主要原因。因此，这类糕点包装主要是防止生霉和水分散失，其次是防氧化串味等。

同前文所述，糕点包装时也应选用具有较好阻湿、阻气性能的包装材料，如 PT/PE、BOPP/PE 等薄膜，既可裹包又可装袋封合；也可采用塑料片材热成型盒盛装此类食品，再用盖材覆盖或套装塑料袋；档次较高的糕点包装可选用高性能复合薄膜配以真空或充气包装技术，可有效地防止氧化、酸败、霉变和水分散失，显著延长货架寿命。另外，在包装中还可以同时封入脱氧剂或抗氧、抑菌剂。

(3) 油炸糕点　开口笑、麻花等食品油脂含量高，极易引起氧化酸败而导致色、香、味劣变，甚至产生哈喇味。这类食品包装的关键是防止氧化酸败，其次是防止油脂渗出包装材料造成污染而影响外观。因此，其内包装常采用 PE、PP、PT 等防潮、耐油的薄膜材料裹包或袋装。要求较高的油炸风味食品可采用阻氧性较好的高性能复合膜如 KBOPP/PE、KPT/PE、BOPP/Al/PE 等，也可同时采用真空或充气包装中封入脱氧剂等方法。

另外，油炸膨化小食品和油炸土豆片等风味独特的食品，油脂含量也较高，水分很低，很容易发生氧化而导致风味劣变。所以，它们的包装要求选用防潮又能阻氧保香，同时也能阻隔紫外线的包装材料如 BOPP/Al/PE 等。这类食品也常采用真空或充氮包装，以保持其独特风味，延长货架寿命。

第五节
新鲜肉类的包装

肉类食品是人们获取动物性蛋白质的主要来源，它在人们的日常饮食结构中占有相当大的比例。刚宰杀不经冷却排酸过程而直接销售的肉称为热鲜肉。冷鲜肉是指对宰后动物胴体迅速进行冷却处理，在 24h 内降低到 0～4℃，并在低温下加工、流通和零售的生鲜肉。同时，冷鲜肉经历了较为充分的解僵成熟过程，质地柔软，富有弹性，持水性及鲜嫩度也较好。随着人们生活水平的日益提高，生鲜肉的消费也逐渐由传统的热鲜肉发展为工业化生产的冷鲜肉分切保鲜包装产品。肉中含有一定的水分且营养丰富，容易因腐败变质而丧失营养价值和商品价值，因此，必须对其进行必要的包装才能使之得到较好的贮存。

一、生鲜肉的性质

生鲜肉按其可利用部位大致划分为肌肉组织、脂肪组织、结缔组织和骨骼组织，这四种组成的比例会随肉的种类、牲畜的年龄等有差异，一般是肌肉组织占 50%～60%、脂肪组织占 20%～30%、结缔组织占 9%～14%、骨骼组织占 15%～22%。

肌肉中含有水分、蛋白质、脂肪、维生素、矿物质等成分，营养丰富，是微生物的理想营养源，如受细菌、酵母、霉菌等微生物侵染，会造成肉品腐败变质。

肌肉中的肌红蛋白和残留的血红蛋白含有红色色素。当肌肉中缺乏氧气时，肌红蛋白中氧气结合的位置被水取代，使肌肉呈暗红色或紫红色，当肉与空气接触后由于形成氧合肌红蛋白而使色泽变成鲜红色。若长时间放置或在低氧分压下存放，肉中的肌红蛋白和氧合肌红蛋白会转变成高铁肌红蛋白，使肉呈现褐色。

肉中所含脂肪的数量和性质与牲畜的种类、性别、年龄、部位及使用的饲料等有关。脂肪的性质取决于脂肪酸的种类，饱和脂肪酸性质稳定，而不饱和脂肪酸稳定性较差。肉中含不饱和脂肪酸越多，其营养价值越高，但不饱和脂肪酸易发生氧化。

水分是肉中含量最多的组分，一般占60%～80%。肉中的水分有三种状态，即约占20%的结合水、占60%～70%的吸附水和占15%左右的自由水。肉在贮藏加工过程中，其中的水分直接关系到肉及其制品的质地、嫩度、切分性、弹性以及口感等。

肉的风味包括气味、滋味、组织状态等，其中以气味最为重要。肉及其制品的滋味和香气成分很复杂，且是微量的，但人的感觉器官对此非常敏感，即使是极微量的变化也能察觉。肉制品的芳香成分很不稳定，极易受热分解和氧化，且具有很强的挥发性，会在贮藏过程中逐渐散失，即使在冻结状态，很多挥发性芳香成分也会慢慢消失。另外，肉在贮藏过程中也会因微生物因素而发生品质变化以及吸附贮藏环境中的异味，即使在－10℃的条件下也不能完全消除。

二、生鲜肉的包装要求

生鲜肉进行包装主要的目的是保鲜，为达到相应的质量指标，包装时应满足以下要求：

① 能保护生鲜肉不受微生物等的污染；

② 能防止生鲜肉水分蒸发，保持包装内部环境较高的湿度，使生鲜肉不致干燥脱水；

③ 包装材料应有适当的气体透过率，应能维持细胞的最低生命活动且保持生鲜肉颜色所需，而又不致生鲜肉遭受氧化而败坏；

④ 包装材料能隔绝外界异味的侵入。

三、生鲜肉的包装方式

1. 生鲜肉真空保鲜包装

真空包装可以使生鲜肉中的肌红蛋白由于高度的缺氧而维持在还原态。包装内真空度越高，能维持还原态的肌红蛋白的时间就越长，那么生鲜肉的保质期就越长。真空包装还具有可以减缓脂肪的氧化速度、抑制微生物生长，以及使肉制品整洁、提高竞争力的优点。由于真空包装机存在极限气压，以及包装材料具有一定的透气性，常常使得采用真空包装技术包装的肉产品内部并非真空，所以通常用此技术包装的产品还需要充入一定的氮气，以达到更好的保鲜效果。真空包装可以使包装膜紧贴肉制品，这样便造成了肉制品受外部大气压力而易黏结在一起或者变形，影响外观，但同时这样也能减少肉制品中汁液水分的渗出，保持包装产品新鲜的感官特征。

生鲜肉真空包装时因缺氧而呈现肌红蛋白紫红色，在销售时会使消费者误认为不新鲜，若在零售时打开包装让肉充分接触空气或再充入含高浓度氧气的混合气体，可在短时间内使肌红蛋白转变为氧合肌红蛋白，从而恢复生鲜肉的鲜红色。

2. 生鲜肉气调保鲜包装

生鲜肉的气调保鲜包装方式在欧美国家得到普遍应用，在亚洲国家也开始用于生鲜肉的保鲜包装。气调包装可保持较高氧气分压，有利于形成氧合肌红蛋白而使肌肉色泽鲜艳，并抑制厌氧菌的生长。因此，根据鲜肉保持色泽的要求，氧的混合比例应超过 30%。二氧化碳具有抑制细菌生长的作用，考虑到二氧化碳易溶于肉中的水分和脂肪以及复合薄膜材料的透气率，一般混合气体中的二氧化碳的混合比例应超过 30%才能达到明显的抑菌效果。

3. 现代冷鲜肉零售包装

冷鲜肉零售包装，美国等发达国家称为“Case-Ready 零售包装”，“Case-Ready”冷鲜肉包装的观念是将目前超市销售平台的分割包装操作移至食品物流（配送）中心或专业肉品屠宰加工厂统一生产包装，保证“Case-Ready 零售包装”产品的高品质和卫生安全。“Case-Ready 包装”包括气调包装和非气调包装。非气调包装是用一般透气包装材料来减少外界对冷鲜肉的污染和冷鲜肉外渗汁液对外界所造成的污染。气调包装又可分为高氧包装和低氧包装两种。高氧包装用于生鲜红肌肉包装，通过高氧维持生鲜红肌肉的鲜红肉色。“Case-Ready 包装”充气比例见表 6-1。

表 6-1 “Case-Ready 包装”充气比例

种类	混合比例	使用国家
冷鲜肉（5～12 天）	80%O_2+20%CO_2	欧洲
冷鲜肉（5～8 天）	75%O_2+25%CO_2	欧洲
鲜碎肉制品+香肠	33.3%O_2+ 33.3%CO_2+33.3%N_2	瑞士
新鲜斩拌肉馅	70%O_2+30%CO_2	英国
熏制香肠	75%CO_2+25%N_2	德国及北欧四国
香肠及熟肉（4～8 周）	75%CO_2+25%N_2	德国及北欧四国
家禽（6～10 天）	50%O_2+25%CO_2+25%N_2	德国及北欧四国

第六节 熟肉制品的包装

熟肉制品是指以鲜冷畜肉为原料，经选料、修整、腌制、调味、熟化、成型及包装等工艺制成的肉类食品。熟肉制品因为具有贮运方便、保质期长、食用方便等特点，受到广大消费者的青睐，也成为消费的主流。熟肉制品保存期的长短主要取决于肉制品中的水分含量和加工方法，以及杀菌后的操作和包装技术。熟肉制品主要有酱卤制品、熏烤制品、香肠制品和罐藏制品等。

一、熟肉制品的性质

1. 酱卤制品的性质

酱卤制品是我国传统的一类熟食制品，它是用畜禽肉及可食副产品经加入调味料和香辛料，用水煮制而成。其主要特点是成品可直接食用，产品湿润，有的还带有卤汁，不易贮藏。具体代表产品有白煮肉类、酱卤肉类、糟肉类等。

煮制是酱卤制品加工中的主要环节。肉类在煮制过程中最明显的变化是失去水分，重量减轻。另外，由于构成肌肉纤维的蛋白质因加热变性发生凝固，肉在体积缩小变硬的同时保水性也随之下降。肌肉中的结缔组织对产品的质地有重要影响。通常肌肉中结缔组织含量高，肉质坚韧，但如长时间在70℃以上的水中煮制，结缔组织多的肉反而比少的肉质更柔嫩。

脂肪在加热过程中有一部分发生水解，生成脂肪酸，因而使酸价有所增高，同时也发生氧化作用，生成氧化物和过氧化物。

生肉的香味很弱，加热之后会产生很强烈的独有风味。加热的方式、温度、时间及加入的糖、味精和香辛料等对风味会产生影响。

肌肉中的肌红蛋白受热变性，发生颜色变化。一般来说，肉的温度在60℃以下，颜色几乎没有什么变化，仍呈鲜红色，而升高到60～70℃时，变为粉红色，再提高到70～80℃以上，则变为淡灰色。

2. 熏烤制品的性质

熏烤制品是利用没有充分燃烧的烟气熏制的肉类制品。熏制的作用为：①由于熏烟成分中含有醛、酚等多种有机物，随着烟气成分渗入产品内部，使熏制品表现出特有的芳香，赋予产品特殊的烟熏风味；②对加硝酸盐腌制的肉类制品，熏制改善了产品的色泽；③烟熏在除去产品中过多水分使产品适度收缩的同时，促使肉自溶酶作用，赋予制品良好的质地；④烟熏促使肉中某些成分发生聚合作用，在熏制品表面形成紫褐色有光泽干燥的膜，提高产品的防腐性，增强了制品的耐保藏性。

肉在熏制过程中发生的变化主要是水分的蒸发、蛋白质的变性和降解、热敏性维生素含量的减少、脂肪的降解和游离脂肪酸的增加，以及熏烟成分渗入肉组织和肉色泽改变等。为了使熏制品的质量得到保持，熏烤制品在包装上要求能充分使制品与环境隔离，因此包装材料必须要有良好的阻隔气体和水蒸气透过的性能。

3. 香肠制品的性质

香肠是以鲜（或冻）畜禽肉或鱼为主要原料经腌制（或不经腌制）、切碎成丁或斩拌乳化成肉糜状，并混合各种调料、辅料，然后充填入天然肠衣或人造肠衣成型，再分别经过烘烤、蒸煮、烟熏、冷却或发酵等工序制成产品。由于所使用的原料、加工工艺及技术要求、调料、辅料的不同，各种香肠在外形、口味以及在成分上都有很大差异，形成不同的品种。

大多数香肠因含有较多的全价蛋白质和多量的脂肪及维生素，具高营养和高热值，加上香肠含水量相对较高，因此是微生物生长繁殖的理想营养源，尤其是生香肠所包含的细菌群比生鲜肉还多。虽然也加入了一定量的防腐剂，但是仍然很容易腐败。另外，生鲜香肠很易氧化而变色。所有这些因素都对包装提出了较高要求。

4. 罐藏肉的性质

肉类罐藏是将肉和肉制品密封在容器中，经高温处理破坏肉品中的酶和杀灭容器内的有害微生物，同时防止外界微生物的再次侵染，使肉品在室温下得以长期贮藏，并保持原有的色、香、味。为了达到罐藏肉品应有的质量及适应工业化生产，在包装上对材料和容器除要求有极高的隔绝性外，还必须有良好的耐腐蚀性能和强度。

二、熟肉制品的包装要求

熟肉制品包装方式和包装材料的确定，应满足各种制品的性质要求并防止其质量下降。它们对包装的要求有：

① 有良好的隔氧性，以防止氧的渗入发生氧化作用而对肉品产生不利影响。

② 材料的透湿性要小，避免制品水分散失或从环境中吸湿，致使肉品质量发生变化。

③ 能阻隔光线的透射，以避光达到保持肉品品质的要求。

④ 能适应产品的加工工艺操作要求，具有良好的加工、包装操作工艺适应性，能耐高温杀菌和低温贮存。

三、熟肉制品的包装

目前，根据熟肉制品包装的不同，可分为罐装和软包装两种。

1. 熟肉制品的罐装

熟肉制品的罐藏是指将准备好的肉原料与其他辅料调制好后，装入空罐，再脱气密封，然后加热杀菌的肉制品保藏法。经过这样的处理后，即使在常温条件下，也可以长期保存，所以罐头类肉制品一直在各种熟肉制品中占有很大的比例。

为了使罐藏食品能够在容器中保存较长的时间，并且保持一定的色、香、味和原有的营养价值，同时又适应工业化生产，所以罐藏容器必须满足以下要求：对人体无害；具有良好的密封性和良好的耐腐蚀性；适用于工业化生产；具有一定的机械强度，不易变形；体积小，质量轻，便于运输和携带。目前，市场上常用的罐藏容器有以下几种。

(1) 镀锡铁罐 镀锡铁罐的基料是镀锡薄钢板，是在薄钢板上镀锡制成的一种薄板，它表面上的锡层能够持久地保持非常美观的金属光泽，同时也有保护钢板免受腐蚀的作用。锡在常温下化学性质比较稳定，对消费者不会产生毒害作用。镀锡板的主体用钢板制成，所以很坚固，在罐头运输、搬动和堆积过程中不易破损，有利于保证罐藏制品的外观和质量。

(2) 涂料罐 构成涂料的原料有以下几种：油料、树脂、颜料、增塑剂、稀释剂和其他辅助材料。由于食品直接与涂料罐相接触，所以对罐头涂料的要求比较高：首先，要求食品直接与涂料接触后对人体无毒害以及无臭、无味，不会使食品产生异味或变色；其次要求涂料膜组织必须致密、基本上无空隙点，具有良好的抗腐蚀性；此外，要求涂料膜可以良好地附着在镀锡板表面，并有一定的机械加工性能，在制罐过程中经受强力冲击、折叠、弯折等时不致损坏和脱落，焊锡和杀菌时能经受高温而膜层不致烫焦、变色和脱落，并无有害物质溶出；最后，还要求涂料使用方便、能均匀涂布、干燥迅速。

目前根据使用范围涂料可分为抗硫涂料、抗酸涂料、防黏涂料、冲拔罐涂料和外印铁涂料等。抗硫涂料主要用于肉禽类罐头、水产罐头等；抗酸涂料主要用于高酸性食品，如午餐肉罐头；冲拔罐涂料主要用于制造罐装鱼类罐头和肉丝罐头；罐头外壁和周围大气中的湿空气接触易产生锈蚀现象，为了防止锈蚀，常在罐外壁涂布涂料，称之为外印铁涂料，使用这种涂料不但能防锈蚀，还有利于改善罐外壁的美观和光彩。

(3) 镀铬铁罐 镀铬薄板又称无锡钢板，产量较大，用来代替一部分镀锡薄板，主要是可以节约大量的锡。

(4) 铝罐 铝和铝合金薄板是纯铝或铝锰、铝镁按一定比例配合，经过铸造、压延、退火制成的具有金属光泽、质量轻、能耐一定腐蚀的金属材料。水果、番茄酱等制品采用铝罐保藏，可延长保质期；用铝罐盛装肉类、水产类制品，具有较好的抗腐蚀性能，不会发生黑色硫化铁污染。

2. 熟肉制品的软包装

用复合塑料薄膜袋代替金属罐装制食品，经杀菌后能长期保存。它的质量轻、体积小、开启方便、便于携带、耐贮藏，可以满足旅游、航行等野外活动的需要。软包装食品具有以下的特点：包装不透气，内容物几乎不可能发生化学反应，能较好保持内容物质量；能耐受高温杀菌，微生物不会侵入，贮藏期长；可以利用罐头食品的制造技术，杀菌时传热速度快；封口简单、牢固；包装美观。此外，软包装食品还有一定的特性，比如隔氧性、蔽光性、防湿性、耐低温性、成型加工方便、热收缩性好、热封性能好、耐油脂、印刷性能好等。熟肉制品常用的软包装方法和技术有如下三类。

(1) 无菌包装和半无菌包装 无菌包装和半无菌包装技术最先开发应用在西式肉制品上，采用无菌的软包装材料，在无菌的环境下经灭菌处理后的肉制品能够最大限度地保持食品的原有风味，产品需在低温的条件下流通。西式的圆火腿、方火腿以及切片式肉制品，由于无菌处理较困难，所以大多采用半无菌化包装技术，包装材料有 PVDC、PE、PA 等材料复合共挤而成的高阻隔性多层无菌薄膜或片材等，复合热收缩薄膜也较多应用在无菌包装方面。

(2) 巴氏灭菌包装 低温肉制品由于最大限度保持了产品的营养和风味，越来越受到消费者的青睐。低温肉制品保质关键技术之一是巴氏灭菌包装，即产品在包装后再经巴氏灭菌迅速冷却，以消除在包装过程中的微生物污染。这类肉制品包装可适用于大部分的中西式肉制品，软包装材料以透明性的高阻隔性复合薄膜和片材为主，经巴氏加热灭菌处理的复合热收缩材料也将会有很广泛的应用。除了真空包装外，机械自动化程度高的成型—充填—封口系统也会有很大的发展。

(3) 肠衣类包装 肠衣是肠类制品中和肉馅直接接触的一次性包装材料，肠类制品的形态、卫生质量、保藏性能、流通性能和商品价值直接与肠衣的类型和质量有关。每一种肠衣都有它特有的性能，在选用时应根据产品的需求考虑其可食性、安全性、黏着性、透过性、开口性、密封性、耐老化性、耐水性、耐油性、耐寒性、耐热性以及强度等必要的性能。

肠衣主要分为两大类，即天然肠衣和人造肠衣。

① 天然肠衣 也叫动物肠衣，是由猪、牛、羊的大肠、小肠、膀胱等加工制成，具有良好的韧性和坚实性，能够承受生产加工过程中的重力和热处理的压力，并且具有和灌装物同样的收缩和膨胀性能。天然肠衣分为干制和盐渍两种，干制肠衣在使用前应用温水浸泡变软后方可使用，盐渍肠衣则需在清水中经正反面反复漂洗，使其充分除去黏着在肠衣上的盐分和污物。不论干制还是盐渍肠衣，灌制前均应拣出破损变质的部分。肠衣在保管过程中应注意：干肠衣一定要放在通风干燥场所，防止虫蛀；盐渍肠衣应隔 10 天或半个月，将桶摇动一次或上下翻动一次，以使盐卤能均匀地浸润肠衣。

② 人造肠衣 人造肠衣外形美观、使用方便，可适应各种内装产品的特性要求，特别是其机械适应性好，规格统一便于标准化操作，目前在肉制品生产中的应用非常广泛。用作肉制品包装的人造肠衣薄膜应具有如下特性：气体阻隔性、光线阻隔性良好，耐热、防潮、耐寒、耐腐蚀、耐蒸煮，无臭、无毒、无味、无污染，卫生性能好，强度高，密封性、机械适应性能优良。人造肠衣根据其原料的不同可分为四类：胶原肠衣、玻璃纸肠衣、纤维素肠衣和塑料肠衣。

a. 胶原肠衣 是一种由动物皮胶质制成的肠衣，有可食和不可食两种。可食胶原肠衣本身可以吸收少量的水分，因而比较柔嫩，其规格一致，使用方便，适合制作鲜肉灌肠以及其他小灌肠。不可食胶原肠衣较厚，且大小规格不一，形状也各不相同，主要应用于灌制干肠。

胶原肠衣使用时应注意：在灌肠时肠衣会因干燥而破裂，也会因湿度过大而潮解化为凝胶使产品软堕，因此相对湿度应保持在 40%～50%；在热加工时要特别注意肠体的软硬合适，以干而不裂为好，否则在熏制时会使肠衣破裂，而在煮制时又会使肠衣软化；胶原肠衣易生霉变质，应置于 10℃以下贮存或在肠衣箱中冷却，使用后的肠衣要用塑料袋密封。

b. 玻璃纸肠衣 又称透明纸，它是一种纤维素薄膜，有无色和有色两种，纸质柔软而有伸缩性，由于它的纤维素微晶体呈纵向平行排列，故纵向强度大、横向强度小。玻璃纸因塑化处理而含有甘油，因而吸水性大，在潮湿时产生皱纹，甚至相互黏结，遇热时，因水分蒸发而使纸质发脆。但是，这种肠衣具有油脂不透过性和干燥时的气体不透过性，在潮湿时能透过水蒸气，且易印刷、强度高，其性能优于天然肠衣。实践证明，使用玻璃纸肠衣，只要操作得当，几乎不出现破裂现象，其成本比天然肠衣低。玻璃纸肠衣可根据需要制成各种不同的形状和规格。

c. 纤维素肠衣 一般由自然纤维如棉绒、木屑、亚麻或其他植物纤维制成。此类肠衣在加工中能承受快速加工、充填方便、抗裂性强，在湿润情况下也能进行熏烤。但是该类肠衣不能食用、不能随肉馅收缩，在制成成品后必须剥离。根据纤维素的加工技术不同主要分为小直径肠衣、大直径肠衣和纤维状肠衣三种。

ⅰ 小直径纤维素肠衣主要应用在制作熏烤成串的无衣灌肠及小灌肠。肠衣去掉后，并不影响香肠的外观，因为灌肠在蒸煮熏制中，其外表形成了一层“皮”质物。小直径纤维素肠衣中，还有一种经过了化学处理，该肠衣在制成灌肠后很容易剥掉，所以又称“易剥纤维素小肠衣”。

ⅱ大直径纤维素肠衣有轻质肠衣、高收缩性肠衣和普通肠衣三种。轻质肠衣皮薄、透明、有色，充填直径8～24cm，一般应用于包装火腿及面包式肉制品，但不适宜蒸煮；高收缩性肠衣在制作时要经过特殊处理，其收缩性、柔韧性良好，特别适用于制作大型蒸煮肠和火腿，充填直径可达7.6～20cm，成品外观非常好；普通肠衣比较厚实，不易在加工中破裂，可制成各种不同规格的灌制品，充填直径为5～12cm，有透明琥珀色、淡黄色等多种颜色，这类肠衣在使用前浸泡于水中，一般常用于腌肉和熏肉的固定成型用包装。

ⅲ纤维状肠衣是一种最粗糙的肠衣，只适合熏制肉品。实际上这种肠衣是一种经特殊浸泡过的纸和纤维素涂层，非常结实，不易破裂。英国大批量使用这种肠衣。这种肠衣按性能可分为四种：普通纤维状肠衣，具有透明、琥珀、淡黄、红等颜色，充填直径为5～20cm。制作时，人工扎孔以排除肠内气泡，一些切割灌制品、带骨卷筒火腿、加拿大火腿等使用这类肠衣；纤维状干肠衣，主要用于充填干香肠，干燥时肠衣附在香肠上，它的外观较好；不透水肠衣，性能与普通纤维状肠衣相同，外表涂有聚偏二氯乙烯以阻止水分和脂肪渗透，这种肠衣一般适用于只煮而不烟熏的肠类及面包肉肠；易剥皮肠衣，这种肠衣涂有特殊而又容易脱落的涂料，灌制品脱掉皮后，不影响外观，该种肠衣有琥珀、红、棕、黑等颜色。

d. 塑料肠衣　主要用聚偏二氯乙烯、聚乙烯和尼龙薄膜等制成，种类很多，肠衣口径一般为4～10cm，各类灌肠制品都可使用，只能蒸煮不能熏制。其优点是肠壁柔韧坚实、强度高、使用方便、色泽鲜明、光洁美观；缺点是伸缩性差、不耐火、不能打孔排气，成品冷却后有皱纹。塑料肠衣能一次完成制品的充填定型、封口或扎口等工作，机械适应性优良，生产控制简便易行，选择不同的材料又可以满足多种内装产品的要求，生产上应用非常广泛。

第七节
果蔬的包装

果蔬是水果和蔬菜的统称。果蔬含有人体所需要的多种营养成分，是人体所需维生素、矿物质的主要来源，并能促进人的食欲，帮助消化。随着人们生活水平的提高，水果和蔬菜的消费日益增长，因此果蔬及其制品的包装就成为人们的一种迫切的需要，特别是新鲜果蔬的保鲜包装。

新鲜水果和蔬菜的一个共同特点是采摘后仍继续呼吸，而呼吸同时伴随着新陈代谢、水分蒸发及乙烯生成，促使果蔬进一步成熟直至衰亡。为了延长果蔬贮存期和货架寿命，20世纪90年代以来，国内外都加强了新型多功能保鲜材料的研究开发。随着世界人口进一步增长，可耕地减少，人们生活水平不断提高，必将进一步促进多功能保鲜膜的迅速发展。

一、新鲜果蔬的保鲜包装

1. 新鲜果蔬的物性分析

采摘后的果蔬仍然进行着生命活动，水分蒸发和呼吸作用会导致果蔬失重、皱缩、发热和变质，故抑制果蔬的呼吸作用和水分蒸发是果蔬保鲜的一个重要方向。可通过环境条件的控制，即控制环境的温度、湿度以及气体条件［如氧气（O_2）、二氧化碳（CO_2）、乙烯等］来实现。

(1) 温度条件 温度是影响果蔬保鲜的一个非常重要的因素，温度越高，呼吸作用越旺盛，营养物质的消耗就越快。此外，高温也给微生物创造了良好的生长条件，使果蔬的贮藏期缩短。但如果温度达到35℃以上时，果蔬的呼吸作用反而减弱，甚至停止。因此，降低贮藏温度，低温保鲜是一个行之有效的方法。但要注意，贮藏温度一定不能低于0℃，以免冻伤果蔬。

(2) 湿度条件 高湿条件是多数微生物生长的适宜条件，常常会导致果蔬由于微生物的侵染而腐败变质。此时，如果环境温度降到露点以下，就会产生结露现象，使果蔬表面混浊。因此，保持贮藏时的通风换气，降低内部湿度是很重要的。但如果贮藏环境的湿度过低，也会加速果蔬的水分蒸发，果蔬由于水分损失而干缩变质。

(3) 气体条件

① 氧气 氧气是果蔬有氧呼吸作用的必要条件，氧的浓度高，呼吸作用就旺盛，所以降低氧的浓度，提高二氧化碳含量，才能达到果蔬保鲜的目的。但如果氧的浓度过低、二氧化碳浓度过高，果蔬就会进行无氧呼吸，产生乙醛等有害物质，同样也会加速果蔬的变质，因此一定要严格控制氧的含量。

② 二氧化碳 因为二氧化碳可以抑制呼吸作用，所以要严格监视贮藏室内二氧化碳的浓度。除了空气中的二氧化碳外，果蔬呼吸作用也在不断向外释放二氧化碳，导致环境中的二氧化碳积累过多，造成果蔬的生理伤害，所以应该选择果蔬保鲜所需要的最适宜的二氧化碳浓度。

③ 乙烯 乙烯是一种植物激素，在果蔬生长的后期形成，它可进一步使果蔬成熟，就是人们常说的后熟。虽然一些情况下，人为地利用乙烯去促进果蔬的成熟，但多数情况下，在果蔬的贮藏和运输过程中都需要控制乙烯的浓度，防止后熟以达到保鲜的目的。所以，要做好贮藏室的通风换气工作，减少乙烯的积累，更应该防止乙烯的产生。

④ 其他气体 除了氧气、二氧化碳、乙烯外，果蔬还不断释放出一些刺激性的气体，如乙醛、乙醇等，环境中累积量过高，就会引起果蔬的生理变质。

综上所述，果蔬的保鲜就是根据果蔬的生理特性，选择合适的包装容器、包装材料和最佳的贮藏条件，从而达到果蔬保鲜的目的。

2. 新鲜果蔬的保鲜包装

(1) 新鲜果蔬的包装材料 新鲜的果蔬产品在采、贮、运、销期间常常会出现萎蔫、品质恶化和腐烂而失去食用价值。良好的包装不但有利于保持果蔬新鲜、减少损耗、延长货架期，还可吸引消费者，对果蔬有宣传作用。

① 水果复合保鲜纸袋　利用纸制成的保鲜纸袋，对水果具有良好的保鲜防腐作用。其制造方法简便，与传统的保鲜方法相比，成本低，特别适用于水果的长途运输。

复合保鲜纸袋制造的基本原理就是在牛皮纸袋和聚乙烯塑料薄膜之间夹有一定量的保鲜剂，当水果装进纸袋，该保鲜剂在密闭的纸容器中，能均匀放出一定量的 SO_2 或山梨酸气体，保持水果的新鲜口味。

a. 纸袋基材的作用。纸袋是最简便、最有效率的普通包装，广泛应用于运输包装和销售包装两个方面，能有效地防止害虫、灰尘等对水果的危害，同时纸袋作为保鲜剂的载体，防止了保鲜剂直接与水果接触。纸张高的透气度保证了保鲜剂释放的 SO_2 和山梨酸气体能透过纸张的孔隙，扩散到水果表面。为了提高纸袋的抗湿性，防止保鲜剂溶解，应采用烷基烯酮二聚体（AKD）对纸袋进行内部施胶。

b. 塑料薄膜的作用。由于塑料薄膜的通透性，如低密度的聚乙烯水蒸气透过率比较小，气体的透过率比较大，使得纸袋外部的 O_2 向袋内渗透，保证了水果的正常呼吸，而 CO_2、乙烯向薄膜外渗透。水分和 SO_2 分子具有极性，透过性差，不能向薄膜外渗透，在纸袋内停留时间长，保鲜剂能持久发挥作用。

塑料薄膜与纸袋纸复合时，黏合剂的选用非常重要。在试验中，还可采用水溶性黏合剂，如氧化淀粉、聚乙烯醇、羧甲基纤维素等，按照一定的配比混合。利用 SO_2 和山梨酸作为保鲜剂制作的水果保鲜纸袋，对水果的保鲜作用明显，特别是运用于水果的长途运输，与传统的保鲜技术相比，投资少，简捷方便。

② 高密度带微孔的薄膜袋　近年来此种包装在国外广泛用于新鲜水果，它可以根据果品生理特性，以及对 O_2 和 CO_2 浓度的忍耐力，在薄膜袋上加做一定数量的微孔（$40\mu m$），以加强气体的交换，减少袋内湿度和挥发性代谢产物，保持袋内相对较高的 O_2 浓度，防止 O_2 浓度过低导致无氧呼吸而产生大量的乙醇和乙醛等挥发性物质积累从而影响果实风味。这种薄膜袋内的 O_2 浓度一般能保持在 10%～15%，对于 CO_2 浓度忍耐力强的果蔬产品，特别是热带水果，非常适用。国外用这种包装袋贮藏“Bing”甜樱桃，在普通冷库中可贮藏 80 天，并能保持果实的风味品质。塑料薄膜是目前在新鲜果蔬产品上应用最广泛的包装材料之一，它透明、保温、透气、具密封性、价格低廉，市场应用前景十分广阔。

③ 可降解的新型生物杀菌包装材料　由于人们对使用化学药剂——农药可能危害人体健康以及环境污染等问题的恐惧和担忧，以及塑料薄膜难以降解而带来的“白色污染”的加重，人们对包装材料已寄希望于安全无毒的绿色环保包装材料。可降解的新型生物杀菌包装材料是符合当前人们需要的新热点。它是利用了一些可降解的高分子材料，在其中加入生物杀菌剂，可起到防腐保鲜作用，以及在使用后可降解且不污染环境等多种优点。这种包装材料使用方便，特别适用于鲜切果蔬产品和熟食品的包装，在今后的新鲜食品包装中具有广泛的应用前景。

（2）新鲜果蔬的保鲜包装方法　新鲜果蔬的保鲜包装是利用包装材料的气调性以及防雾、防结露、抑菌和抗震性能等特殊性能，对果蔬进行裹包，达到一个可保证果蔬最低限度呼吸的微环境，因而起到对果蔬的保鲜作用。目前市场普遍采用的有以下几种方法。

① 塑料袋包装　选用一定厚度的薄膜袋装入产品后，折叠袋口或热密封袋口，通过选择具有适当透气性、透湿性的薄膜，可起到简易气调的效果。另外，它还常与真空包装和充气包装结合进行，以增加包装的保鲜效果。

这种包装方法要求使用的薄膜材料具有良好的透明度，对水蒸气、O_2 和 CO_2 气体透过性适当，并有一定的机械性能，无毒副作用，大部分果蔬可采用。

② 浅盘包装　将果蔬放入浅盘中再进行裹包或装盒，浅盘主要有纸浆模塑盘、瓦楞纸板盘、塑料热成型浅盘等，包装时采用热收缩包装或拉伸包装固定产品。

这种包装具有可视性和观赏性，有利于产品的展示销售，消费者对内装物品一目了然。所以对于颜色和形状有吸引力的果蔬比如玉米、杧果、苹果、圣女果、彩椒、娃娃菜等销售时都适宜采用此种包装。

③ 穿孔膜包装　用密封方法包装果蔬，在条件不适时包装内易出现厌氧腐败、过湿状态和微生物的侵染。因此某些果蔬的保鲜需用穿孔膜包装，即在薄膜上按要求刺穿一定数量和直径的小孔再进行包装，以避免袋内二氧化碳的过度积累和出现过湿现象。许多绿叶蔬菜和水果可以采用此种方法。在穿孔膜包装时，穿孔程度应通过试验确定，一般以包装内不出现过湿状态下所允许的最少开孔量为准。由于薄膜穿孔，这种方法很难再有气调作用。

此种方法适用于呼吸作用强、水分蒸发速度快的软质水果和茎叶类蔬菜的包装，如草莓、水蜜桃、李子、芹菜、菠菜等。

④ 高氧自发性气调包装　高氧自发性气调包装是近年来出现的新型包装。高氧自发性气调包装袋内的 O_2 一般保持在 70%～100%。这种包装的优点是：a. 抑制酶活性，防止由此引起果蔬产品褐变；b. 防止无氧呼吸引起的发酵，保持果蔬产品的品质；c. 有效地抑制好氧和厌氧微生物生长，防止腐烂等，所以备受人们的关注。它特别适用于对高 CO_2 和在低 O_2 浓度下易出现无氧呼吸发酵的果蔬产品，以及鲜切果蔬产品的保鲜。同时，还可以根据不同果蔬产品的特性，确定袋内的气体组合，如对易腐的果蔬产品采用（80%～90%）O_2＋（10%～20%）CO_2；对和 CO_2 不和谐的果蔬产品可采用（80%～90%）O_2＋（10%～20%）N_2。在欧洲市场上采用高氧气调包装蘑菇，在 8℃下货架期可达到 8 天。

⑤ 硅窗气调包装　硅橡胶膜是指由硅橡胶制成的膜，其对各种气体有良好的透过性，并且对氧、二氧化碳的透过量不同，相同压力条件下，对氧气透过量比二氧化碳低，约为二氧化碳透过量的 1/6。利用硅橡胶膜对氧、二氧化碳的良好透过性，可实现相对稳定的气体组成，即通过果蔬的自身呼吸作用和硅橡胶膜的调气功能，排出二氧化碳并补充所消耗的氧气，实现包装的渗透速率与果实呼吸速率相等，从而使包装袋内（或贮藏帐内）的果蔬处于相对合理的低氧、高二氧化碳的环境中，达到抑制果蔬贮藏过程中的呼吸作用、减少营养物质消耗、延缓衰老、提高保鲜效果、延长贮藏期的目的。

硅橡胶膜无毒、无味，不会对贮藏物品造成污染，是可以大力推广使用的低成本绿色气调保鲜材料。目前已在蒜薹、苹果、猕猴桃、香蕉、香菜、板栗、杧果贮藏中取得良好的贮藏效果，特别是在蒜薹贮藏中得到了广泛应用。

二、果蔬制品的包装

1. 果蔬的罐装

(1) 罐藏果蔬的保藏原理 果蔬罐藏就是平时我们吃的果蔬罐头，由于罐藏容器具有良好的密封性和耐腐蚀性，并有耐高温的特点，因此，食品装罐后，通过排气使罐头密封，罐顶部形成部分真空，然后再经过高温杀菌，以达到延长保藏期的目的。罐藏果蔬制品可在常温下保藏，保质期达3年以上。

(2) 罐藏果蔬的要求 果蔬都可进行罐藏，但要正确选择原料品种，否则制品质量就会受到影响。如罐藏的水果要求其含酸量高、糖酸比例适当、果心和果核小、肉质厚、质地紧密细致、可食部分的比例大及色香味良好等；罐藏用蔬菜要求选用肉质厚、质地柔嫩细致、粗纤维少、可食部分多以及色泽良好的种类和品种。

(3) 罐装容器的种类 按材质分类，果蔬罐装容器分为金属罐、高压杀菌塑料复合薄膜袋和玻璃罐（瓶）三种。金属罐又可分为马口铁罐、镀铬无锡板罐、铝罐、双金属罐等，但由于水果罐头酸度大，金属罐体容易被腐蚀，所以一般用玻璃瓶代替；高压杀菌塑料复合薄膜袋有蒸煮袋、多层复合袋、利乐包、软管等。

2. 干制果蔬的包装

果蔬的干制是一种历史悠久的果蔬贮存方法，干制后的果蔬水分活度大大降低，贮藏性提高，而且体积小、质量轻，贮运、销售方便。

(1) 果蔬干制原理 一般讲，水分是一切反应活动的基础，是细菌生长、酶和化学反应的必要条件。因此，通过降低果蔬制品的水分来限制微生物的生长条件，抑制酶的活性，抑制化学反应的进行，从而达到延长保存期的目的。干制果蔬是果蔬制品的主要形式，其包装应在低温、干燥、通风良好、环境清洁的条件下进行，空气的相对湿度最好控制在30%以下，同时应注意防虫、防尘等。

(2) 干制果蔬的包装

① 干菜包装 包装材料应选用能防虫及对水蒸气有较好阻隔性的材料，一般品种可采用PE薄膜封装；对包装具有展示性要求的，可选用PT/PE、BOPP/PE等复合薄膜包装；香菇、木耳、金针菇等高档干菜可用BOPP/PE等复合薄膜包装，还可采用在包装内封入干燥剂的防潮包装。

脱水蔬菜的水分是在低温下脱除的，没有经过阳光的暴晒，也没有经过盐渍，因此其营养成分特别是维生素的损失不大，包装主要问题是防潮，其次是防止紫外线的照射而变色。要求较低的大宗低档脱水蔬菜可用PE薄膜包装，要求较高的品种可用PET（Ny）真空涂铝膜/PE，或BOPP/Al/PE等复合薄膜包装。

② 干果包装 核桃、板栗、花生、瓜子等是富含脂肪和蛋白质的果品，在包装时应考虑防潮和防虫蛀、防油脂氧化，可采用真空包装。未经炒熟的板栗、花生、瓜子等还具有生理活性，在贮藏包装时除了密封防潮外，还应注意抑制其呼吸作用，降低贮存温度，以免大

量呼吸造成发霉变质。

炒熟干果的包装主要应考虑其防潮、防氧化性能。可采用对水蒸气和氧气有良好阻隔性的包装材料，如金属罐、玻璃罐、复合多层硬盒等；如果要求采用真空或充气包装，则可以选用 PT/PE/Al/PE、BOPP/Al/PE、KPET/PE 等高性能复合膜包装。

3. 速冻果蔬制品的包装

速冻果蔬制品的包装主要是防止脱水，同时给搬运提供方便，避免受到物理机械损伤，除个别制品外，对遮光和隔氧要求不是很高。

适用于速冻包装的材料应能在－50～－40℃的环境中保持柔软，常用的有 PE、EVA、PP 等薄膜；对耐破度和阻气性要求较高的包装，如对笋、蒜薹、蘑菇等也可以用以尼龙薄膜为主体的复合薄膜包装，如 Ny/PE 复合膜。国外采用 PET/PE 膜包装配好佐料的混合蔬菜速冻保藏，使用时可直接将包装放入锅中煮熟食用，非常方便。

三、典型果蔬包装实例

1. 苹果

苹果是果蔬中贮量最大的种类之一，其果肉质地较硬，呼吸作用弱，水分蒸发速度慢，容易长期保存。一般采用硅窗气调包装、塑料薄膜袋包装、功能性塑料薄膜袋包装、简易气调包装、保鲜纸裹包等。

采用硅窗气调包装的苹果保存期可达 1 年左右；采用功能性塑料薄膜袋包装的苹果，在 0～10℃条件下可保存 6～7 个月。

2. 草莓

草莓在我国南北方都可栽培，它是一种非呼吸跃变型果实，采后没有后熟，充分成熟后采收风味品质才好。草莓果实娇嫩、多汁、营养价值高、色泽鲜丽、芳香宜人，是一种经济价值较高的水果。但由于其是一种浆果，皮薄，外皮无保护作用，采后常因贮运中的机械损伤和病原物侵染而导致腐烂，灰葡萄孢霉是草莓腐烂的主要致病菌。草莓在常温下放置1～2 天就会发生变色、变味和腐烂，商品率很快下降。

用于贮藏和运输的草莓应该在果实表面 3/4 变红时采收，因为此时草莓的硬度较高，风味品质已佳。采摘最好在晴天进行，早上采收应在露水干后再采，气温高时避免在中午采收。采收后的草莓轻轻放入特制的浅果盘中，也可放入带孔的小箱内。草莓应及时预冷。目前采用真空预冷的效果最好，也可用强制通风冷却，但不适于用水冷却。

草莓在 0℃和 90%～95%的相对湿度下能贮藏 1 周，冷藏虽然能推迟果实的不良变化，但是草莓从冷库中取出后，败坏速度比未经冷藏的还要快。由于草莓是一种耐高二氧化碳的果实，用气调方法贮藏和运输可延长草莓的采后寿命，减轻灰霉病引起的腐烂，但二氧化碳的浓度不能超过 40%，否则草莓会产生异味。草莓较适合的氧气浓度为 5%～10%，二氧化碳浓度达到 30%时，草莓会有些异味，但却不令人讨厌，而且放在空气中异味可消失。气调贮藏期为2～3周。

草莓最好用冷藏车运输，如用带篷卡车只能在清晨或傍晚气温较低时装卸和运输，运输中要采用小纸箱包装，最好内垫塑料薄膜袋，充入10%的二氧化碳。

3. 樱桃

樱桃的品种很多，其在我国有悠久的历史。樱桃于4～5月份成熟，果实晶莹艳丽，营养丰富，含铁量高，在春夏之交最受欢迎。但是，樱桃采收后极易过熟、褐变和腐烂，常温下很快失去商品价值。

用于贮藏的樱桃要适当早采，一般提前1周收获，带果把采收，尽量避免机械损伤，采后应立即将果实预冷到2℃，在不超过2℃的温度条件下运输。因为樱桃果实娇小、不耐压，宜采用较小的包装，每盒2～5kg。大樱桃采后处理不当，容易过熟和衰老。湿度过低、温度过高时，果柄会枯萎变黑，果实变软、皱缩、褐变，并引起腐烂。表面凹陷是影响甜樱桃鲜销品质的主要问题，采后钙处理和减压贮藏可以降低表面凹陷的发生率。

樱桃在－1～0.5℃和90%～95%相对湿度下冷藏可以贮藏20～30天，而采用气调贮藏，特别是简单易行的自发气调贮藏可获得较好的贮藏效果，一般做法是在小包装盒内衬0.06～0.08mm的聚乙烯薄膜袋，扎口后，放在－1～0.5℃下贮藏使袋内的氧和二氧化碳分别维持在3%～5%和10%～25%，这样樱桃可贮藏30～50天。需要注意的是，二氧化碳浓度不能超过30%，否则会引起果实褐变和产生异味。此外，为了防止产生不良气味，果实从冷库中取出后，必须把聚乙烯薄膜袋打开。

4. 沙田柚

沙田柚是柚类中的一个优良品种，具有肉质嫩脆、汁多清甜、有蜜香味、自然贮藏期长等特点。在生产中，沙田柚采后应对果实进行处理，可减少腐烂、延长保鲜期和提高品质，进而增加经济收入。

沙田柚的包装多采用聚乙烯薄膜袋为包装袋，它具有柔软、保温、保湿和气调保鲜的效果，而且无气味，包装后果实耐贮藏。将包装好的沙田柚放于已搭好的木架或铁架上，每堆放一层后，再在果与果之间的孔隙上方堆放果实，可堆放4～5层。这样可保持通风透气，方便检查，如有烂果也不会互相感染，影响其他果实。贮藏环境条件以温度保持在10℃左右、相对湿度保持在90%为宜，二氧化碳含量维持在1%以下、氧气维持在5%～10%较为合适。

5. 鲜桃

鲜桃采后应该及时预冷，即采后要尽快将桃预冷到4℃以下，鲜桃采用的预冷方法有冷风冷却和水冷却两种，水冷却速度快，但水冷却后要晾干再包装。风冷却速度较慢，一般需要8～12h或更长的时间。

鲜桃在贮运过程中很容易受机械损伤，因此包装容器不宜过大，一般装5～10kg为宜。将选好的桃果放入瓦楞纸箱中，箱内加纸隔板或塑料托盘，若用木箱或竹筐装，箱内要衬包装纸，每个果需用软纸单果包装，避免果实摩擦挤伤。

鲜桃在低温贮藏中易遭受冷害，在－1℃就有受冻的危险。因此，鲜桃的贮藏适温为0℃，适宜相对湿度为90%～95%。在这种贮藏条件下，鲜桃可以贮藏3～4周或更长时间。在冷库内采用塑料薄膜小包装可延长贮期。

6. 蔬菜类

许多蔬菜都可以采用塑料薄膜袋包装，以绳子或橡皮筋捆扎，贮藏过程中定期开袋换气或在袋上开孔。用这种方法常温下可贮存辣椒、花椰菜达2个月，黄瓜、莴苣、莲藕可达20～30天，番茄、茄子可达15～20天，香菜、菠菜、芹菜也可达2～3个月。花椰菜用0.03mm的低密度聚乙烯袋单个包装、每袋扎6个1mm的针孔，在1℃下贮存，保鲜期可达34天。此外，块状、条状蔬菜，如黄瓜、茄子、胡萝卜等可采用PVC、EVA等拉伸膜裹包，葱、姜等蔬菜可采用防潮、热封玻璃纸袋包装。

近年来，净菜、鲜切菜的保鲜包装发展迅速，净菜、鲜切菜由于其呼吸强度大、保鲜包装要求高，常常采用CAP包装技术，并在冷链条件下流通。

第八节 糖类、茶叶和咖啡食品的包装

一、糖果包装

1. 糖果的特点及包装要求

糖果是由多种糖类（碳水化合物）为基础，添加不同的营养素组成，如奶油、淀粉、可可脂、巧克力、凝胶剂以及其他微量的添加物等。根据辅料、工艺和口味的不同，糖果可分为以下八类：硬质糖果、夹心糖果、焦香糖果、凝胶糖果、抛光糖果、胶基糖果、巧克力糖果和充气糖果；此外，还有果丹皮、柠檬片糖、胶糖、果冻等糖果品种。

糖果的含水量在0～23%。当糖果中的含水量减少时，口感就会觉得发硬，但是可以改变糖果的成分，使它能适应各种口感的要求。多数糖果中的糖分是可溶性的，保持这种可溶性很重要，因为糖分产生结晶乃是糖果的主要缺陷。各种糖果会受温度、湿度、光线、霉菌、酵母、周围环境的异味以及机械损伤等因素的影响而发生变质，其中影响质量的主要因素是湿度。如果糖果周围的湿度低于糖果内的平衡相对湿度，则糖果会丧失水分；如果周围的湿度超过糖果内的平衡相对湿度，则糖果将会吸收水分。

多数的糖果都可能由于散失水分、吸收水分、发黏等原因而变质，这些都是由于包装不善所造成的。另一种变质现象是长霉，主要是酱夹心糖和软质胶糖容易发生，也可能是由于受到外界污染所引起。

因此，要持久地保持糖果制品应有的外观、结构和香味特征，除了要提供适宜的保藏条

件外，包装也起着不可忽视的作用，如防热、防水汽侵袭、防香气散失、防油脂溢出、防霉和防虫蛀等，另外，包装应力求美观、便于销售。

2. 糖果包装实例

蜡纸是一种传统的以扭结方式包装糖果的包装材料；单向拉伸 PVC 是典型的以扭结方式包装糖果的塑料薄膜。但这两种包装材料及其包装方式由于防潮和保香性能差而渐渐地退出了糖果包装市场。枕式袋包装因为密封性较扭结包装好，加之可选用阻隔包装材料以起到防潮、防湿、保香性作用，可满足含水率低的糖果对防潮性的要求和香味较浓的糖果对保香性能的要求。

糖果的种类很多，其包装方法应区别对待。譬如，对防潮要求较高的硬质糖果，很容易吸收空气中的湿气而引起返砂，所以宜用枕式袋包装而不宜用扭结包装，或者采用密封性较好的包装容器，如金属罐、玻璃瓶或铝箔复合材料。

乳脂糖果含有高成分的乳品和脂肪，并以细小的球滴分散在体系中，在常温下有一定的硬度，但受热极易变形，分散的脂肪容易扩散到糖果表面，所以包装时除了考虑防潮外，还应防止形体收缩、香味流失、脂肪被氧化，最好的包装应选用阻氧、隔紫外线（特别是短波紫外线）、保香的材料并以枕式袋方式包装。

巧克力糖对温度非常敏感，其中的油脂熔点约为 36℃，这时巧克力糖的油脂熔化，冷凝后使糖果表面粗糙不堪，很不美观。即使气温尚未达到糖果中油脂熔化的程度，也会使油脂的黏度降低而渗透到糖果表面，使糖果的颜色发生变化（呈灰白色）。在一般情况下，对于巧克力糖仅依靠包装是难以排除温度影响的。

单粒的糖果可采用薄膜、铝箔/薄膜等材料进行扭结包装（应选用回弹力小、扭结后不松开的塑料薄膜），或纸、薄膜和铝箔进行条状包装；组合包装可采取筒装、袋装、条状、纸盒（盒内有塑料袋、浸蜡纸袋或聚乙烯涂塑纸袋，盒外有薄膜裹包）、玻璃瓶、金属罐、塑料罐（盒）和纸-塑组合罐等容器包装。以上种种包装形式，总的目的是保护糖果不变质，且具有引人注意的外观，促进销售。

二、茶叶包装

茶叶的品种很多，因地而异，主要品种有绿茶、红茶、乌龙茶、花茶、白茶、黄茶等。

1. 影响茶叶品质的化学成分

据分析，茶叶中含有 300 多种化学成分，如蛋白质、脂肪、氨基酸、抗坏血酸（维生素 C）、单宁酸、多酚化合物、叶绿素、芳香油、脂多糖等，都是人体不可缺少或具有各种功效的重要营养及药用物质。

茶叶在存放中引起陈化变质的原因有很多，可归纳为内因、外因两个方面，内因是变化的根本，外因是变化的条件。茶叶在加工过程中许多化学成分会发生氧化作用，导致茶叶陈化和劣变。影响茶叶品质变化的化学成分主要是酚类物质、叶绿素、维生素 C、类脂物质和胡萝卜素、氨基酸以及多种香气成分等。

（1）酚类物质 茶叶中的酚类物质赋予茶叶独特的香味。风味不同的茶叶，其酚类物质的特性也有差异。酚类物质还与茶叶的色泽直接关联，酚类物质容易发生自动氧化而生成苯醌类物质，苯醌再与氨基酸反应就发生色素反应。所以酚类物质的氧化会造成茶叶的香味和颜色变化，同时这些生成物还能与氨基酸类物质进一步反应，促使滋味劣变。

（2）维生素C 茶叶含有大量的维生素C，它赋予了茶叶特殊滋味，同时也是茶叶具有营养价值的重要成分。越是高级的绿茶，维生素C的含量越高，也越难保存。因为维生素C对氧和光线特别不稳定，很容易被氧化，并进一步与氨基酸结合发生色素反应，既降低了茶叶的营养价值，又使颜色变褐，并使茶叶味道恶化。

（3）类脂物质和胡萝卜素 茶叶中约含有8%的脂肪类物质，其中包含大量的不饱和脂肪酸。这类不饱和脂肪酸在贮藏过程中同样会发生自动氧化、水解而生成游离脂肪酸、醛类化合物、酮类化合物等，使茶叶味道恶化，颜色也会发生很大变化。

茶叶中还有一定含量的类胡萝卜素，这是一类黄色素，成分复杂，是光合作用的辅助成分，具有吸收光能的性质，所以易被氧化，使茶质变。

（4）叶绿素 叶绿素是茶叶的基本色素，可使茶叶显得新鲜翠绿。但叶绿素是一种很不稳定的物质，在光和热的条件下（尤其是在紫外线的照射下），容易褪色和分解变成棕色。

（5）氨基酸 级别越高的茶叶，氨基酸的含量也就越高。茶叶在存放期间，氨基酸会与茶叶中酚类物质自动氧化的产物结合生成暗色的聚合物，致使茶叶失去新茶特有的鲜爽度，变得淡而无味。同时氨基酸在一定温度条件下还会氧化、降解和转化，因此贮存时间越长，氨基酸含量下降得越多，茶叶也越失去营养价值。

（6）香气成分 茶叶中的芳香物质是指挥发性的香气成分。茶叶存放时间过长，其香气会日渐降低，陈味日渐突出，尤其是新茶特有的清香会荡然无存。

茶叶中化学成分的变化受外界环境因素的制约。引起茶叶陈化劣变的主要因素是水分、氧气、湿度、光线和环境异味的影响，其中茶叶自身所含水分是导致茶叶陈化变质的主要因素，氧气、湿度、光线和环境异味加速了茶叶变质的过程。

2. 茶叶包装方法

茶叶的包装在茶叶贮存、保质、运输和销售中是必不可少的。不合理或不完善的包装往往会加速茶叶色、香、味的丧失，而良好的包装不仅能使茶叶从生产到销售各个环节减少品质的损失，还能起到很好的广告效应，同时也是实现茶叶商品价值和使用价值的重要手段。因此对茶叶的包装要注意包装的防潮性、防氧化性、遮光性、阻气性和防高温等。常见的茶叶包装方法有以下几种。

（1）金属罐包装 金属罐是用镀锡薄钢板制成，罐形有方形和圆筒形等，其盖有单层盖和双层盖。从密封性能来分，有一般罐和密封罐两种。一般罐采用封入脱氧剂包装法，以除去包装内的氧气；密封罐多用于充气、真空包装。金属罐对茶叶的保护性能优于复合薄膜，其外表美观，高档。

（2）复合薄膜袋包装 目前，茶叶包装多使用复合薄膜袋。复合薄膜袋气体阻隔性能良好，能很好地防止水蒸气侵入和包装袋内茶叶香气的散逸，且加工性能优良，热封性能好，造型随意，有一定的机械强度和抗氧化腐蚀性能，符合食品包装的卫生标准。目前，常用的茶叶包装薄膜主要有：玻璃纸、聚乙烯薄膜、聚丙烯薄膜、聚酯薄膜、尼龙薄膜以及各种复合薄膜例如玻璃纸/聚乙烯复合薄膜、聚偏二氯乙烯涂布聚丙烯/铝箔/聚乙烯、聚偏二氯乙烯涂布聚丙烯/镀铝聚丙烯等。

另外，复合薄膜袋有很好的印刷性，用其做销售包装设计，具有独特的效果。

（3）塑料成型容器包装 用聚乙烯、聚丙烯、聚氯乙烯等成型容器进行包装，因其密封性能差，多作为外包装，其包装内多用塑料袋封装。塑料成型容器具有大方、美观、包装陈列效果好等特点。

（4）衬袋盒包装 采用内层为塑料薄膜层或涂有防潮涂料的纸板为包装材料制作包装盒，这种包装既具有复合薄膜袋包装的功能，又具有纸盒包装所具有的保护性、刚性等性能。若在里面用塑料袋做成小包装袋，防护效果更好。

（5）纸袋包装 这是一种用薄滤纸为材料的袋包装，通常称为袋泡茶，泡茶时连纸袋一起放入茶具内浸泡。用滤纸袋包装的目的主要是提高茶叶的浸出率，另外也使碎末茶叶得到了充分的利用。

3. 茶叶包装贮存实例

茶叶是一种干品，极易吸湿受潮而产生质变，它对水分、异味的吸附很强，而香气又极易挥发。当茶叶保管不当时，在水分、温湿度、光、氧等因子的作用下，会引起不良的生化反应和微生物活动，从而导致茶叶质量的变化，故存放时，用什么盛器，用什么包装，均有一定的要求。不同种类的茶叶贮存方法也不同。

绿茶是所有茶类中最易陈化变质的茶，极易失去光润的色泽及特有的香气。家庭贮藏名优绿茶可采用生石灰吸湿贮藏法，即选择密封容器，如瓦坛、瓷坛或铁筒等，将生石灰块装在布袋中，置于容器内，茶叶用牛皮纸包好放在布袋上，再将容器口密封，放置在阴凉干燥的环境中。有条件的还可以将生石灰吸湿后的茶叶用镀铝复合袋包装，内置除氧剂，封口后置于冰箱，可两年左右保持茶叶品质基本不变。

茉莉花茶是绿茶的再加工茶，其含水量高，易变质，保管时应注意防潮，尽量存放于阴凉干燥、无异味的环境中。

乌龙茶属于半发酵茶，又可称为青茶。它既有不发酵茶的特性，又有全发酵茶的特性。所以，贮存青茶必须像贮存绿茶一样防晒、防潮、防气味。但是，青茶既然经过了发酵的过程，则又比绿茶耐贮存。不藏于冰柜，绿茶可保质约一年，而青茶则可保质两三年。另外，购买时保存在冰柜内的茶叶，购买后如果不放在冰箱内，保质期就会大大缩短。

相对于绿茶和乌龙茶来说，红茶陈化变质较慢，较易贮藏，避开光照、高温及有异味的物品，就可较长时间保存。

而如果保存得当，普洱茶则越久越醇，价值也越高。目前较为广泛采用的是“陶缸堆陈法”：取一广口陶缸，将老茶、新茶掺杂置入缸内，以利陈化。对于即将饮用的茶饼，可将其整片拆为散茶，放入陶罐中，静置半个月后即可取用。这是因为一般的茶饼往往外围松透、中央气强，经过上述的“茶气调和法”处置，即可让内外互补，享受到较高品质的茶汤。

三、咖啡包装

咖啡等制品在国外是一种主要的固体饮料，在我国也有一定的市场。市场上销售的品种主要有全咖啡豆、咖啡粉及速溶咖啡。

1. 咖啡的性质

干燥咖啡豆质量稳定，经烤制加工，咖啡豆中的微量成分转变成风味和芳香物质。咖啡的主要质量变化是芳香成分的挥发及因水分和氧气所导致的挥发成分的变化。随着芳香物的变化，咖啡逐渐老化、腐败，并产生可可气体，此时可认为咖啡已变质失效。环境温度、湿度的提高，会加速这种劣变。

咖啡粉中存在空隙，会包容一定量氧气而产生持续的质量变化。即使是真空包装的烤制咖啡粉，其包装内的氧气含量在包装后几天内将会由于咖啡内所含氧气的释放而升高，在随后的贮运过程中又会降低。氧气对咖啡的风味质量影响较大，有资料表明，真空密封包装的咖啡粉，其起始含氧量为 0.5%，在 21℃贮存温度下保存 6 个月其风味基本完好，保存 12～17个月其风味稍变差（中等），而普通包装，其含氧量为 21%，储存 10～15 天咖啡风味即变劣。

速溶咖啡的变质主要是吸潮，其正常水分含量为 2%～4%，当产品吸潮至水分为 7%～8%时会结块。咖啡贮存中的另一个问题是 CO_2 的变化，烤制过程中大量的 CO_2 与热空气从咖啡豆中热解出来，一部分 CO_2 在咖啡磨制及磨制后释放。

2. 咖啡的包装要求

咖啡按制作工艺的不同可分为普通咖啡（磨碎、烘烤）和喷雾、冻结干燥制成的速溶咖啡等。普通咖啡在进行包装时，应注意以下几点：

① 防氧化。咖啡中的油脂和芳香成分与氧易发生氧化反应。

② 防潮。咖啡在焙炒后，会加快其受潮的速度。

③ 阻气。普通咖啡容易发生挥发性芳香成分的损失，而且易受到异味的影响。因此，对普通咖啡包装时必须避免从包装中散逸出芳香气味以及从外界吸收异味。包装材料必须具备一定的阻隔气体性能。

④ 防高温。在高温情况下，会加快咖啡的生物化学反应及香气物质的挥发速度。

速溶咖啡也要注意隔氧、保香、防潮和避光问题。

3. 咖啡的包装技术

目前，几乎所有的普通咖啡豆采用气密性的真空包装和充气包装。

真空包装技术是咖啡袋装后，抽真空并封合；充气包装技术是在封合之前抽真空又充入其他惰性气体。咖啡的充气包装常充入氮气或二氧化碳。这两种包装技术都是以排除氧气为目的，所以采用的包装材料都必须具有一定的气密性和热封性能。真空和充气包装技术可以有效地防止咖啡的氧化和受潮，保香效果比较好。

4. 咖啡包装材料的选用

袋装咖啡的包装材料主要采用纸/盐酸橡胶薄膜、聚酯/铝箔/聚乙烯、聚酯/聚偏二氯乙烯/聚乙烯、聚丙烯/聚偏二氯乙烯/聚乙烯和尼龙/聚偏二氯乙烯/聚乙烯等结构。这些材料不仅适用于真空包装，而且也适用于充气包装，盒中袋包装的衬袋材料采用聚酯/铝箔/聚乙烯复合材料。

金属罐和玻璃罐包装通常配合聚乙烯塑料盖子，打开后易盖严，可有效防止罐内咖啡受潮和散失香味。

速溶咖啡普遍采用纸/铝箔/聚乙烯包装材料进行软包装，可以达到防潮及隔氧的效果。

5. 咖啡包装应用

(1) 烤制全咖啡豆的包装 咖啡豆表皮和封闭细胞提供了烤制咖啡豆的风味和芳香成分的保护层，也可阻隔 CO_2 渗透，但烤制咖啡豆一般需采用密封包装，以避免 CO_2 和挥发性芳香成分的散失以及防止氧气侵入。不加包装的咖啡豆，大约 6 个月后失去其商品价值。

要保证烤制全咖啡豆较长的贮存保质期，其包装材料的选择应考虑防潮性、阻氧性、阻油性及对 CO_2 的适当透过性。对于烤制咖啡豆 CO_2 的释放所产生的问题，包装上可考虑采用一定的方法来解决，例如：采用金属罐包装，利用其高强度来承受咖啡豆释放 CO_2 产生内压；使用单向渗透 CO_2 的选择性透过膜；真空包装，以减缓咖啡豆释放 CO_2 产生的内压；在产品包装前静置一段时间，使其大部分 CO_2 释放并趋于稳定后再包装。

烤制全咖啡豆传统上采用内层涂蜡的纸袋包装，现仍采用纸基复合材料包装，其内衬层采用 PE、EVA、PVDC 等阻氧、防潮性较好的塑料层，若采用能选择性透过 CO_2 的复合材料包装烤制咖啡豆，并采用真空充氮包装，可以达到较理想的包装效果。对于需要长期保存的烤制咖啡豆包装，可采用一次性阀门包装，即有一个塑料外向阀门配合不渗透或高阻隔包装容器组成，当包装内因 CO_2 的释放导致内压增加时，阀门可以打开释放出多余的 CO_2。

(2) 咖啡粉包装 在烤制咖啡豆磨粉的过程中，由于咖啡豆表面和内层基质破裂，在 30～40min 内释放出约 1/3 的 CO_2，同时其芳香成分也少量逸散。咖啡粉采用密封包装，在一周内可保持其纯正的风味，在 1 个月内可使一般消费者认可。咖啡粉包装主要有如下几种方式。

① 复合纸袋包装 新鲜的咖啡粉由烤制者卖给零售商或消费者，其包装一般选用纸/PE、纸/PET/PE、纸/玻璃纸、纸/盐酸橡胶薄膜等复合纸袋，主要目的是防潮、阻氧和防止产品中的油脂外渗。在美国，大约 5%的咖啡粉是以这种包装进行销售的。

② 金属罐包装 用金属罐并采用真空包装已成为咖啡粉的主要包装形式，当包装内部的真空度达到 0.1MPa，包装产品可长期贮存。包装后咖啡粉释放的 CO_2 和挥发性芳香气体会缓慢地充满罐中顶隙及咖啡颗粒空隙，这个过程在几周内达到平衡。金属罐盖可内衬一塑料盖，便于启封后重新盖严，防止消费过程中吸潮和香气散失。金属罐装产品在美国市场占 40%。

③ 复合塑料软包装 复合塑料软包装袋是欧洲和南美洲咖啡粉的主要包装形式，它采用 PET/铝/PE、PET/PVDC/PE、PP/PVDC/PE、PA/PVDC/PE 等高阻隔性包装材料，

并且可以采用真空充氮包装。在咖啡包装前先在通风箱中放置4～6h，以便释放掉大部分的CO_2，尽管同时散失了部分芳香物质，但包装后在贮存期内不会因CO_2的释放而造成胀袋。

(3) 速溶咖啡及其包装　速溶咖啡是由超高温水提取原料咖啡中的可溶性成分，然后经喷雾干燥或真空冷冻干燥得到的粉末状产品。由于提取过程只能得到少量的芳香油和芳香成分，故需把从咖啡粉中收集的芳香油加入干燥的速溶咖啡中以增强其咖啡风味。速溶咖啡的表面积很大，芳香油成分极易氧化变质，因此速溶咖啡需采用真空或充氮包装，使包装中残氧量降至2%以下。速溶咖啡大多采用玻璃瓶装和金属罐装。一次性饮用的小袋包装一般采用铝/PE，然后再装入纸盒或大袋作为销售包装。

思考题

1. 市场上可以见到的鲜蛋的包装形式有哪些？各有何特点？
2. 鲜蛋包装中需要注意哪些问题？
3. 牛乳在存放过程中会发生怎样的变化？
4. 在包装上可以采用什么方法来防止牛乳品质劣变？
5. 市售酸乳有哪些类型？分别采用什么方式进行包装？各种包装形式有何特点？
6. 乳粉包装可以采用哪些形式？
7. 碳酸饮料包装中需要注意什么问题？
8. 在包装上可以采用什么方法来防止果蔬汁品质劣变？
9. 葡萄酒在贮藏过程中会出现怎样的变化？包装葡萄酒之前需要进行什么工序？
10. 白酒在包装中需要注意什么？可以采用什么包装方式？
11. 粮谷类食品在包装上需要解决什么问题？请举例说明。
12. 常见的方便面的包装形式有哪些？各有何特点？
13. 饼干的包装主要解决什么问题？通常用哪些材料进行包装？
14. 生鲜肉在贮存期间会发生怎样的变化？
15. 生鲜肉的包装方式有哪些？各有何特点？
16. 香肠的肠衣有哪些类型？各有何特点？
17. 熟肉制品的软包装与罐装相比有何优点？
18. 糖果包装有哪些新技术？
19. 咖啡包装的注意事项有哪些？

第七章 食品包装安全与测试

学习目标

1. 掌握食品包装材料的安全性要求。
2. 熟悉各类食品包装材料的危害源。
3. 熟悉各类食品包装材料中的有害物质种类。
4. 熟悉各类食品包装材料中的有害物质迁移方式、途径及控制措施。
5. 掌握各类食品包装中有毒有害物质的检测方法。
6. 熟悉影响有毒有害物质检测结果的因素。

国以民为本，民以食为天，食以安为先。食品安全关乎生命与健康，已成为全球性的重大战略性问题，并越来越受到世界各国政府和消费者的高度重视。

尽管如此，食品安全事件仍然频繁发生。而一系列由包装材料引发的食品安全问题，如方便面碗“荧光物质超标”、厨具“锰超标”、可乐罐爆炸等，使食品包装材料的安全问题成为大家关注的焦点。2011 年 3 月，双酚 A 奶瓶有毒的消息让全天下所有的父母人心惶惶；同年 5 月，又发生了近 30 年来最为严重的食品掺毒事件“塑化剂风波”，此次污染事件规模之大为历年罕见，在发生地引起轩然大波，该塑化剂风波已成为一场严重的食品安全危机，这场源于食品行业的风波也让人们重新认识了原本用于包装材料的“塑化剂”；2012 年某酒品塑化剂超标事件再次曝光，人们对塑化剂的危害有了更加直观的认识。多酚、塑化剂事件发生后，全国各地均加大了对食品中塑料类包装材料有毒有害成分的检测力度，国家也出台了一系列相关检测标准与法规，塑化剂风波、双酚 A 事件无疑给食品包装材料行业敲响了警钟。

食品包装作为食品安全的最后一道屏障，受到了政府部门和社会公众的高度重视。包装材料是包装工艺的基础，材料的安全性直接影响了食品包装的安全性。因此，我国早在 2006 年就出台了《绿色食品包装通用规则》，全面系统地论述了绿色食品包装必须遵循的原则，包括绿色食品包装的要求、包装材料的选择、包装尺寸、包装检验、抽样、标志与标签、贮存与运输等内容。随后，为了加强食品包装的安全管理，在 2009 年修订《食品安全法》时，首次将食品包装安全纳入《食品安全法》监管范围，明确规定：贮存、运输和装卸食品的容器、工具和设备应当安全、无害，直接入口的食品应当有小包装或者使用无毒、清洁的包装材料、餐具，禁止生产、经营被包装材料、容器、运输工具等污染的食品。紧接着，被称为“史上最严”的新版《食品安全法》于2015年10月1日正式实施，新修订的《食品安全法》规定：用于食品包装材料的生产经营企业要受到法律的约束，将食品安全的范畴延伸到了食品相关企业，显著加强了食品安全的监管力度和广度。这一项项规定，无不显示出国家捍卫食品包装安全的决心，也可见食品包装安全俨然成为食品安全的重要组成部分。

第一节 食品包装安全的危害源

食品包装材料是食品包装的基础，只有材料自身安全，才能确保食品包装的安全。食品包装材料的安全性具有四个基本要求：一是包装材料自身洁净安全，没有毒性和挥发性物质产生，即要求包装材料具有稳定的组织成分，不会对包装材料生产制造人员造成损害；二是在包装工艺的实施过程中，不能发生有毒有害物质向食品中迁移，确保食品的干净卫生；三是盛放食品的包装容器不与食品中的成分发生反应，确保食品的原始成分和营养；四是食品包装在运输过程中，要适于放置、搬运、陈列和方便购买，不能带有伤人的棱角或毛刺，不能对消费者造成伤害。

目前常用的包装材料主要有：纸类、塑料类、金属类、玻璃类、陶瓷类、橡胶类、复合材料类、木材类、麻袋类、布袋类、竹类等。其中，纸、塑料、金属、玻璃已成为包装工业中的四大支柱材料。

一、纸包装材料与容器危害源

纸是一种古老而传统的包装材料，纸和纸包装容器在现代包装工业体系中占有非常重要的地位。纸是由纤维交织而成的薄片状网络材料。在发达国家，纸包装材料占总包装材料总量的40%～50%。从发展趋势看，纸包装的用量将会越来越大。纸包装材料之所以在包装领域独占鳌头，是因为其具有如加工性能好、印刷性能优良、便于复合加工、品种多样、成本低廉等一系列独特的优点。

虽然纸包装材料具有优异的包装性能，但其安全性也引起了人们的重视。食品包装原纸的卫生指标、理化指标及微生物指标均有相关规定，但它的安全隐患也不容忽视，纸包装材料的安全问题主要是：

(1) 由于纸质包装材料中有一部分由废纸生产，在收集原材料过程中会存在一些霉变的纸张，经过生产后会产生大量的霉菌和致病菌等，用于食品包装会使食品腐败变质。

(2) 在回收来的废纸中可能含有铅、镉、多氯联苯等有害物质，摄入这些物质会造成人头晕、失眠、健忘，甚至导致癌症。

(3) 造纸需在纸浆中加入化学品，如防渗剂、施胶剂、填料、漂白剂、染色剂等。纸的溶出物大多来自纸浆的添加剂、染色剂等化学物质。防渗剂主要采用松香皂；填料采用高岭土、碳酸钙、二氧化钛、硫化锌、硫酸钡及硅酸镁；漂白剂采用次氯酸钙、液态氯、次氯酸、过氧化钠及过氧化氢等；染色剂使用水溶性染料和有色颜料，前者有酸性染料、碱性染料、直接染料，后者有无机和有机颜料。染色剂如果不存在颜色的溶出，不论何种颜色均可使用，但若有颜色溶出时，只限使用食品添加剂类染色剂。另外，无机颜料中多使用各种金属，如红色的多用镉系金属、黄色的多用铅系金属，这些金属即使在 10^{-6} 级以下亦能溶出而致病。

《食品安全法》规定，食品包装材料禁止使用荧光染料或荧光增白剂，它们是致癌物。例如，经过荧光增白剂处理的纸张，含有荧光化学污染物，这种物质在水中溶解度高，十分容易迁移进入人体。此外，从纸制品中还能溶出防霉剂或树脂加工时使用的甲醛。玻璃纸的溶出物基本同纸一样，不同之处就是玻璃纸使用甘油类柔软剂。防潮玻璃纸需要进行树脂加工，大多使用硝酸纤维素、氯乙烯树脂、聚偏二氯乙烯树脂等。

(4) 一些食品厂在使用纸质食品包装材料的时候没有使用食品包装专用油墨，而这些非专用油墨大多含有甲苯等有机溶剂，可能造成食品中苯类溶剂超标。苯类溶剂的毒性较大，如果渗入皮肤或血管，会危及人体的造血机能，损害人体的神经系统，甚至导致白血病的发生。

(5) 纸包装物在贮存、运输时表面受到灰尘、杂质及微生物污染，对食品安全造成影响。

综上所述，纸类包装材料的危害源主要包括以下几点：

① 原料本身的问题，如原材料本身不清洁，存在重金属、农药残留等污染。

② 造纸过程中的添加物，如荧光增白剂、防渗剂/施胶剂、填料、漂白剂、染色剂等。

③ 含有过高的多环芳烃化合物。

④ 包装材料上的油墨污染等。

⑤ 纸类包装材料在贮存运输过程中受到外界因素污染产生的风险。

二、塑料包装材料与容器危害源

塑料是目前使用最广泛的食品包装材料之一，它是一种高分子聚合物，由高分子树脂加入多种添加剂组成，具有运输方便、重量轻、加工容易、对食品保护性好等优点，大约有60%的食品包装都选用塑料作为包装材料。塑料包装材料对食品安全的影响主要包括树脂本身、添加剂等，主要表现为材料内部残留的有毒有害化学污染物的迁移与溶出而导致食品污染。塑料一般可分为热硬化性和热可塑性两种，前者有尿醛树脂（UF）、酚醛树脂（PF）、三聚氰胺甲醛树脂（MF）；而后者则包括聚氯乙烯树脂（PVC）、聚偏二氯乙烯树脂（PVDC）、聚乙烯（PE）、聚丙烯（PP）、聚苯乙烯（PS）、尼龙（Ny）、苯乙烯树脂（ABS）、聚酯类树脂（如PET、PEN）等。根据不同的树脂使用不同的添加剂以及制作复合材料时使用的黏合剂，如二异氰酸甲苯酯（TDI）、甲苯二胺（TDA）等。对于食品包装而言，安全隐患在于UF、PF、MF中的甲醛，PVC在于氯乙烯单体，PS在于甲苯、乙苯等化合物。此外，与塑料添加剂亦有关，如稳定剂（抗氧化剂、用于氯乙烯树脂的稳定剂及紫外线吸收剂)、润滑剂、着色剂、抗静电剂、可塑剂等。稳定剂一般应使用安全型的，使用重金属系稳定剂一般要慎之又慎，食品包装材料一般禁止使用铅、氯化镉、二丁基锡化合物等稳定剂。可塑剂的添加量应控制在5%～40%，其余各种添加剂添加量均在3%以下。

塑料材料的回收复用是大势所趋，什么样的回收塑料可以再次用于食品包装，如何用于食品包装，都是亟待解决的问题。例如，国外已经开始大量使用回收的PET树脂作为PET瓶的芯层料使用，一些经过清洗切片的树脂也已达到食品包装的卫生性要求，可以直接生产食品包装材料，但是目前我国还没有相应的标准和法规作依据。比较而言，回收PET作为夹层材料使用，卫生安全性有保障，但需要较大的设备投资。但如直接把回收材料当成新材料或掺混在新料中生产食品包装制品，会造成食品卫生隐患。国家规定，一般聚乙烯回收再生品不得再用来制作食品包装材料。

塑料类包装材料的危害源主要包括以下几点：

① 树脂本身具有一定毒性。

② 树脂中残留的有害单体、裂解物及老化产生的有毒物质。

③ 塑料制品在制造过程中添加的稳定剂、增塑剂、着色剂等助剂的毒性。

④ 塑料包装容器表面的微生物及微尘杂质污染。因塑料易带电，易吸附微尘杂质和微生物，对食品造成污染。

⑤ 非法使用的回收塑料中的大量有毒添加剂、重金属、色素、病毒等对食品造成的污染。

⑥ 复合薄膜用黏合剂。黏合剂大致可分为聚醚类和聚氨酯类。聚醚类黏合剂正逐步被淘汰，聚氨酯类黏合剂有脂肪族和芳香族两种。

三、陶瓷包装容器危害源

我国是陶瓷制品使用历史最悠久的国家，对于它的研究位于世界前列。陶瓷制品用作食品包装容器主要有瓶、罐、缸、坛等，主要用于酒类、咸菜以及传统风味食品的包装。与金属、塑料等包装材料制成的容器相比，陶瓷容器更能保持食品的风味。例如，用陶瓷容器包装的腐乳，质量优于塑料容器包装的腐乳。陶瓷包装其表面一般都要经过处理，或涂涂料或上釉。涂料、釉都是化学品（釉含硅酸钠和金属盐，以铅较多）。另外，着色颜料中也有金属盐，因此也会有安全隐患。研究表明，釉涂覆在陶瓷或搪瓷坯料表面，并在800～1000℃温度下烧制而成，如果烧制温度低，就不能形成不溶性的硅酸盐，在40%的醋酸溶出试验中见到金属溶出。据研究报道，已上釉的包装容器，如使用鲜艳的红色或黄色彩绘图案，会出现铅或镉的溶出。

陶瓷类包装材料的危害源主要包括以下几点：

① 釉料特别是各种彩釉中往往含有有毒的重金属元素，如铅、镉、锑、铬、锌、钡、铜、钴等，甚至含有铀、钍和镭－226等放射性元素。

② 陶瓷在1000～1500℃下烧制而成。如果烧制温度偏低，彩釉未能形成不溶性硅酸盐，则在陶瓷包装容器使用过程中会因有毒有害重金属物质溶出而污染食品。特别在盛装酸性食品（如醋、果汁等）和酒时，这些重金属物质较容易溶出而迁入食品，从而引起食品安全问

题，其中广受关注的重金属元素主要是铅和镉。

四、金属包装材料与容器危害源

金属包装材料是传统包装材料之一，具有高阻隔、耐高温、易回收等优点，用于食品包装有近 200 年的历史。金属类包装容器可分为两类，一类是非涂层金属类，一类是涂层金属类。非涂层类金属包装容器，其安全问题主要是有毒有害的重金属溶出；涂层类金属包装容器，其安全问题主要是其表面涂覆的涂料中游离酚、游离甲醛及有毒单体的溶出。

金属包装材料一般分为箔材和罐材两种，前者使用铝箔或铁箔（过去有用少量的锡箔）；后者多用于镀锡罐。使用铝箔时对材质的纯度要求非常高，必须达到 99.99%，几乎没有杂质。但是使用铝箔因为存在小气孔，很少单独使用，多与塑料薄膜黏合在一起使用。金属罐的表面大部分用塑胶涂覆。过去使用的镀锡罐，一般来说其溶出的锡会形成有机酸盐，毒性很大，此类中毒事例较多。如 1960 年日本发生的果汁罐头中毒事件中，250mL 的每盒罐头内，竟查出锡溶出量高达 1000～1500mg。造成食源性疾病的物质是柠檬酸或苹果酸的锡盐。按照规定，日本镀锡的果汁罐头锡的溶出限度为 150mg/L 以下、英国为 200mg/L 以下。此外，焊锡也能造成铅中毒，不过现在大部分罐头盒的内壁均有涂层，因此几乎不存在由于镀锡而引起的中毒事件。

金属类包装材料的危害源主要包括以下几点：

① 金属元素，特别是用其包装高酸性食品时易被腐蚀，同时金属离子易析出，从而影响食品风味并且造成食品安全问题。

② 内壁涂料中的有机污染物，如双酚 A（BPA）、双酚 A 二缩水甘油醚酯（BADGE）、双酚 F 二缩水甘油醚酯（BFDGE）、酚醛甘油醚酯（NOGE）及其衍生物作为金属罐内层涂料的初始原料、热稳定剂或增强剂，存在于金属罐内层涂料中。

③ 塑料垫圈内污染物。目前塑料垫圈中常见的为软质 PVC 塑料内圈。邻苯二甲酸酯类化合物是塑料内圈中常用的增塑剂，如邻苯二甲酸二（2-乙基己基）酯（DEHP），但它已被认为是全球范围内严重的化学污染物之一。

五、玻璃包装容器危害源

玻璃是一种古老的包装材料，从埃及人首先制造出玻璃容器开始，距今已有 3000 多年。其具无毒无味、高阻隔、光亮透明、化学稳定性好、易成型、卫生清洁和耐气候性好等特点，用量占包装材料总量的 10%左右。玻璃根据其化学成分的不同，可分为纳钙玻璃、铅玻璃、硼硅酸盐玻璃等。使用玻璃存在以下安全隐患：

① 玻璃是硅酸盐、金属氧化物等的熔融物，烧成温度为 1000～1500℃，因此大部分都形成不溶性盐，是一种惰性材料，无毒无害。但是熔炼不好的玻璃制品可能发生来自玻璃原料的有毒物质溶出问题。所以，对玻璃制品应作水浸泡处理或加稀酸加热处理。对包装有严格要求的食品药品可改钠钙玻璃为硼硅酸盐玻璃，同时应注意玻璃熔炼和成型加工质量，以确保被包装食品的安全性。

② 为了防止有害光线对内容物的损害，加色玻璃中着色剂溶出的迁移物是玻璃器皿中

较突出的安全问题。如添加的铅化合物可能迁移到酒或饮料中，二氧化硅也可溶出。《食品安全国家标准 玻璃制品》（GB 4806.5—2016）规定，铅结晶玻璃的铅溶出量应限定在（0.5～1.5×10^{-6}）。玻璃的着色需要用金属盐，如蓝色需要用氧化钴，竹青色、淡白色及深绿色需要用氧化铜和重铬酸钾等。

③ 玻璃的高度透明性可能对某些内容食品是不利的，容易产生化学反应，进而产生有毒物质。

六、橡胶类包装材料危害源

橡胶单独作为食品包装材料使用得比较少，一般多用作衬垫或密封材料。它有天然橡胶和合成橡胶两大类，后者还可以细分。橡胶的添加剂有交联剂、防老化剂、加硫剂及填充料等。天然橡胶的溶出物受原料中天然物（蛋白质、含水碳素）的影响较大，而且由于硫化促进剂的溶出使其数值加大。就合成橡胶而言，使用的防老化剂对溶出物的量有一定影响。一般常用的橡胶添加剂中，有毒性的或怀疑有毒性的有 β-萘胺、联苯胺、间甲苯二胺、氯苯胺、苯基萘基胺、巯基苯并噻唑及丙烯腈、氯丁二烯等。由于橡胶本身具有容易吸收水分的特点，所以其溶出物比塑料多。

第二节 食品包装中的有害物迁移及控制

食品安全不仅指预包装食品自身的安全，还应包括食品在包装后的安全性，比如食品与包装材料之间是否会发生反应、包装材料中有没有有害成分会迁移到食品中去等问题。

迁移指包装材料中的残留物或用以改善包装材料加工性能的添加剂以及包装材料组分本身，从包装材料内向与之接触的食品表面扩散，从而被溶剂化或溶解的现象。

一、塑料包装中有害物质的迁移

塑料是通用、受欢迎的食品接触包装材料，也是最早作为食品接触包装材料的有害物质迁移研究的对象。包装材料中可能存在的迁移物，主要有添加剂（如增塑剂、热稳定剂、抗氧化剂等）、单体和低聚体（如苯乙烯、氯乙烯等）以及污染物（如降解物质、环境污染物等）这三类物质。

1. 塑料食品包装材料中污染物向食品的迁移

污染物从塑料包装进入食品的迁移过程可以简单地分为三个不同的阶段：扩散—溶解—分散。

(1) 扩散 在食品包装中，塑料聚合物内污染物的迁移主要受到扩散作用的控制，扩散是污染物分子在塑料结构内布朗运动的宏观表现，这种运动模式主要遵循 Fick 扩散定律。

(2) 溶解 污染物溶解于塑料-食品界面（界面上附着的油脂或溶液为溶解提供了可能）。如果污染物在食品环境中具有较好的溶解度，那么污染物在界面上的浓度变化是连续的；如果污染物在食品中的溶解性很差，那么其在界面上的浓度变化则是不连续的，因此这个阶段污染物的迁移主要受污染物的溶解性能影响。

(3) 分散 溶解在界面上的污染物离开界面分散进入食品。分散阶段的主要驱动力是熵变，即趋于更无序的状态。

2. 向食品中迁移的影响因素

影响包装材料中的内分泌干扰物向食品迁移的主要因素有：包装材料中的增塑剂浓度、贮存时间、贮存温度、食品脂肪含量和接触面积。例如，PVC 包装纸中 *N*，*N*-二乙基羟胺（DEHA）的迁移随猪肉和牛肉中脂肪含量和温度升高以贮存时间增长而升高，新鲜肉中 DEHA 只停留在离肉表面 2cm 的地方，而且双层 PVC 包裹的猪肉在 5℃贮存 3 天的迁移量大于单层包裹，然而先将猪肉用单层 PVC 包裹 2 天后，再用另一 PVC 包裹一天，DEHA 的迁移量最小。

食品包装塑料中的 DEHA 向干酪食品中迁移与接触时间、食品脂肪含量和水分以及干酪的完整性有关。在（5±0.5)℃的冷藏条件下，DEHA 向 Edam 干酪迁移的平衡时间为 100h，而向 Kefalotyri 干酪迁移的平衡时间为 150h，向羊乳干酪迁移 240h 也没有达到平衡，冷藏 240h 后上述各产品中的 DEHA 含量分别为：222.5mg/kg、345.4mg/kg 和 133.9mg/kg，包装这三种干酪的塑料中 DEHA 的含量分别减少 24.3%、37.8%和 14.6%，该研究得到的迁移量已经超过 EU 规定的最大迁移量规定 60mg/kg。而且 DEHA 分布在干酪的接触表面，不超过离接触表面 3.6mm 深的区域。

其他方式也会影响迁移，例如，在饮料水中采用 γ 射线代替常规热杀菌，发现随着照射强度的增强，邻苯二甲酸二（2-乙基已）酯（DEHP）向水中的迁移速度明显增大；摇动瓶子会增加 DEHP 的迁移量；如果将刚做好的炸肉饼立即趁热用塑料薄膜包装，或放置 5～30min 后再包装，污染物的迁移量前者是后者的 3.5～14 倍；瓶装水在刚装瓶时几乎检测不到邻苯二甲酸二甲酯（DMP)、邻苯二甲酸二乙酯（DEP)、邻苯二甲酸丁苄酯（BBP）和 DEHP，但在聚乙烯瓶中贮存 10 周后，内分泌干扰物的总含量达到 0.681μg/kg（但还不会引起健康风险)；即使在低温贮存条件下，仍有污染物会迁移到食品中，特别是那些低分子量成分，如 BBP。

3. 塑料包装中有毒物质毒性分析

(1) 残留的有毒单体

① 氯乙烯 氯乙烯单体毒性很强，它在常温时为气体，单体氯乙烯具麻醉作用，可引起人体四肢血管收缩而产生疼痛感，同时也具有致癌和致畸作用。美国 FDA 指出残存于 PVC 中的氯乙烯在经口摄取后有致癌的可能，因而禁止 PVC 制品作为食品包装材料，我国目前也禁止将聚氯乙烯用于食品包装。

② 苯乙烯 苯乙烯是无色液体，能自聚生成聚苯乙烯（PS）树脂，也很容易与其他含双键的不饱和化合物共聚。苯乙烯与丁二烯、丙烯腈共聚，其共聚物可用于生产 ABS 工程

塑料，与丁二烯共聚可以生成乳胶（SBL）和合成橡胶（SBR），与丙烯腈共聚为 AS 树脂。苯乙烯单体具有一定的毒性，能抑制大鼠生育，使肝、肾等重量减轻，并且苯乙烯单体容易被氧化成一种能诱导有机体突变的化合物苯基环氧乙烷。许多国家对聚苯乙烯食品包装材料中的苯乙烯单体含量做了限量规定，如我国规定食品包装用聚苯乙烯树脂中苯乙烯含量不能超过 0.5%，美国规定接触脂肪食品的聚苯乙烯树脂中苯乙烯含量在 5.0mg/kg 以下、其他食品包装聚苯乙烯树脂中苯乙烯含量在 10.0mg/kg 以下。

③ 双酚 A（BPA） 双酚 A 是一种普遍应用在食品塑料包装及罐头、易拉罐内壁涂料中的化学物质。双酚 A 类型的化合物能导致各种生物生殖功能下降、生殖器肿瘤、免疫力降低，并引起各种生殖异常和扰乱人体正常内分泌功能。1993 年，Krishnan 等人在塑料保温杯中发现了 BPA 残留，J. Sajiki 对日本市场上 23 种塑料食品包装进行分析表明，只有 35%不含 BPA，这些材料中 BPA 最高达 0.014μg/kg。之后关于塑料食品包装中 BPA 残留的研究越来越受关注，McNeal 在可循环水桶中发现 BPA；Viing-gaard 在厨房塑料用品中检测到 BPA；Kangand Kondo 在红茶和咖啡包装盒中发现了 BPA；Brede 在婴儿奶瓶中也发现了 BPA。鉴于 BPA 的安全隐患，为保证食品安全，世界各国对食品包装材料的 BPA 溶出量做了严格限制，美国规定 BPA 最大剂量为 0.05mg/kg；日本规定聚碳酸酯食品容器中的 BPA 溶出限量为 2.5mg/kg；欧盟也发布法令，禁止 BPA 被用于婴儿奶瓶生产，同时要求所有塑料类食品接触材料中，BPA 允许迁移量不得高于 0.6mg/kg。

④ 丙烯腈 为无色易挥发的透明液体，味甜，微臭。以橡胶改性的丙烯腈-丁二烯-苯乙烯（ABS）和丙烯腈-苯乙烯（AS）最为常用。ABS、AS 在食品工业中主要用作食品包装材料。AS 还用作有耐热性和透明性要求的食品包装材料。丙烯腈属于高毒类，有形成高铁血红蛋白血症的作用，进入人体后可引起急性中毒和慢性中毒。

⑤ 异氰酸酯 在食品包装行业中，异氰酸酯被用于制作聚亚胺酯包装材料和黏合剂。异氰酸酯是无色清亮液体，有强刺激性，它遇水会水解生成芳香胺，而芳香胺是一类致癌物质。GB 9683—1988《复合食品包装袋卫生标准》中规定，经加热抽提处理后，包装袋的芳香胺（包括游离单体和裂解的碎片，以甲苯二胺计）含量不得大于 0.004mg/L，只有低于这个限量才是安全的。

⑥ 聚酯酰胺 聚酯酰胺为固态物质，是分子主链上含有酯链和酰胺键的聚合物，有线型聚酯酰胺和交联聚酯酰胺之分。交联聚酯酰胺主要用于塑料或作为增塑剂。聚酰胺即“尼龙”，在食品包装领域中常用作食品包装薄膜，也常用作食品烹饪过程中盛装食品的包装材料。有证据显示，在烹饪过程中，较大量的尼龙 6 低聚体和残留的尼龙单体——己内酰胺能渗透到沸水中。虽然口服己内酰胺毒性不是特别大，但它能使食物产生不协调的苦味。中国规定己内酰胺在成型品中的含量不超过 15mg/kg。

⑦ 聚对苯二甲酸乙二醇酯 低聚体聚对苯二甲酸乙二醇酯（PET）是由对苯二甲酸二甲酯与乙二醇酯交换或以对苯二甲酸与乙二醇酯化先合成对苯二甲酸双羟乙酯，然后再进行缩聚反应制得，可分为非工程塑料级和工程塑料级两大类。非工程塑料级主要用于瓶、薄膜、片材、耐烘烤食品容器。PET 含有二聚物到五聚物的少量低分子量低聚体，不同种类的 PET 含有 0.06%～1.0%不等的上述的环状化合物，常用于饮料和食用油的包装材料。

(2) 残留的裂解物 残留在食品塑料包装材料中并会迁移进入食品的塑料裂解物主要来

源于塑料的抗氧化剂。尤其是 PE、PP 等食品包装材料中的抗氧化剂裂解物残留于材料中，如亚磷酸酯类辅抗氧剂等。

(3) 挥发性的有毒物质 在真空条件下，PE、PA 的主要挥发性产物为烃。在有空气的条件下，PP、PE 的挥发性产物除了烃类外，还有醇、醛、酮和羧酸等，这些物质的存在严重影响人体的健康。

(4) 塑料制品中的增塑剂、稳定剂及着色剂

① 增塑剂 增塑剂的作用是削弱聚合物分子间的范德华力，增加分子链的移动性，降低聚合物分子链的结晶性，从而增加聚合物塑性。己二酸二（2-乙基己基）酯（DEHA），作为塑料中常用的增塑剂有改进塑料的柔软性和耐寒性、增进光稳定性、改善加工性能等优点，被广泛应用于多种塑料制品中。目前，含增塑剂己二酸二（2-乙基己基）酯的 PVC 膜广泛用作肉食、熟食、油脂食品等的外包装材料，它在使用过程中会逐步从 PVC 食品包装膜中迁移出来，最后可能会随食品而迁移到人体内。最近的研究表明，DEHA 是一种生物内分泌干扰素，可干扰人体激素的分泌，在体内长期积累会导致畸形、癌变和致突变。

邻苯二甲酸酯简称 PAEs，又名酞酸酯，是最为常用的增塑剂，被大量地用作塑料，尤其是聚氯乙烯塑料的增塑剂和软化剂，约占增塑剂消耗量的 80%。PAEs 的水解和光解速率都非常缓慢，属于难降解污染物。研究证明，此类增塑剂是具有雌激素功能的化学物质，对人体具有生殖和发育毒性、诱变性和致癌性。而且在塑料制品中，邻苯二甲酸酯与聚烯烃类塑料分子是相溶的，两者之间没有严格的化学结合键，所以含有这类增塑剂的塑料制品在使用过程中，这类增塑剂易从塑料中迁移到外环境，造成对食品和环境的污染。检测结果表明，经塑料袋盛装后食品中的邻苯二甲酸酯类增塑剂的含量均有不同程度提高；温度高的食物受污染程度大；这类化合物对油脂含量高的食品污染程度比油脂含量低的大。

烷基酚被广泛地用作塑料增塑剂、工业用洗涤剂等，它包括壬基酚、辛基酚、辛基苯酚等。烷基酚具有雌激素活性，有报道指出，每千克体重服用 4mg 壬基酚，24h 可损坏 DNA 结构并抑制子宫过氧化酶活性。其对 DNA 的损伤程度与化学结构有一定的关系。

② 稳定剂 稳定剂是除增塑剂外塑料制品中用得最多的添加剂。其中使用较多的是热稳定剂和光稳定剂。这是因为绝大多数合成高分子材料在使用过程中，都会因为受到各种环境因素如热、光、氧、水分、微生物等的作用而遭到破坏，丧失物理机械性能，使其失去使用价值，尤其以光和热的损害为重。

a. 热稳定剂 环氧化的种子油或植物油，如大豆油（ESBO）等被大量用作食品塑料包装材料的热稳定剂。ESBO 作为一种无毒添加剂，其使用量仍然受到限制。聚氯乙烯、聚偏二氯乙烯和聚苯乙烯等材料含有的环氧化植物油不得超过 2.7%。

b. 光稳定剂 目前国内使用较多的光稳定剂是紫外线吸收剂。研究表明，部分紫外线吸收剂是有毒有害的。匈牙利的 Sotonyi 等人研究认为，光稳定剂 Tinuvin770 能使老鼠产生心脏中毒。日本的 Kawamura 研究小组通过研究发现紫外线吸收剂具有雌激素活性，并且其雌激素活性强于双酚 A。

③ 着色剂 塑料着色或油墨印刷是塑料包装制品常用的外表加工处理方式，同样也存在着安全问题。塑料着色除了赋予其各种色彩外，还有遮光阻隔紫外线的作用。但大部分着

色剂都有着不同程度的毒性，有的还有强致癌性。因此接触食品的塑料最好不要着色。如非要着色时，也一定要选用无毒的着色剂。

4. 促进食品用塑料安全措施

(1) 加强相关标准建设 为了保护消费者利益，保证产品质量，加快塑料废弃物分类回收的速度，最终保护环境和人身健康安全，应当对所有使用的塑料制品，包括通用塑料、工程塑料、功能性塑料、降解塑料制品、抗菌塑料、回收再利用塑料等塑料制品进行标识，并加以标志。我国制定有《塑料制品的标志》(GB/T 16288—2008)，并且一直在不断地更新和完善。

(2) 加强食品塑料包装认证 国家应加强对食品包装的认证工作，对食品包装产品，特别是塑料制品实行强制性产品认证管理制度。国家已经实行3C认证，严格执行3C认证，方能达到预期效果。

(3) 发展新型包装塑料 随着科技的不断发展，我们应当利用新兴技术发展新型的环保无害的塑料制品，如可降解型塑料等。

二、纸类包装材料中有害物质的迁移

纸类包装材料主要用于快餐、外卖食品、一次性水杯、纸碗、纸碟、纸盒和二级包装等，其中的潜在污染物质为：重金属元素，如铅、镉、铬等；荧光增白剂（FWA），如二苯乙烯型荧光增白剂；有机氯化物，如五氯苯酚、多氯联苯（PCB）等；芳香族碳水化合物，如多环芳烃（PAH）；全氟化合物（PFCs）；有机挥发性物质；黏合剂，如DEHM（马来酸二乙基己酯）；初级芳香胺类化合物；杀菌剂等。

1. 荧光增白剂

荧光增白剂是能够增加纸张白度的一种特殊染料。纸是由纤维交织而成的薄片状网络材料。造纸的基本原料是天然纤维，经过一系列处理制成纸。为了提高纸的洁白度，改善感官指标，多数纸张都经过荧光增白剂处理。荧光增白剂是一种致癌活性很强的化学物质，它虽然能起到漂白纤维的作用，但对人和动物都有很大的毒害作用，所以食品包装纸应使用未经增白的纸张。我国规定，食品包装用原纸禁止添加荧光增白剂。荧光增白剂的检测方法有紫外分光光度法、分子荧光光度法和高效液相色谱法。

2. 有机氯化物

二噁英是纸和纸板中主要的有机氯化物，纸和纸板主要包括多氯二苯并对二噁英（PCDDs）和多氯二苯并呋喃（PCDFs）。这两类物质是在氯气漂白过程中产生的。二噁英与脂肪具有较强的亲和力，进入动物体后一般在肝脏、脂肪、皮肤或肌肉中蓄积，或是进入富含脂肪的禽畜产品中，如牛奶和蛋黄。当人食用了被二噁英污染的禽畜肉、蛋、奶及其制成品，如黄油、奶酪、香肠、火腿等，二噁英也就进入了人体，并几乎不可能通过消化系统排出体外。因二噁英有强烈的致癌作用，扰乱人体内分泌系统，国际癌症研究中心将它列为人

类一级致癌物。

3. 油墨污染物

包装纸中的油墨污染也很严重。目前我国还没有食品包装印刷专用油墨，一般工业印刷用油墨所用颜料及溶剂等还缺乏具体的卫生要求。油墨中含有铅、镉等有害元素及甲苯、二甲苯和多氯联苯等挥发性物质，这些物质与食品接触，可对食品造成污染，进而对消费者的健康也会造成危害。

4. 挥发性物质和重金属等残留化学物

目前市场上有不少高级食品的包装使用了锡纸。据报道，铅是公认的造成急、慢性重金属中毒的元凶，因此要严格控制锡纸中的含铅量，同时也应避免食品与锡纸的直接接触。

三、金属类包装材料中有害物质的迁移

金属类包装材料的主要威胁来自金属罐装材料自身的金属组分和内表面涂层材料。金属包装材料有高阻隔、耐高低温、易回收等优点，但是，金属包装材料稳定性差，易被酸碱腐蚀，造成金属离子迁移，不仅会影响食品风味，还会对人体造成损害。

铁制容器镀层锌的迁移会引起食物中毒；铝制材料含有铅、锌等元素，具有蓄积毒性、抗腐蚀性差等特点，易发生化学反应，析出或生成有害物质；不锈钢制品中加入了大量镍元素，受高温作用时，容器表面呈黑色，同时其传热快，容易使食物中不稳定物质发生糊化、变性等，还可能产生致癌物，且乙醇可使镍溶解析出，导致人体慢性中毒。有毒有害金属液会透过包装向食品发生迁移而污染食品，对人们的健康构成了严重威胁。

四、玻璃、陶瓷类包装材料中有害物质的迁移

在陶瓷和玻璃材料包装的制作过程中，有一些化学物质如金属氧化物可能会迁移到被包装食品中，从而间接危害消费者的健康。玻璃中的迁移物质主要是无机盐和离子，从玻璃中溶出的物质是二氧化硅，这些都会给食品的安全性带来潜在危害。陶瓷制品中主要存在的安全隐患是其含有的重金属成分在一定条件下会向与其接触的食品发生迁移，也就是重金属的溶出现象。陶瓷材料用于食品包装时要注意彩釉烧制的质量。彩釉是硅酸盐和金属盐类物质，着色颜料也多使用金属盐类物质。这些物质中多含有铅、砷、镉等有毒成分，当烧制质量不好时，彩釉未能形成不溶性硅酸盐，从而使用陶瓷容器时会发生有毒、有害物质的溶出而污染内装食品。我国对陶瓷包装容器铅、镉溶出量允许极限为：铅（Pb）≤3.0 mg/L；镉（Cd）≤0.30 mg/L。具体数值因不同形状制品而不同，可参照GB 4806.4—2016。

五、其他有害物质的迁移

食品加工或者食用过程中会有蒸煮、微波处理或其他烹调方式等，也会使得食品包装材料中的某些化学成分迁移进所包装食品中，同时还要考虑包装材料与食品之间的相互作用，以及包装材料在食品加工、储存过程中环境条件的改变给迁移带来的影响。研究发现，污染

物的化学性质、食品的性质不同如食物本身脂肪的含量和组分、纸质本身性质、接触时间和温度，对污染物向食品中的迁移都具有很大的影响。

六、食品包装材料中有害物质迁移控制

1. 严格监控原材料

对于所用的添加剂，要严格执行食品容器包装材料用添加剂使用卫生标准，这样才能够从源头上控制原材料对食品安全的影响。

2. 加强产品的卫生性能指标检测

对于新开发的包装产品一定要按照国家塑料成型品卫生标准进行检测，对于检测符合标准的产品还要定期进行复检。

3. 科学掌握加工工艺条件，选择优良加工设备

例如：聚乙烯薄膜，如果加工温度过高或螺杆剪切力过大，会出现分子断链情况，薄膜中就会有大量的低分子物质产生，这些低分子物质易迁移到薄膜表面，如果与食品接触，很容易进入食品内部。

4. 注重生产车间的环境和操作人员的健康

应注重生产车间的环境，注重操作人员的身体健康，应符合良好操作规范（GMP）的要求，操作人员要定期检查健康状况。

5. 明确产品使用条件

例如，合格的 PE 保鲜膜在温度超过 110 ℃时会出现热熔现象，留下一些人体无法分解的塑料制剂。普通塑料饭盒不可以放入微波炉和烤箱进行加热，因为高温下塑料会产生对人体有害的物质。如果经常使用微波炉烹饪，最好选用聚碳酸酯（PC）材料的塑料饭盒。

七、对食品包装材料安全性的建议

1. 进一步建立健全有关食品包装的标准与法规

虽然我国自 1983 年起就已经将有关食品包装的限制性条款纳入了法制化的管理轨道，但有关食品与包装的方法和标准化工作与欧美等发达国家相比仍存在着较大的差距，主要应关注以下问题：

① 食品包装材料标准部分还存在重叠、混乱现象，需制定统一的标准。

② 过于注重食品包装形象，缺乏对整个食品包装材料的全方位立体控制。

③ 食品包装材料标准与国际接轨不够。

因此，目前还应注重建立健全食品包装材料安全的法律法规体系，加快立法步伐，强化

检测与执法工作，严厉打击违法行为，建立食品包装安全工作程序。通过建立完善的监督体系，形成高效的覆盖整个食品包装过程的食品包装安全体系与安全网。

2. 强化我国的食品包装安全体系

食品包装安全体系直接关系到食品安全，因此，应做到以下几点。

(1) 加强宣传教育，提高全民意识 广泛宣传科普知识、食品包装安全知识、食品营养与安全知识等，使人们对食品安全的意识得到提高。在购买食品前首先应看其包装是否符合标准，如是否有包装破损现象、包装上的标签是否齐全（如生产日期、保质期）等。

(2) 对食品包装材料生产加强监督 从源头上把好食品包装材料的质量关。食品包装材料生产厂应建立在无工业污染的地方，防止工业废水、废气、废渣对包装材料产生污染；保证食品包装材料原料的安全卫生；保证食品包装材料生产过程中的安全性；保证直接接触食品包装材料人员的健康。

(3) 对食品包装材料、包装工艺和包装成品进行规范 从质量的意义上讲，控制以上三项指标，即能获得最佳效果。因此，要在实际操作过程中力求达到上述三项指标，从而避免出现用有毒、有害的原料生产食品包装材料或用包装过有毒有害物质的包装袋包装食品等诸如此类的一些问题，从而保证食品包装材料的安全卫生。

第三节 食品包装有害物质的测定

一、包装材料油墨中有毒有害残留物的检测方法

有关食品包装印刷油墨的卫生安全性已经引起国内外消费者和政府部门越来越多的关注，相关标准中，除规定了有毒成分的检出限外，也规定了一系列有关油墨中有毒有害化学残留物的检测及分析方法。

1. 油墨中苯类溶剂残留量测定

油墨中的苯类溶剂残留量主要采用顶空-气相色谱技术测定，即取一定面积的包装印刷品或油墨，置于顶空瓶中，在一定的温度和时间平衡下，用气相色谱仪进行测定，检出限为 $0.01mg/m^2$。最近李中皓等人提出了一种新的方法，即利用顶空-气质联用内标法检测印刷油墨中的苯及苯系物。该方法以氟苯为内标，利用顶空-气相色谱质谱联用技术测定印刷油墨中残留的苯、甲苯、乙苯和二甲苯，检出限为 $0.02\sim0.05\mu g/g$。也有报道介绍使用GC-MS-SIM技术测定食品包装材料上油墨中残留烷基苯成分。相对而言，气质联用方法在定性测量方面具有优势，且灵敏度更高，但仪器较昂贵。

2. 重金属测定

欧盟94/62/EC《包装和包装废弃物法令》（简称包装法令）规定，包装和油墨中有害重

金属（铅、镉、汞、铬等）总量不超过 100mg/kg。包装和油墨中有害重金属检测方法可直接采用酸溶出法处理，用 0.07mol/L 的 HCl（模拟人体胃酸）将试样中的锑、钡、镉、铬、铅、硒、汞、砷等有害元素溶出，然后将溶出液导入火焰原子吸收分光光度计和原子荧光分光光度计或电感耦合等离子体（ICP）原子发射分光光度计进行检测。包装和油墨中有害重金属铅、汞、镉和六价铬的检测方法是可直接采用消解法处理油墨试样，然后使用火焰原子吸收分光光度计、原子荧光光度计或电感耦合等离子体原子发射分光光度计来检测铅、镉和汞，而对于六价铬，则采用分光光度计进行测定。

3. 多环芳烃检测

对于多环芳烃等稠环类物质的检测，SN/T 2201—2008《食品接触材料 辅助材料 油墨中多环芳烃的测定 气相色谱-质谱联用法》规定，以气相色谱-质谱联用法测定油墨中的16 种多环芳烃化合物。该方法以正己烷为提取溶剂，提取物经 Florisil 柱固相萃取后经气相色谱-质谱联用仪器进行测定，外标法定量，该方法检出限为 0.085～0.20μg/mL；也可采用气相色谱-质谱联用技术和液相色谱技术测定油墨中的多环芳烃，但定量方法为内标法。气相色谱-质谱法的灵敏度较液相色谱法高 10 倍。

4. 光引发剂检测

对于光引发剂的检测，国内主要采用两种方法。一种方法是采用毛细管气相色谱法检测 UV 油墨中的光引发剂 Irgacure-184 和 Irgacure-651，检出限分别为 0.1mg/L 和 0.05mg/L。该方法可为食品包装材料或食品模拟液中的光引发剂的检测提供借鉴，但与国外相关技术相比，其检出限较高，难以满足实际需要；另一种方法是采用气质联用和液质联用方法测定牛奶和果汁中的异丙基硫杂蒽酮和对-*N*，*N*-二甲氨基苯甲酸异辛酯光引发剂。

国外对于食品及相关产品中光引发剂的检测通常是以检测某一种光引发剂为主。如意大利在发生婴儿奶粉事件之后，开始采用 LC-MS/MS 法、HPLC-DAD 法和 GC-MS 法等检测光引发剂 2-异丙基硫杂蒽酮。对于多个光引发剂同时检测的方法是最近出现的，如意大利用 GC-MS 方法和 LC-MS 方法能同时测定包装食品饮料中的二苯甲酮、2-异丙基硫杂蒽酮、4-二甲氨基苯甲酸异辛酯、1-羟基环己基苯基甲酮和 4-二甲氨基苯甲酸乙酯等 5 种光引发剂。

具体步骤是利用正己烷和二氯甲烷作溶剂萃取光引发剂，再用硅胶 SPE 小柱进行净化，最后用 GC-MS 或 LC-MS 进行检测。这些光引发剂的检出限和定量限分别为 0.2～1.0μg/L 和 1～5μg/L。西班牙采用 HPLC 方法可同时测定纸包装材料中 6 种光引发剂：1-羟基环己基苯基甲酮、二苯甲酮、安息香双甲醚、2-甲基-1-（4-甲硫基苯基）-2-吗啉基-1-丙酮、2-异丙基硫杂蒽酮和 4-(*N*，*N*-二甲氨基）苯甲酸异辛酯，该方法的平均加标回收率为 88.4%。

随着人们生活水平的提高，对食品包装安全还会提出更高的要求，因此油墨作为印刷材料，其安全性将更加引人关注，它不仅要满足无毒、耐热、耐寒、耐溶剂、耐油、耐摩擦以及耐射线等功能要求，还要与国际接轨，遵守国际公认的食品印刷用油墨必须遵守的“无转移”原则。

二、塑料食品包装材料中污染物的检测方法

1. GC 法

GC 法为检测食品包装材料单体迁移物的最常用检测手段之一，主要用于检测食品塑料包装材料中具有较高挥发性的单体或二聚体，且 GC 法对于痕量物质具有较好的检出率，但其定量定性的过程需要通过标准品完成，GC 定性的过程是通过与标准品的出峰时间比较进行判别，因此存在误检的概率。Biedermann 等提出用一种简单的气相色谱法来检测包装材料中的 ESBO。此法为通过酯交换反应将 ESBO 转化为相应的乙基酯，然后直接采用 GC-FID 进行检测。M. Farhoodi 等进行了二（2- 乙基己基）邻苯二甲酸酯（DEHP）从 PET 瓶迁移至爱尔兰酸奶的研究。根据欧洲委员会的规定选择 3%醋酸溶液作为模拟液，研究贮藏周期及贮藏温度对 DEHP 迁移量的影响，运用 GC 周期性地分析模拟液中的 DEHP 含量，并通过 DSC 研究 PET 与模拟液接触是否会影响材料的变化。

2. GC-MS 法

与 GC 法相比，GC-MS 法可通过各种物质特有质谱图更准确地对食品包装材料的单体迁移物进行定性分析，但 GC-MS 法对前处理的要求较高。例如，Cherstinakova 等对体内有遗传毒性的化合物（二甲基对苯二甲酸盐）所获得的残留物进行了 GC-MS 法测定；T. D. Lichly 等研究了聚苯乙烯泡沫向食品中迁移的情况时，分析测定泡沫中的残留物，通过泡沫用氯化亚甲基溶解除尽 α-苯乙烯，然后用甲醇沉淀聚苯乙烯，其有机层用 GC-MS 测定。

3. HPLC 法

HPLC 法也常用于食品包装材料的单体化合物迁移量的检测。HPLC 法常用于检测食品塑料包装材料中挥发性较低的低聚体或高聚体等物质。与 GC 法相似，HPLC 法也需使用标准品进行物质的定性定量分析。测定尼龙食品包装中的低聚体和己内酰胺残留物含量也常使用 HPLC 法，具体操作方法是：先将样品溶解、沉淀，然后采用带紫外检测器的高效液相色谱仪在 210nm 波长处进行检测。孙利等建立了测定塑料餐具中苯胺和 4，4′-亚甲基二苯胺的液相色谱检测方法，使用水性模拟液（水、3%乙酸溶液和 10% 乙醇溶液）经固相萃取小柱富集后采用液相色谱（紫外检测器）检测。

4. HPLC-MS 法

HPLC-MS 与 GC-MS 相似，首先采用 HPLC 法通过对各种物质进行分离后再利用 MS 法对检测的食品包装材料单体进行质谱信息确认。Richter Tina 等报道了一种新型的用于食品包装纸板的低迁移胶印墨水的迁移及使用 LC-MS/MS 评估其迁移到食品中的潜在风险。在测定 BADGE 或进行其相关低聚体的迁移时，常采用液相色谱紫外检测法进行，相比之

下，使用质谱检测器不仅能够对 BADGE 进行高灵敏度测定，而且可以根据 BADGE 的质谱信息进行确认。

5. 顶空气相色谱法

顶空气相色谱法（HSGC）采用气体进样，可专一性收集样品中的易挥发性成分，与液-液萃取和固相萃取相比，既可避免在除去溶剂时引起挥发物的损失，又可降低共提物引起的噪声，具有更高的灵敏度和分析速度。顶空气相色谱法被广泛用于测定食品包装和食品中氯乙烯单体残留物的含量。而对氯乙烯单体的四聚物的迁移，可以采用正己烷作为萃取剂从包装材料和饮料中萃取这些低聚物，然后采用带电子俘获检测器的气相色谱仪进行分析。

6. 质谱法

质谱法主要通过电离使物质生成不同荷质比的离子，通过分析质谱图中各离子的质量以定性某种物质。相对于 GC 及 HPLC 法来说，其可通过对质谱图的分析定性确认食品塑料包装中的迁移单体，但其不能被应用于迁移单体的定量测定中，因此常常将它们结合使用以定性定量食品包装中的迁移单体。

7. 分光光度法

相对于气相色谱法与液相色谱法来说，分光光度法是一种比较简单快捷的分析方法，但与其他现代的检测方法相比较，其稳定性及精确度都有一定的欠缺。

8. 放射性测量法

对于检测食品塑料包装材料中的重金属元素，可使用原子吸收光谱法和放射性测量法。与原子吸收光谱相比，放射性测量法的灵敏度及精确度更高一些。

三、包装材料中重金属的检测

包装材料中危害较大并且引起国际上广泛关注的主要重金属包括铅、镉、六价铬等。

1. 镉

镉是地球表面自然存在的一种重金属元素，在所有的金属元素中，镉是对人体健康威胁最大的有害元素之一。镉可经由食物、水或者吸入的微粒而进入人体。慢性中毒患者常伴有牙齿颈部黄斑、嗅觉减退或丧失、鼻黏膜溃疡和萎缩，其他尚有食欲减退、恶心、体重减轻和高血压等。长期接触镉者肺癌发病率也将增高。2000 年国际癌症研究机构将镉列属为人类致癌物质。目前为止，镉中毒没有解毒剂。

镉及其化合物的应用非常广泛，主要有塑料的稳定剂，还应用于油漆、颜料、墨水和着色剂中。如纯的镉颜料是艺术家使用的主要颜料；烧制而成的镉黄和镉橘黄颜料，耐热性非常好，适用于高温烘烤的瓷釉及玻璃涂料中，它们具有非常好的抗碱性及鲜艳度，并在大部分情况下其整体色调持久性良好；镉化合物由于色泽鲜艳、着色力强、稳定性和耐久性好，被广泛用于玻璃、陶瓷和塑料等制品的染色。

2. 铅

铅是一种有害的重金属元素，它对身体没有任何好处，它是人体唯一不需要的微量元素。铅及其盐类在工业上应用广泛。铅主要由食品、水和空气进入人体。

铅对全身各系统和器官均有毒性作用。其基本病理过程涉及神经系统、造血系统、泌尿系统、心血管系统、生殖系统、骨骼系统、内分泌系统、免疫系统、酶系统等多个方面。儿童、妊娠妇女和老年人是最易感的基本人群。

铅锡合金是优良的焊料，原先用于马口铁罐的焊接；铅可以用作颜料如铅丹等；铅盐作为聚合物的稳定剂一直被广泛应用于塑料中（如硬脂酸铅）；铅在涂料、颜料、墨水、染料中作为着色剂和防锈颜料使用；铅加入玻璃中可以增加玻璃的折射率，应用这一点可以做折光玻璃，同时还可作为有色玻璃的颜料加入。

3. 铬

饮用被含铬工业废水污染的水，可致腹部不适及腹泻等中毒症状；铬为皮肤变态反应原，可引起过敏性皮炎或湿疹，湿疹的特征多呈小块、钱币状，以亚急性表现为主，呈红斑、浸润、渗出、脱屑，病程长，久而不愈；由呼吸进入，对呼吸道有刺激和腐蚀作用，引起鼻炎、咽炎、支气管炎，严重时使鼻中隔糜烂，甚至穿孔。铬还是致癌因子。

铬在包装材料中主要用于金属表面处理；锌铬黄和铬黄是工业上两种重要的颜料，在涂料、颜料、墨水、染料中应用广泛，是主要的呈色剂。

4. 重金属检测方法

通常认可的重金属分析方法有：微谱分析、紫外可见分光光度法、原子吸收光谱法、原子荧光光谱法、电感耦合等离子体质谱法、X 射线荧光光谱法等。

电感耦合等离子体质谱法（ICP-MS）分析，相对仪器成本高。X 射线荧光光谱法（XRF）分析，优点是无损检测，可直接分析成品，但检测精度和重复性不如光谱法。最新流行的检测方法阳极溶出伏安法，检测速度快，数值准确，可用于现场等环境应急检测。

（1）原子吸收光谱法（AAS） 原子吸收光谱法是 20 世纪 50 年代创立的一种新型仪器分析方法，它与主要用于无机元素定性分析的原子发射光谱法相辅相成，已成为对无机化合物进行元素定量分析的主要手段。

原子吸收分析过程如下：①将样品制成溶液（同时做空白）；②制备一系列已知浓度的分析元素的校正溶液（标样）；③依次测出空白及标样的相应值；④依据上述相应值绘出校正曲线；⑤测出未知样品的相应值；⑥依据校正曲线及未知样品的相应值得出样品的浓度值。

现在由于计算机技术、化学计量学的发展和多种新型元器件的出现，使原子吸收光谱仪的精密度、准确度和自动化程度大大提高。用微处理机控制的原子吸收光谱仪，简化了操作程序，节约了分析时间。现在已研制出气相色谱-原子吸收光谱（GC-AAS）的联用仪器，进一步拓展了原子吸收光谱法的应用领域。

（2）紫外可见分光光度法（UV-Vis） 其检测原理是：重金属与显色剂——通常为有机化合物，可发生络合反应，生成有色分子团，溶液颜色深浅与分子团浓度成正比。然后在特定波长下，比色检测。

分光光度分析有两种，一种是利用物质本身对紫外及可见光的吸收进行测定；另一种是生成有色化合物，即“显色”，然后测定。虽然不少无机离子在紫外和可见光区有吸收，但因一般强度较弱，所以直接用于定量分析的较少。加入显色剂使待测物质转化为在紫外和可见光区有吸收的化合物来进行光度测定，这是目前应用最广泛的测试手段。显色剂分为无机显色剂和有机显色剂，而以有机显色剂使用较多。大多数有机显色剂本身为有色化合物，与金属离子反应生成的化合物一般是稳定的螯合物。显色反应的选择性和灵敏度都较高。有些有色螯合物易溶于有机溶剂，可进行萃取浸提后比色检测。近年来形成多元配合物的显色体系受到关注。多元配合物是指三个或三个以上组分形成的配合物。利用多元配合物的形成可提高分光光度法测定的灵敏度，改善分析特性。显色剂在前处理萃取和检测比色方面的选择和使用是近年来分光光度法的重要研究课题。

（3）原子荧光光谱法（AFS） 原子荧光光谱法是通过测量待测元素的原子蒸气在辐射能激发下所产生的荧光发射强度，以此来测定待测元素含量的方法。

原子荧光光谱法虽是一种发射光谱法，但它和原子吸收光谱法密切相关，兼有原子发射和原子吸收两种分析方法的优点，又克服了两种方法的不足。原子荧光光谱具有发射谱线简单、灵敏度高于原子吸收光谱法、线性范围较宽以及干扰少的特点，能够进行多元素同时测定。原子荧光光谱仪可用于分析汞、砷、锑、铋、铅、锡、镉、锌等十几种元素。现已广泛用于环境监测、医药、地质、农业、饮用水等领域。在国标中，食品中砷、汞等元素的测定标准中已将原子荧光光谱法定为第一法。

气态自由原子吸收特征波长辐射后，原子的外层电子从基态或低能态会跃迁到高能态，同时发射出与原激发波长相同或不同的能量辐射，即原子荧光。原子荧光的发射强度与原子化器中单位体积中该元素的基态原子数成正比。当原子化效率和荧光量子效率固定时，原子荧光强度与试样浓度成正比。

现已研制出可对多元素同时测定的原子荧光光谱仪，它以多个高强度空心阴极灯为光源，以具有很高温度的电感耦合等离子体（ICP）作为原子化器，可使多种元素同时实现原子化。多元素分析系统以ICP原子化器为中心，在周围安装多个检测单元，与空心阴极灯一一成直角对应，产生的荧光用光电倍增管检测。光电转换后的电信号经放大后，由计算机处理就可获得各元素的分析结果。

（4）电化学法——阳极溶出伏安法 电化学法是近年来发展较快的一种方法，它以经典极谱法为依托，在此基础上又衍生出示波极谱、阳极溶出伏安法等方法。电化学法的检测限较低，测试灵敏度较高，值得推广应用，如国标中铅的测定方法和铬的测定方法中，其中就有示波极谱法。

阳极溶出伏安法是将恒电位电解富集与伏安法测定相结合的一种电化学分析方法。这种方法一次可连续测定多种金属离子，而且灵敏度很高，能测定$10^{-9}\sim10^{-7}$mol/L的金属离子。此法所用仪器比较简单，操作方便，是一种很好的痕量分析手段。我国已经颁布了适用于化学试剂中金属杂质测定的阳极溶出伏安法国家标准。

阳极溶出伏安法测定分两个步骤：第一步为"电析"，即在一个恒电位下，将被测离子电解沉积，富集在工作电极上与电极上的汞生成汞齐。对给定的金属离子来说，如果搅拌速度恒定，预电解时间固定，则电积的金属量与被测金属离子的浓度成正比。第二步为"溶出"，即在富集结束后，一般静置30s或60s后，在工作电极上施加一个反向电压，由负向正扫描，将汞齐中的金属重新氧化为离子回归溶液中，产生氧化电流，记录电压-电流曲线，即伏安曲线。曲线呈峰形，峰值电流与溶液中被测离子的浓度成正比，可作为定量分析的依据，峰值电位可作为定性分析的依据。

示波极谱法又称"单扫描极谱分析法"，它是一种快速加入电解电压的极谱法。常在滴汞电极每一汞滴成长后期，在电解池的两极上，迅速加入一锯齿形脉冲电压，在几秒内得出一次极谱图，为了快速记录极谱图，通常用示波管的荧光屏作显示工具，因此称为示波极谱法。其优点是快速、灵敏。

（5）X射线荧光光谱法（XRF） X射线荧光光谱法是利用样品对X射线的吸收随样品中的成分及其多少变化而变化来定性或定量测定样品中成分的一种方法。它具有分析迅速、样品前处理简单、可分析元素范围广、谱线简单、光谱干扰少、试样形态多样性及测定时的非破坏性等特点。它不仅用于常量元素的定性和定量分析，而且也可进行微量元素的测定，其检出限多数可达10^{-6}，如与分离、富集等手段相结合，可达10^{-8}。

X射线荧光光谱法不仅可以分析块状样品，还可对多层镀膜的各层镀膜分别进行成分和膜厚分析。

当试样受到X射线、高能粒子束、紫外光等照射时，由于高能粒子或光子与试样原子碰撞，将原子内层电子逐出形成空穴，使原子处于激发态，这种激发态离子寿命很短，当外层电子向内层空穴跃迁时，多余的能量即以X射线的形式放出，并在较外层产生新的空穴和产生新的X射线发射，这样便产生一系列的特征X射线。特征X射线是各种元素固有的，它与元素的原子系数有关。所以只要测出了特征X射线的波长λ，就可以求出产生该波长的元素，即可做定性分析。在样品组成均匀、表面光滑平整、元素间无相互激发的条件下，当用X射线（一次X射线）作激发原照射试样，使试样中的元素产生特征X射线（荧光X射线）时，若元素和实验条件一样，荧光X射线强度与分析元素含量之间存在线性关系，根据谱线的强度可以进行定量分析。

（6）电感耦合等离子体质谱法（ICP-MS） 电感耦合等离子体质谱法是以等离子体为离子源的一种质谱型元素分析法。该方法主要用于进行多种元素的同时测定，并可与其他色谱分离技术联用，进行元素形态及其价态分析。样品有载气（氩气）引入雾化系统进行雾化后，以气溶胶形式进入等离子体中心区，在高温和惰性气氛中被去溶剂化，汽化解离和电离，转化成带正电荷的正离子，经离子采集系统进入质量分析器，质量分析器根据质荷比进行分离，根据元素质谱峰强度测定样品中相应元素的含量。电感耦合等离子体质谱法灵敏度高，适用于从痕量到微量的元素分析，尤其是痕量重金属元素的测定。

电感耦合等离子体质谱仪由样品引入系统，电感耦合等离子体（ICP）离子源、接口、离子透镜系统、四级杆质量分析仪、检测器等构成。

样品引入系统：按样品的状态不同分为液体、气体或固体进样，通常采用液体进样方式。样品引入系统主要有样品导入和雾化两个部分组成。样品导入部分一般为蠕动泵，也可使用自提升雾化器。要求蠕动泵转速稳定，泵管弹性良好，使样品溶液匀速泵入，废液顺畅排出。雾化部分包括雾化器和雾化室。样品以泵入方式或自提升方式进入雾化器后，在载气作用下形成小雾滴并进入雾化室，大雾滴碰到雾化室壁后被排除，只有小雾滴可进入等离子体离子源。要求雾化器雾化效率高，雾化稳定性好，记忆效应小，耐腐蚀；雾化室应保持稳定的低温环境，并应该经常清洗。常用的溶液型雾化器有同心雾化器、交叉型雾化器等；常见的雾化室有双通路型和旋流型。实际应用中应根据样品基质、待测元素、灵敏度等因素选择合适的雾化器和雾化室。

电感耦合等离子体的“点燃”，需具备持续稳定的高纯氩气流（纯度应不小于99.99%）、炬管、感应圈、高频发生器、冷却系统等条件。样品气溶胶被引入等离子体离子源，在6000～10000K的高温下，发生去溶剂、蒸发、解离、原子化、电离等过程，转化成带正电荷的正离子。测定条件如射频功率、气体流量、炬管位置、蠕动泵流速等工作参数可以根据试品的具体情况进行优化，使灵敏度最佳，干扰最小。

接口系统的功能是将等离子体中的样品离子有效地传输到质谱仪。其关键部件是采样锥和截取锥，平时应经常清洗，并注意确保锥孔不损坏，否则将影响仪器的检测性能。

离子透镜系统：位于截取锥后面高真空区的离子透镜系统的作用是将来自截取锥的离子聚焦到质量过滤器，并阻止中性原子进入和减少来自ICP的光子通过量。离子透镜参数的设置应适当，要注意兼顾低、中、高质量的离子都具有高灵敏度。

质量分析器通常为四级杆质量分析器，可以实现质谱扫描功能。四级杆的作用是基于在四根电极之间的空间产生一随时间变化的特殊电场，只有给定m/z的离子才能获得稳定的路径而通过极棒，从另一端射出。其他离子则将被过分偏转，与极棒碰撞，并在极棒上被中和而丢失，从而实现质量选择。测定中应设置适当的四级杆质量分析器参数，优化质谱分辨率和响应并校准质量轴。

通常使用的检测器是双通道模式的电子倍增器，四级杆系统将离子按质荷比分离后引入检测器，检测器将离子装换成电子脉冲，由积分线路计数。双模式检测器采用脉冲计数和模拟两种模式，可同时测定同一样品中的低浓度和高浓度元素。检测低含量信号时，检测器使用脉冲模式，直接记录撞击到检测器的总离子数量；当离子浓度较大时，检测器则自动切换到模拟模式进行检测，以保护检测器，延长使用寿命。测定中应注意设置适当的检测器参数，以优化灵敏度，对双模式检测信号（脉冲和模拟）进行归一化校准。

四、模拟溶剂溶出试验

目前国内外对与食品接触的陶瓷和玻璃包装表面溶出金属物质的检测方法都是用体积分数4%乙酸溶液在一定温度下浸泡（或煮沸）一定时间，萃取陶瓷和玻璃制品表面的铅和镉，然后用相应的方法检测其含量，但不同的国家有不同的条件。我国目前依据 GB 31604.1—2015《食品安全国家标准 食品接触材料及制品迁移试验通则》进行。

模拟溶剂溶出试验是目前国际上普遍采用的用来检测塑料包装材料中有毒有害物的溶出量，并进行毒性试验的一种方法。所谓模拟是因为经常采用虚拟具体、假想情形的方法，或采用数学建模的抽象方法。之所以采用模拟是因为日常生活中食品种类较多，不能选择某一种单一食品代替所有的食品，只能选择几种不同性质的化学试剂替代不同种类的食品。如选择溶剂“水”代替中性食品或饮料，因而可将包装材料置于水中浸泡或将包装容器盛水放置一段时间后，检测是否有有毒有害成分的析出，从而判断该包装材料对内容物食品的安全性。

1. 实验试剂

浸泡液：水（代表中性食品及饮料）、4%乙酸（代表酸性食品及饮料）、20%或60%的乙醇（代表酒类及含醇饮料）、正己烷（代表油脂性食品）；硫酸、草酸、高锰酸钾、硫化钠、铅标准溶液等。

2. 实验仪器

马弗炉、蒸发皿、旋转蒸发仪、水浴锅、烧杯、玻璃棒、烘箱、电子天平、锥形瓶、移液管、酸式滴定管、胶头滴管、单火焰原子吸收分光光度计、分液漏斗、带塞刻度管、容量瓶等。

3. 实验方法

以最典型的食品包装材料：塑料餐盒为例。

（1）选择模拟溶剂 分析塑料餐盒的应用情况，餐盒在日常生活中经常接触中性、酸性、油脂性等各类食品，因此分别选择上述四种浸泡液作为四种不同的载体进行综合检测。

（2）选择浸泡条件 根据食品包装材料、容器的使用条件来定。塑料餐盒既用来盛装常温食品，又用来盛装高温食品，因此分别选择 25℃、60℃、80℃、100℃为浸泡条件。具体方法如下：将塑料餐盒分别盛装水、4%乙酸、20%乙醇、正己烷四种溶剂后，盖好盖子，置于四种不同温度的烘箱中浸泡。浸泡时间从 30min 到 24h 不等，浸泡后取出浸泡液以备检测。

（3）确定检测项目

① 蒸发残渣的测定

a. 原理 包装材料用各浸泡液浸泡后，其中某些成分被溶出在不同浸泡液中，通过蒸发不同浸泡液使溶出的物质残留在残渣中。蒸发残渣量的多少反映包装材料对食品的影响程度。

b. 方法 取各浸泡液 200mL 置于预先恒重的玻璃蒸发皿或浓缩器（回收正己烷）中，水浴蒸干，然后于 105℃干燥至恒重，另取同一种不经食具浸泡的浸泡液 200mL 按同法蒸干、干燥至恒重。

c. 计算

$$蒸发残渣(mg/L) = \frac{(m_1 - m_2) \times 1000}{200}$$

式中，m_1 为样品浸泡液蒸发残渣质量，mg；m_2 为空白浸泡液蒸发残渣质量，mg。

② 高锰酸钾消耗量的测定

a. 原理 样品经浸泡后，所有容易溶出的有机小分子物质会溶解在水中，形成混合液。该混合液用强氧化性高锰酸钾溶液进行滴定，有机小分子物质会全部被氧化，而水则不会参与化学反应，通过测定的高锰酸钾消耗量，表示可溶出有机物质的含量。

b. 方法 锥形瓶的处理：100mL 水、5mL 硫酸、5mL 高锰酸钾，煮沸 5min；样品测定：准确吸取 100mL 水浸泡液于已处理的锥形瓶中，加入 5mL 硫酸、10mL 0.01mol/L 高锰酸钾，煮沸 5min，准确加入 10mL 0.01mol/L 草酸，用 10mL 0.01mol/L 高锰酸钾滴定至微红色，同时取 100mL 水做试剂空白。

c. 计算

$$高锰酸钾消耗量(mg/L) = \frac{(V_1 - V_2) \times c \times 31.6 \times 1000}{100}$$

式中，V_1 为样品滴定消耗高锰酸钾体积，mL；V_2 为空白滴定消耗高锰酸钾体积，mL；c 为高锰酸钾标准滴定溶液的实际浓度，mol/L；31.6 为与 1.0mL 的高锰酸钾标准滴定溶液相当的高锰酸钾的质量，mg/mmol。

③ 重金属含量测定

a. 原理 按照 GB 5009.12—2017，直接将样品浸泡液（乙酸浸泡液）与二乙基二硫代氨基甲酸钠（DDTC）形成络合物，经 4-甲基-2-戊酮（MIBK）萃取分离，导入原子吸收光谱仪中，火焰原子化后，吸收 283.3nm 共振线，其吸收量与铅含量成正比，与标准系列比较定量。

b. 方法 将试样消化液及试剂空白溶液分别置于 125mL 分液漏斗中，补加水至 60mL。加 2mL 柠檬酸铵溶液（250g/L）、溴百里酚蓝水溶液（1g/L）3～5 滴，用氨水溶液（1+1）调 pH 至溶液由黄变蓝，加硫酸铵溶液（300g/L）10mL、DDTC 溶液（1g/L）10mL，摇匀。放置 5min 左右，加入 10mL MIBK，剧烈振摇提取 1min，静置分层后，弃去水层，将 MIBK 层放入 10mL 带塞刻度管中，得到试样溶液和空白溶液。将试样溶液和空白溶液分别导入火焰原子化器，原子化后测其吸光度值，与标准系列比较定量。

c. 计算

$$X = \frac{m_1 - m_0}{m_2}$$

式中 X——试样中铅的含量，mg/kg 或 mg/L；

m_1——试样溶剂中铅的质量，μg；

m_0——空白溶液中铅的质量，μg；

m_2——试样称样量或移取体积，g 或 mL。

思考题

1. 确保包装材料安全的基本要求有哪些?
2. 纸类、塑料类、金属类、玻璃类、陶瓷类包装材料的危害源有哪些?
3. 包装材料中有害物质的迁移方式及途径有哪些?
4. 包装材料中的迁移物质有何危害?
5. 如何降低包装材料中有害物质的迁移率?
6. 纸类包装材料中的油墨成分如何检测?
7. 包装材料中重金属残留如何检测?
8. 试述模拟溶剂溶出实验的具体方案。

第八章 食品包装标准与法规

学习目标

1. 了解国际标准化组织有关食品包装的标准。
2. 了解国际食品法典委员会有关食品包装的标准。
3. 熟悉中国有关食品包装的标准。
4. 熟悉《中华人民共和国食品安全法》中有关食品包装的规定。
5. 掌握食品包装上常见的标识。

食品是供人们食用的，而食品包装直接或间接地与食品接触，食品包装的质量安全关系到公众的身体健康和生命安全。因此，食品包装不仅要符合一般商品包装标准和法规，还要符合食品卫生与安全标准与法规。

标准是为在一定的范围内获得最佳秩序，经协商一致而制定并由公认机构批准，共同使用和重复使用的一种规范性文件。食品包装标准就是对食品的包装材料、包装方式、包装标志、技术要求等的规定。法规是含有立法性质的管制规则，由必要的权力机关及授权的权威机构制定并予颁布实施的有法律约束力的文件。

制定标准及法规的目的就是为了便于所有相关成员间的相互交流、减少差异、提高质量、保证安全及促进自由贸易与实施操作。食品包装标准与法规的出发点与落脚点就是保证食品的质量与安全，提高食品的品质。

第一节 食品包装标准

一、国际标准化组织有关食品包装的标准

国际标准化组织（ISO）于 1947 年 2 月 23 日成立，是世界上最大的国际标准化机构，属于非政府性国际组织，总部设在瑞士日内瓦。根据 ISO 章程，每个国家只能有 1 个最具代表性的标准化团体作为其成员。我国于 1978 年申请恢复加入 ISO，同年 8 月被其接纳为

成员国，在2008年10月召开的第31届国际标准化组织大会上，正式成为ISO的常任理事国。

ISO第1个技术委员会（TC1）建于1947年，截至2017年8月，ISO共建TC 309个，已取消TC 66个。当1个TC被撤销时，其编号不允许其他TC使用。TC可设分技术委员会（SC）和工作组（WG），每个技术委员会和分委员会都有一个由ISO正式成员负责的秘书处，秘书处及工作范围等发表在ISO的年度备忘录中。其中涉及食品包装的技术委员会共有11个，其名称及秘书处所在国见表8-1。

表8-1　ISO涉及食品包装的技术委员会

技术委员会	名　称	秘书处所在国
TC 6	纸、纸板和纸浆	加拿大
TC 34	食品	匈牙利
TC 51	单件货物搬运用托盘	英国
TC 52	薄壁金属容器	法国
TC 61	塑料	美国
TC 63	玻璃容器	英国
TC 79	轻金属及其合金	法国
TC 104	货运集装箱	美国
TC 122	包装	土耳其
TC 166	接触食品的陶瓷器皿、玻璃器皿和玻璃陶瓷器皿	美国
TC 204	运输信息和管理系统	美国

1. 食品技术委员会（ISO/TC 34）

食品技术委员会是专门负责食品国际标准制定的技术委员会，设有油料种子和果实，水果、蔬菜及其制品，谷物和豆类，乳及乳制品，肉、禽、鱼、蛋及其制品，香料和调味品，茶叶，微生物，动物饲料，动物和植物油脂，感官分析，咖啡，分子标记分析，食品安全管理体系，可可等15个分技术委员会。ISO/TC 34制定的涉及食品包装方面的标准主要有：

ISO 15394：2009（包装——航运、运输和标签用条形码和二维码）；

ISO 6661：1983（新鲜水果和蔬菜——陆地运输工具平行六面体包装排列）；

ISO 7558：1988（水果和蔬菜预包装导则）；

ISO 9884－1：1994（茶叶袋——规范——第一部分：用货盘装运和集装箱运输的茶叶推荐包装）；

ISO 9884－2：1999（茶叶袋——规范——第二部分：用货盘装运和集装箱运输的茶叶包装操作规范）；

ISO TS210：2014（精油——包装、调节和贮藏总则）。

2. 薄壁金属容器技术委员会（ISO/TC 52）

薄壁金属容器技术委员会下设1个分技术委员会，制定的涉及食品包装方面的标准主要有：

ISO 90-1：1997（薄壁金属容器——定义、贮存和容量第一部分：顶开式罐）；

ISO 90-2：1997（薄壁金属容器——定义、贮存和容量第二部分：一般用途的容器）；

ISO 90-3：2000（薄壁金属容器——定义、贮存和容量第三部分：喷雾罐）；

ISO 1361：1997（薄壁金属容器——顶开式罐——内径）。

3. 塑料技术委员会（ISO/TC 61）

塑料技术委员会下设1个工作组与11个分技术委员会，制定的涉及食品包装方面的标准主要有：

ISO 13106：2014（塑料——液体食品包装用吹塑聚丙烯容器）；

ISO 23560：2015（散装食品包装用聚丙烯编织袋）。

4. 玻璃容器技术委员会（ISO/TC 63）

玻璃容器技术委员会制定的涉及食品包装方面的标准主要有：

ISO 8106：2004（玻璃容器——重量法容积——试验方法）；

ISO 8113：2004（玻璃容器——抗垂直冲击强度试验——试验方法）；

ISO 12821：2013（玻璃包装——26H180型皇冠盖瓶口——尺寸）；

ISO 12822：2015（玻璃包装——26H126型皇冠盖瓶口——尺寸）。

5. 集装箱技术委员会（ISO/TC 104）

集装箱技术委员会下设3个分技术委员会，制定的涉及食品包装方面的标准主要有：

ISO 668：2013（系列1货物集装箱——分类、外尺寸和重量系列）；

ISO 1161：2016（系列1货物集装箱——角件——技术条件）；

ISO 1496-1：2013（系列1货物集装箱——技术条件与试验第一部分：通用货物集装箱）；

ISO 1496-2：2008（系列1货物集装箱——技术条件与试验第二部分：保温集装箱）；

ISO 1496-3：1995（系列1货物集装箱——技术条件与试验第三部分：液体和气体罐式集装箱）；

ISO 1496-5：1991（系列1货物集装箱——技术条件与试验第五部分：板架集装箱）；

ISO 3874：1997（系列1货物集装箱——装卸与固定）。

6. 包装技术委员会（ISO/TC 122）

包装技术委员会下设9个工作组与2个分技术委员会，制定的涉及食品包装方面的标准主要有：

ISO 2206：1987（包装——满装运输包装件——试验样品部位的标示方法）；

ISO 2233：2000（包装——满装运输包装件和单位负载——测试条件）；

ISO 2234：2000（包装——满装运输包装件和单位负载——堆码试验）；

ISO 2248：1985（包装——满装运输包装件和单位负载——垂直冲击跌落试验）；

ISO 2244：2000（包装——满装运输包装件和单位负载——水平冲击试验）；

ISO 2247：2000（包装——满装运输包装件和单位负载——振动试验）；

ISO 2873：2000（包装——满装运输包装件和单位负载——减压试验）；

ISO 2875：2000（包装——满装运输包装件和单位负载——水喷淋试验）；

ISO 2876：1985（包装——满装运输包装件和单位负载——滚动试验）；

ISO 4178：1980（满装的运输包装件——流通试验——应记录的数据）；

ISO 4180：2009（满装的运输包装件——性能试验的一般规则）。

7. 接触食品的陶瓷器皿、玻璃器皿和玻璃陶瓷器皿技术委员会（ISO/TC 166）

接触食品的陶瓷器皿、玻璃器皿和玻璃陶瓷器皿技术委员会下设1个工作组，制定的涉及食品包装方面的标准主要有：

ISO 6486-1：1999（与食品接触的陶瓷容器、玻璃-陶瓷容器与玻璃餐具——铅和镉的释放——第一部分：测试方法）；

ISO 6486-2：1999（与食品接触的陶瓷容器、玻璃-陶瓷容器与玻璃餐具——铅和镉的释放——第二部分：允许限量）；

ISO 7086-1：2000（与食品接触的玻璃盘——铅和镉的释放——第一部分：测试方法）；

ISO 7086-2：2000（与食品接触的玻璃盘——铅和镉的释放——第二部分：允许限量）；

ISO 8391-1：1986（与食品接触的陶瓷炊具——铅和镉的释放——第一部分：测试方法）；

ISO 8391-2：1986（与食品接触的陶瓷炊具——铅和镉的释放——第二部分：允许限量）。

二、国际食品法典委员会有关食品包装的标准

国际食品法典委员会（CAC）是由联合国粮农组织（FAO）和世界卫生组织（WHO）共同建立，以保障消费者的健康和确保食品贸易公平为宗旨的一个制定国际食品标准的政府间组织。自1961年第11届粮农组织大会和1963年第16届世界卫生大会分别通过了创建CAC的决议以来，已有185个成员国和1个成员国组织（欧盟）加入该组织，覆盖全球99%的人口。

CAC的主要工作就是编制国际食品标准，负责标准制定的两类组织分别是包括食品添加剂、污染物、食品标签、食品卫生、农药兽药残留、进出口检验和查证体系以及分析和采样方法等综合主题委员会（或称横向委员会）和鱼、肉、奶、油脂、水果、蔬菜等商品委员会（或称纵向委员会）。两类委员会通过分别制定食品的横向（针对所有食品）和纵向（针对不同食品）规定，建立了一套完整的食品国际标准体系，以食品法典的形式向所有成员国发布。CAC制定的食品包装标准主要有：

CAC GL 1：2009（标签说明通则）；

CAC GL 2：2016（营养标签导则）；

CAC GL 32：2013（有机食品生产、加工、标签及销售导则）；

CAC RCP 33：2011（天然矿泉水收集、加工、销售卫生国际推荐操作规范）；

CAC RCP 36：2015（散装食用油脂贮藏和运输国际推荐操作规范）；
CAC RCP 44：2004（热带新鲜水果蔬菜包装和运输国际推荐操作规范）；
CAC RCP 47：2001（散装和半包装食品运输卫生操作规范）；
Codex Stan-1：2010（预包装食品标签通用标准）；
Codex Stan-107：2016（食品添加剂销售时的标签通用标准）；
Codex Stan-146：2009（特殊膳食用途的预包装食品标签及说明）；
Codex Stan-180：1991（特殊疗效食品标签及说明）。

三、中国的食品包装标准

根据《中华人民共和国标准化法》（1989 年 4 月 1 日施行）的规定，我国标准划分为国家标准、行业标准、地方标准、企业标准。各层次标准之间有一定的依从关系和内在联系，形成一个覆盖全国又层次分明的标准体系。依据最新修订的《中华人民共和国标准化法（修订草案）》，我国标准在国家标准、行业标准、地方标准、企业标准的基础上，将新增团体标准，依法成立的社会团体可以制定团体标准。

1. 食品包装国家标准

根据《中华人民共和国食品安全法》和《食品安全国家标准管理办法》规定，经食品安全国家标准审评委员会审查通过，我国近年来发布了一系列食品安全国家标准，其中涉及食品包装方面的国标主要有：

GB 4806.1—2016 食品安全国家标准 食品接触材料及制品通用安全要求
GB 4806.3—2016 食品安全国家标准 搪瓷制品
GB 4806.4—2016 食品安全国家标准 陶瓷制品
GB 4806.5—2016 食品安全国家标准 玻璃制品
GB 4806.6—2016 食品安全国家标准 食品接触用塑料树脂
GB 4806.7—2016 食品安全国家标准 食品接触用塑料材料及制品
GB 4806.8—2016 食品安全国家标准 食品接触用纸和纸板材料及制品
GB 4806.9—2016 食品安全国家标准 食品接触用金属材料及制品
GB 4806.10—2016 食品安全国家标准 食品接触用涂料及涂层
GB 4806.11—2016 食品安全国家标准 食品接触用橡胶材料及制品
GB 14967—2015 食品安全国家标准 胶原蛋白肠衣
GB 14934—2016 食品安全国家标准 消毒餐（饮）具
GB 9685—2016 食品安全国家标准 食品接触材料及制品用添加剂使用标准
GB 31603—2015 食品安全国家标准 食品接触材料及制品生产通用卫生规范
GB 31621—2014 食品安全国家标准 食品经营过程卫生规范
GB 14881—2013 食品安全国家标准 食品生产通用卫生规范
GB 29923—2013 食品安全国家标准 特殊医学用途配方食品良好生产规范
GB 7718—2011 食品安全国家标准 预包装食品标签通则

GB 28050—2011 食品安全国家标准 预包装食品营养标签通则

GB 13432—2013 食品安全国家标准 预包装特殊膳食用食品标签

GB 5009.156—2016 食品安全国家标准 食品接触材料及制品迁移试验预处理方法通则

GB 31604.1—2015 食品安全国家标准 食品接触材料及制品迁移试验通则

GB 31604.2—2016 食品安全国家标准 食品接触材料及制品 高锰酸钾消耗量的测定

GB 31604.4—2016 食品安全国家标准 食品接触材料及制品 树脂中挥发物的测定

GB 31604.5—2016 食品安全国家标准 食品接触材料及制品 树脂中提取物的测定

GB 31604.7—2016 食品安全国家标准 食品接触材料及制品 脱色试验

GB 31604.8—2016 食品安全国家标准 食品接触材料及制品 总迁移量的测定

GB 31604.9—2016 食品安全国家标准 食品接触材料及制品 食品模拟物中重金属的测定

GB 31604.10—2016 食品安全国家标准 食品接触材料及制品 2,2-二（4-羟基苯基）丙烷（双酚A）迁移量的测定

GB 31604.15—2016 食品安全国家标准 食品接触材料及制品 2,4,6-三氨基-1,3,5-三嗪（三聚氰胺）迁移量的测定

GB 31604.22—2016 食品安全国家标准 食品接触材料及制品 发泡聚苯乙烯成型品中二氟二氯甲烷的测定

GB 31604.23—2016 食品安全国家标准 食品接触材料及制品 复合食品接触材料中二氨基甲苯的测定

GB 31604.27—2016 食品安全国家标准 食品接触材料及制品 塑料中环氧乙烷和环氧丙烷的测定

GB 31604.39—2016 食品安全国家标准 食品接触材料及制品 食品接触用纸中多氯联苯的测定

GB 31604.47—2016 食品安全国家标准 食品接触材料及制品 纸、纸板及纸制品中荧光增白剂的测定

GB 31604.48—2016 食品安全国家标准 食品接触材料及制品 甲醛迁移量的测定

GB 31604.49—2016 食品安全国家标准 食品接触材料及制品 砷、镉、铬、铅的测定和砷、镉、铬、镍、铅、锑、锌迁移量的测定

2. 食品包装行业标准

根据《中华人民共和国标准化法》的规定，对没有国家标准而又需要在全国某个行业范围内统一的技术要求，可以制定行业标准。行业标准由国务院有关行政主管部门制定，并报国务院标准化行政主管部门备案，在公布国家标准之后，该项行业标准即行废止。行业标准涉及食品包装方面的主要有：

QB/T 1014—2010 食品包装纸

QB/T 1016—2006 鸡皮纸

QB/T 2681—2014 食品工业用不锈钢薄壁容器
QB/T 2683—2005 罐头食品代号的标示要求
QB/T 2898—2007 餐用纸制品
QB/T 4033—2010 餐盒原纸
QB/T 4049—2010 塑料饮水口杯
QB/T 4622—2013 玻璃容器 牛奶瓶
QB/T 4633—2014 聚乳酸冷饮吸管
QB/T 4631—2014 罐头食品包装、标志、运输和贮存
QB/T 4819—2015 食品包装用淋膜纸和纸板
BB/T 0055—2010 包装容器 铝质饮水瓶
BB/T 0018—2000 包装容器 葡萄酒瓶
BB/T 0052—2009 液态奶共挤包装膜、袋
SB/T 229—2013 食品机械通用技术条件 产品包装技术要求

第二节 食品包装法规与食品包装标识

一、食品包装法规

1.《中华人民共和国食品安全法》

新修订的《中华人民共和国食品安全法》(以下简称《食品安全法》) 自 2015 年 10 月 1 日起正式实施。这部法律一共有总则、食品安全风险监测和评估、食品安全标准、食品生产经营等十章，共 154 条，比修订前的《食品安全法》增加了 50 条，新版《食品安全法》对原来 70%的条文进行了实质性的修订，新增一些重要的理念、制度、机制和方式，仅涉及监管制度的，就增加了食品安全风险自查制度、食品安全全程追溯制度、食品安全有奖举报制度等 20 多项。

我国《食品安全法》从无到有，再到大幅度修订，经历了曲折的过程。《中华人民共和国食品卫生法》(试行) 自 1983 年 7 月 1 日起开始试行，到 1995 年 10 月 30 日正式公布实施，这期间，我国系统地制定并施行了有关食品与包装的国家标准、行业标准及有关法规和管理办法，并于 1997 年正式颁布实施《食品卫生行政处罚办法》。2006 年，修订《食品卫生法》被列入年度立法计划。此后，将修订《食品卫生法》改为制定《食品安全法》。2007 年，《食品安全法》草案首次提请全国人大常委会审议。2008 年，《食品安全法》草案公布，广泛征求各方面的意见和建议。后因三鹿奶粉引发的“三聚氰胺事件”爆发，又进行了多方面修改。2009 年，《食品安全法》在第十一届全国人大常委会第七次会议上高票通过，并于 6 月 1 日正式施行，《食品卫生法同时废止》。食品卫生行政处罚办法于 2010 年 12 月 28 日

卫生部令第78号宣布废止。2013年10月，国务院法制办就食品安全法修订草案送审稿公开征求意见。在此基础上形成的修订草案经国务院第47次常务会议讨论通过。2014年6月23日，食品安全法自2009年实施以来迎来首次大修，食品安全法修订草案提交第十二届全国人大常委会第九次会议审议。直到2015年4月24日，食品安全法的修订工作横跨两年时间，历经常委会三次审议，数易其稿，经第十二届全国人大常委会第十四次会议审议通过，于2015年10月1日起正式实施，2018年12月29日，经第十三届全国人大常委会第七次会议通过，对《食品安全法》部分条款进行了修正。

《食品安全法》中有关食品包装材料的规定具体介绍如下。

第三章　食品安全标准

第二十六条　食品安全标准应当包括下列内容：

（一）食品、食品添加剂、食品相关产品中的致病性微生物，农药残留、兽药残留、生物毒素、重金属等污染物质以及其他危害人体健康物质的限量规定。

（四）对与卫生、营养等食品安全要求有关的标签、标志、说明书的要求。

第四章　食品生产经营

第一节　一般规定

第三十三条　食品生产经营应当符合食品安全标准，并符合下列要求：

（一）具有与生产经营的食品品种、数量相适应的食品原料处理和食品加工、包装、贮存等场所，保持该场所环境整洁，并与有毒、有害场所以及其他污染源保持规定的距离。

（四）具有合理的设备布局和工艺流程，防止待加工食品与直接入口食品、原料与成品交叉污染，避免食品接触有毒物、不洁物。

（五）餐具、饮具和盛放直接入口食品的容器，使用前应当洗净、消毒，炊具、用具用后应当洗净，保持清洁。

（六）贮存、运输和装卸食品的容器、工具和设备应当安全、无害，保持清洁，防止食品污染，并符合保证食品安全所需的温度、湿度等特殊要求，不得将食品与有毒、有害物品一同贮存、运输。

（七）直接入口的食品应当使用无毒、清洁的包装材料、餐具、饮具和容器。

第三十四条　禁止生产经营下列食品、食品添加剂、食品相关产品：

（九）被包装材料、容器、运输工具等污染的食品、食品添加剂。

（十）标注虚假生产日期、保质期或者超过保质期的食品、食品添加剂。

（十一）无标签的预包装食品、食品添加剂。

第二节　生产经营过程控制

第四十六条　食品生产企业应当就下列事项制定并实施控制要求，保证所生产的食品符合食品安全标准：

（一）原料采购、原料验收、投料等原料控制。

（二）生产工序、设备、贮存、包装等生产关键环节控制。

（三）原料检验、半成品检验、成品出厂检验等检验控制。

（四）运输和交付控制。

第五十条 食品生产者采购食品原料、食品添加剂、食品相关产品，应当查验供货者的许可证和产品合格证明；对无法提供合格证明的食品原料，应当按照食品安全标准进行检验；不得采购或者使用不符合食品安全标准的食品原料、食品添加剂、食品相关产品。

食品生产企业应当建立食品原料、食品添加剂、食品相关产品进货查验记录制度，如实记录食品原料、食品添加剂、食品相关产品的名称、规格、数量、生产日期或者生产批号、保质期、进货日期以及供货者名称、地址、联系方式等内容，并保存相关凭证。记录和凭证保存期限不得少于产品保质期满后六个月；没有明确保质期的，保存期限不得少于二年。

第六十六条 进入市场销售的食用农产品在包装、保鲜、贮存、运输中使用保鲜剂、防腐剂等食品添加剂和包装材料等食品相关产品，应当符合食品安全国家标准。

第三节　标签、说明书和广告

第六十七条 预包装食品的包装上应当有标签。标签应当标明下列事项：

（一）名称、规格、净含量、生产日期；

（二）成分或者配料表；

（三）生产者的名称、地址、联系方式；

（四）保质期；

（五）产品标准代号；

（六）贮存条件；

（七）所使用的食品添加剂在国家标准中的通用名称；

（八）生产许可证编号；

（九）法律、法规或者食品安全标准规定应当标明的其他事项。

专供婴幼儿和其他特定人群的主辅食品，其标签还应当标明主要营养成分及其含量。

食品安全国家标准对标签标注事项另有规定的，从其规定。

第六十八条 食品经营者销售散装食品，应当在散装食品的容器、外包装上标明食品的名称、生产日期或者生产批号、保质期以及生产经营者名称、地址、联系方式等内容。

第七十二条 食品经营者应当按照食品标签标示的警示标志、警示说明或者注意事项的要求销售食品。

第六章　食品进出口

第九十七条 进口的预包装食品、食品添加剂应当有中文标签；依法应当有说明书的，还应当有中文说明书。标签、说明书应当符合本法以及我国其他有关法律、行政法规的规定和食品安全国家标准的要求，并载明食品的原产地以及境内代理商的名称、地址、联系方式。预包装食品没有中文标签、中文说明书或者标签、说明书不符合本条规定的，不得进口。

第九章　法律责任

第一百二十五条　违反本法规定，有下列情形之一的，由县级以上人民政府食品安全监督管理部门没收违法所得和违法生产经营的食品、食品添加剂，并可以没收用于违法生产经营的工具、设备、原料等物品；违法生产经营的食品、食品添加剂货值金额不足一万元的，并处五千元以上五万元以下罚款；货值金额一万元以上的，并处货值金额五倍以上十倍以下罚款；情节严重的，责令停产停业，直至吊销许可证：

（一）生产经营被包装材料、容器、运输工具等污染的食品、食品添加剂；

（二）生产经营无标签的预包装食品、食品添加剂或者标签、说明书不符合本法规定的食品、食品添加剂；

（三）生产经营转基因食品未按规定进行标示；

（四）食品生产经营者采购或者使用不符合食品安全标准的食品原料、食品添加剂、食品相关产品。

生产经营的食品、食品添加剂的标签、说明书存在瑕疵但不影响食品安全且不会对消费者造成误导的，由县级以上人民政府食品安全监督管理部门责令改正；拒不改正的，处二千元以下罚款。

2.《中华人民共和国农产品质量安全法》

《中华人民共和国农产品质量安全法》由中华人民共和国第十届全国人民代表大会常务委员会第二十一次会议于2006年4月29日通过，自2006年11月1日起施行。2018年10月26日，经第十三届全国人大常委会第六次会议通过，对《中华人民共和国农产品质量安全法》的部分条款进行了修正。

第一章　总　则

第二条　本法所称农产品，是指来源于农业的初级产品，即在农业活动中获得的植物、动物、微生物及其产品。

第五章　农产品包装和标识

第二十八条　农产品生产企业、农民专业合作经济组织以及从事农产品收购的单位或者个人销售的农产品，按照规定应当包装或者附加标识的，须经包装或者附加标识后方可销售。包装物或者标识上应当按照规定标明产品的品名、产地、生产者、生产日期、保质期、产品质量等级等内容；使用添加剂的，还应当按照规定标明添加剂的名称。具体办法由国务院农业行政主管部门制定。

第二十九条　农产品在包装、保鲜、贮存、运输中所使用的保鲜剂、防腐剂、添加剂等材料，应当符合国家有关强制性的技术规范。

第三十条　属于农业转基因生物的农产品，应当按照农业转基因生物安全管理的有关规定进行标识。

第三十一条 依法需要实施检疫的动植物及其产品，应当附具检疫合格标志、检疫合格证明。

第三十二条 销售的农产品必须符合农产品质量安全标准，生产者可以申请使用无公害农产品标志。农产品质量符合国家规定的有关优质农产品标准的，生产者可以申请使用相应的农产品质量标志。

禁止冒用前款规定的农产品质量标志。

第七章 法律责任

第四十八条 违反本法第二十八条规定，销售的农产品未按照规定进行包装、标识的，责令限期改正；逾期不改正的，可以处二千元以下罚款。

二、食品包装上常见的标识

我国食品包装上常见的标识主要有以下几种。

1. 食品生产许可证

新修订的《食品安全法》第三十五条规定：国家对食品生产经营实行许可制度。从事食品生产、食品销售、餐饮服务，应当依法取得许可。自 2015 年 10 月 1 日起，国家实行新的食品生产许可制度，规定在 2018 年 9 月 30 日以前，所有的食品生产厂家必须更换认证为“SC”认证，认证制度由“一品一证”变更为“一企一证”。保健食品、婴儿配方食品、特殊医学用途配方食品被纳入生产许可管理体系。更换认证的厂家在产品外包装上无须加印“QS”标志。2018 年 10 月 1 日起，“QS”认证标志全面废除。

新的食品生产许可证将不单独设计标志，编号以“SC”（“生产”的汉语拼音首字母）开头，后接 13 位阿拉伯数字和 1 位验证位，实际印刷时一般不分段。13 位阿拉伯数字中，前 3 位为企业主要生产的食品类型代码；中间 6 位为发证机关所在的省（自治区、直辖市）市（地区、州、盟、直辖市的区县）县（市辖区、县级市、自治县、旗、自治旗等）代码，与本地现行身份证号码前 6 位相同；后 4 位为获证企业序号，由发证机关按发证顺序给出。最后一位为验证位，为 10 个阿拉伯数字或大写英文字母 X，是前 13 位数字通过算法获得值除以 11 的余数，X 表示余数为 10。

2. 绿色食品标志

绿色食品标志是一个质量证明商标。它主要由三部分构成，即上方的太阳、下方的叶片和中心的蓓蕾，如图 8-1 所示（彩图 8-1）。该标志为正圆形，意为保护。整个图形描绘了一幅明媚阳光照耀下的和谐生机，旨在告诉人们绿色食品正是出自纯净、良好生态环境的安全无污染食品，能给人们带来蓬勃的生命力。绿色食品标志还提醒人们要保护环境，通过改善人与环境的关系，创造自然界新的和谐。

图 8-1 绿色食品标志

绿色食品分为A级绿色食品和AA级绿色食品。A级绿色食品，系指在生态环境质量符合规定标准的产地，生产过程中允许限量使用限定的化学合成物质，按特定的操作规程生产、加工，产品质量及包装经检测、检验符合特定标准，并经专门机构认定，许可使用A级绿色食品标志的产品。AA级绿色食品，系指在生态环境质量符合规定标准的产地，生产过程中不使用任何有害化学合成物质，按特定的操作规程生产、加工，产品质量及包装经检测、检验符合特定标准，并经专门机构认定，许可使用AA级绿色食品标志的产品。

3. 有机食品标志

有机食品也叫生态或生物食品等。有机食品是国际上对无污染天然食品比较统一的提法。有机食品通常来自有机农业生产体系，根据国际有机农业生产要求和相应标准生产、加工，并经具有资质的独立认证机构认证的一切农副产品。

有机食品标志（图8-2）（彩图8-2）采用国际通行的圆形构图，以手掌和叶片为创意元素，包含两种景象，一是一只手向上持着一片绿叶，寓意人类对自然和生命的渴望；二是两只手一上一下握在一起，将绿叶拟人化为自然的手，寓意人类的生存离不开大自然的呵护，人与自然需要和谐美好的生存关系。图形外围绿色圆环上标明中英文“有机食品”。整个图案采用绿色，象征着有机产品是真正无污染、符合健康要求的产品以及有机农业给人类带来了优美、清洁的生态环境。有机食品概念是这种理念的实际体现。人类的食物从自然中获取，人类的活动应尊重自然规律，这样才能创造一个良好的可持续发展空间。

图8-2 有机食品标志

4. 中国有机产品标志

有机产品是根据有机农业原则和有机产品生产方式及标准生产、加工出来的，并通过合法的有机产品认证机构认证并颁发证书的一切农产品。

中国有机产品标志的主要图案由三部分组成，即外围的圆形、中间的种子图形及其周围的环形线条，如图8-3所示（彩图8-3）。标志外围的圆形形似地球，象征和谐、安全，圆形中的“中国有机产品”字样为中英文结合方式，既表示中国有机产品与世界同行，也有利于国内外消费者识别。标志中间类似种子的图形代表生命萌发之际的勃勃生机，象征了有机产品是从种子开始的全过程认证，同时昭示出有机产品就如同刚刚萌生的种子，正在中国大地上茁壮成长。种子图形周围圆润自如的线条象征环形的道路，与种子图形合并构成汉字“中”，体现出有机产品植根中国，有机之路越走越宽广。同时，处于平面的环形又是英文字母“C”的变体，种子形状也是“O”的变形，意为“China Organic”。绿色代表环保、健康，表示有机产品给人类的生态环境带来完美与协调。橘红色代表旺盛的生命力，表示有机产品对可持续发展的作用。

5. 无公害农产品标志

无公害农产品是指产地环境符合无公害农产品要求，生产过程符合农产品质量标准和规范，有毒有害物质残留量控制在安全质量允许范围内，安全质量指标符合《无公害农产品（食品）标准》的农、牧、渔产品（食用类，不包括深加工的食品）经专门机构认定，许可使用无公害农产品标识的产品。

无公害农产品标志图案主要由麦穗、对勾和无公害农产品字样组成，麦穗代表农产品，对勾表示合格，金色寓意成熟和丰收，绿色象征环保和安全，如图 8-4 所示（彩图 8-4）。标志必须经当地无公害管理部门申报，经省级无公害管理部门批准才可获得使用权。

图 8-3　中国有机产品标志

图 8-4　无公害农产品标志

6. 原产地域产品标志

为有效保护我国的原产地域产品，保证原产地域产品的质量和特色，1999 年，国家推行了原产地域产品保护制度，对原产地域产品的通用技术要求和原产地域产品专用标志制定了国家强制性标准。凡国家公告保护的原产地域产品，在保护地域范围的生产企业，经原国家质检总局审核并注册登记后，可以将该标志印制在产品的说明书和包装上，以此区别同等类型，但品质不同的非原产地域产品。

原产地域产品专用标志的轮廓为椭圆形，灰色外圈，绿色底色，椭圆中央为红色的中华人民共和国地图，椭圆形下部为灰色的万里长城。在椭圆形上部标注“中华人民共和国原产地域产品”字样，字体黑色、综艺体。在产品说明书和包装上印制标志时，允许按比例放大或缩小。

7. 地理标志保护产品

地理标志保护产品，指产自特定地域，所具有的质量、声誉或其他特性取决于该产地的自然因素和人文因素，经审核批准以地理名称进行命名的产品。地理标志产品包括：一是来自本地区的种植、养殖产品；二是原材料来自本地区，并在本地区按照特定工艺生产和加工的产品。

标志的轮廓为椭圆形，淡黄色外圈，绿色底色。椭圆内圈中均匀分布四条经线、五条纬线，椭圆中央为中华人民共和国地图。在外圈上部标注“中华人民共和国地理标志保护产品”字样，中华人民共和国地图中央标注“PGI”字样，在外圈下部标注“PEOPLE’S REPUBLIC OF CHINA”字样，在椭圆形第四条和第五条纬线之间中部标注受保护的地理标志产品名称。

8. 农产品地理标志

农产品地理标志，是指标示农产品来源于特定地域，产品品质和相关特征主要取决于自然生态环境和历史人文因素，并以地域名称冠名的特有农产品标志。此处所称的农产品是指来源于农业的初级产品，即在农业活动中获得的植物、动物、微生物及其产品。标识基本图案由中华人民共和国农业部中英文字样、农产品地理标志中英文字样和麦穗、地球、日月图案等元素构成。公共标识基本组成色彩为绿色和橙色。如图 8-5 所示（彩图 8-5）。

图 8-5 农产品地理标志

9. 食品包装 CQC 标志

食品包装 CQC 标志认证是中国质量认证中心（英文简称 CQC）实施的以国家标准为依据的第三方认证，是一种强制性认证，可分为食品包装安全认证（CQC 标志认证，见图 8-6）和食品包装质量环保认证（中国质量环保产品认证标志，见图 8-7）（彩图 8-7）。CQC 标志认证类型涉及产品的安全、性能、环保、有机产品等，认证范围包括百余种产品。

图 8-6 CQC 标志认证

图 8-7 中国质量环保产品认证标志

10. 保健食品标志

保健食品标志为天蓝色图案，下有“保健食品”字样，如图 8-8（彩图 8-8）所示。原国家工商局和卫生部规定，在影视、报刊、印刷品、店堂、户外广告等可视广告中，保健食品标志所占面积不得小于全部广告面积的 1/36。其中报刊、印刷品广告中的保健食品标志，直径不得小于 1cm，影视、户外显示屏广告中的保健食品标志，须不间断地出现。在广播广告中，应以清晰的语言表明其为保健食品。

11. 绿色饮品企业环境质量合格标志

绿色饮品是指遵循可持续发展原则，按照特定生产方式生产，经专门机构认证，许可使用绿色食品标志的无污染、安全、优质、营养类食品的总称。绿色饮品是未来农业和食品发展的一种新兴主导食品。绿色饮品企业环境质量合格标志图形中的麦穗代表绿色食品，中间的酒杯代表饮品，“y”是“饮”字的第一个字母，杯底蓝色代表洁净水，如图 8-9 所示（彩图 8-9）。

图 8-8 保健食品标志

图 8-9 绿色饮品企业环境质量合格标志

12. 中国环境标志

中国环境标志（俗称“十环”，见图 8-10）（彩图 8-10），图形由中心的青山、绿水、太阳及周围的十个环组成。图形的中心结构表示人类赖以生存的环境，外围的十个环紧密结合，环环紧扣，表示公众参与，共同保护环境；同时十个环的“环”字与环境的“环”同字，其寓意为“全民联系起来，共同保护人类赖以生存的环境”。

中国环境标志是一种标在产品或其包装上的标签，是产品的“证明性商标”，它表明该产品不仅质量合格，而且在生产、使用和处理处置过程中符合特定的环境保护要求，与同类产品相比，具有低毒少害、节约资源等优势。

13. 采用国际标准产品标志

采标标志是我国产品采用国际标准的一种专用说明标志，是企业对产品质量达到国际先进水平或国际水平的自我声明形式。采标标志由原国家质量技术监督局统一设计标志图样，外圈表示“中国制造”，用 CHINA 的第一个字母 C 表示，里面是地球和 ISO、IEC 图样，表示国际标准化组织（ISO）和国际电工委员会（IEC）制定的国际标准，下面“采用国际标准产品”8 个字画龙点睛地表示使用采标标志的产品系采用国际标准或国外先进标准，质量达到国际先进水平或国标水平，如图 8-11 所示（彩图 8-11）。

图 8-10 中国环境标志

图 8-11 采用国际标准产品标志

思考题

1. ISO涉及的食品包装标准有哪些?
2. 食品法典委员会有关的食品包装标准有哪些?
3. 我国的食品包装国家标准可分为哪几类?各有什么内容?
4. 《食品安全法》有关食品包装的规定有哪些?
5. 《农产品质量安全法》有关食品包装的规定有哪些?
6. 食品包装上常见的质量标志有哪些?各有何寓意?

参 考 文 献

[1] 章建浩．食品包装学［M］．第4版．北京：中国农业出版社，2017.
[2] 阚建全．食品化学［M］．第3版．北京：中国农业大学出版社，2015.
[3] 江汉湖．食品微生物学［M］．第3版．北京：中国农业出版社，2010.
[4] 章建浩．食品包装大全（一）．北京：中国轻工业出版社，2000.
[5] 章建浩．食品包装学．北京：中国农业出版社，2009.
[6] 张琳．食品包装．北京：印刷工业出版社，2010.
[7] 武志杰，梁文举，姜勇，等．农产品安全生产原理与技术．北京：中国农业科学技术出版社，2006.
[8] 黄俊彦．现代商品包装技术．北京：化学工业出版社，2007.
[9] 李代明．食品包装学．北京：中国计量出版社，2008.
[10] 中国标准出版社第一编辑室．中国包装标准汇编．北京：中国标准出版社，2006.
[11] 郝晓秀．包装材料学．北京：印刷工业出版社，2006.
[12] 吴秀英．食品包装材料的种类及其安全性［J］．质量探索，2014，(9)：56-59.
[13] 胡长鹰．食品包装材料及其安全性研究动态［J］．食品安全质量检测学报，2018，(12)：3025-3026.
[14] 杨艳，刘颖，贾士芳．多糖类可食性包装纸的生产工艺及应用前景［J］．农业技术与装备，2015，(01)：82-84.
[15] 隋明，魏明英．魔芋基材可食用蔬菜包装纸生产工艺的研究［J］．食品研究与开发，2017，38(08)：89-91.
[16] 李欣欣，马中苏，杨圣岽．可食膜的研究与应用进展［J］．安徽农业科学，2012，40(22)：11438-11441.
[17] 原琳，卢立新．酥性饼干防潮包装保质期预测模型的研究．食品工业科技，2008，10：206-208.
[18] 武文斌．面粉防潮包装设计与应用．粮油仓储科技通讯，2002，(1)：27-28.
[19] 陈光，孙旸，王刚，等．可食膜的研究进展［J］．吉林农业大学学报，2008，30(4)：596-604.
[20] 高翔．多糖可食用包装膜的制备与应用研究［D］．青岛：中国海洋大学，2013.
[21] 刘梅．壳聚糖食用包装膜的制备及其相关结构性能的研究［D］．合肥：安徽农业大学，2014.
[22] 马丽艳，马晓军．纳米材料改性纸张包装性能的研究进展［J］．包装工程，2018，39(13)：1-7.
[23] 李云魁．食品防潮抗氧化包装设计及软件开发［D］．无锡：江南大学，2012.
[24] 杜俊．纳米纤维素增韧PHBV的工艺及机理研究［D］．南京：南京林业大学，2016.
[25] 祝婧超，唐孙东日，宋先亮，等．添加纳米材料对纸张性能影响的研究［J］．纸和造纸，2011，(5)：33-35.
[26] 王璇．纳米纤维素改性聚乳酸复合材料及增容机理研究［D］．北京：北京林业大学，2016.
[27] 杨福馨．食品包装学．北京：印刷工业出版社，2012.
[28] 中国包装网．详谈纳米技术在瓦楞包装中的应用［J］．中国包装，2015，(4)：66-68.
[29] 董同力嘎．食品包装学．北京：科学出版社，2015.
[30] 任发政，郑宝东，张钦发．食品包装学．北京：中国农业大学出版社，2009.
[31] 章建浩．生鲜食品贮藏保鲜包装技术．北京：化学工业出版社，2009.
[32] 刘雪．中国传统食品之粽子的包装设计现状及趋势研究［D］．秦皇岛：燕山大学，2013.
[33] 洪凰，冯恺．真空包装粽子品质指标研究．食品工程，2015，(3)：49-52.
[34] 李里特，江正强．焙烤食品工艺学．北京：中国轻工业出版社，2011.

[35] 张国治．方便主食加工机械．北京：化学工业出版社，2006.

[36] 中华人民共和国食品安全法 2015.

[37]《食品安全国家标准预包装食品标签通则》GB 7718—2011.

[38]《食品保质期通用指南》(T/CNFIA 001—2017)．

[39] 金国斌．包装商品保质期（货架寿命）的概念、影响因素及确定方法．出口商品包装：软包装，2003，(4)：49-51.

[40] 杨玉红，陈淑范．食品微生物学．武汉：武汉理工大学出版社，2011.

[41] 刘力桥，奚德昌．防潮包装的研究方法．包装工程，2003，2.

[42]《欧盟食品接触材料安全法规实用指南》编委会．欧盟食品接触材料安全法规实用指南 [M]．北京：中国标准出版社，2005.